UHPC 叠合钢管混凝土结构
机理、性能和设计方法

Mechanism，performance and design approach of UHPC encased concrete filled steel tubular structures

廖飞宇　王静峰　著

U0250601

中国建筑工业出版社

图书在版编目（CIP）数据

UHPC叠合钢管混凝土结构机理、性能和设计方法 ＝ Mechanism，performance and design approach of UHPC encased concrete filled steel tubular structures / 廖飞宇，王静峰著. -- 北京 ：中国建筑工业出版社，2024. 9. -- ISBN 978-7-112-30205-5

Ⅰ. TU375

中国国家版本馆 CIP 数据核字第 2024J190Q5 号

本书主要分述了绪言、超高性能混凝土（UHPC）材料制备与性能、UHPC叠合钢管混凝土结构的轴压性能、UHPC叠合钢管混凝土结构的纯弯性能、UHPC叠合钢管混凝土结构的偏压性能、UHPC叠合钢管混凝土结构的抗撞击性能、钢管混凝土叠合柱框架梁柱节点抗震性能试验、UHPC叠合钢管混凝土柱框架梁柱节点力学行为及设计方法、装配式 UHPC叠合钢管混凝土框架结构抗震性能与易损性分析，通过系统研究形成了从微观材料到宏观结构，涵盖材料制备与性能、构件静动力机理、连接节点抗震性能、框架结构地震响应与易损性分析的体系化研究成果，为"材料-结构"一体化设计方法提供了坚实基础与依据。

本书适合相关专业领域研究人员阅读和使用。

责任编辑：高　悦　万　李
责任校对：芦欣甜

UHPC叠合钢管混凝土结构
机理、性能和设计方法
Mechanism, performance and design approach of UHPC encased concrete filled steel tubular structures
廖飞宇　王静峰　著

*

中国建筑工业出版社出版、发行(北京海淀三里河路9号)
各地新华书店、建筑书店经销
北京鸿文瀚海文化传媒有限公司制版
建工社（河北）印刷有限公司印刷

*

开本：787毫米×1092毫米　1/16　印张：18½　字数：460千字
2024年9月第一版　2024年9月第一次印刷
定价：**68.00**元
ISBN 978-7-112-30205-5
（43537）

前　言

钢管混凝土叠合结构（Concrete Encased Concrete Filled Steel Tube，CECFST）是以钢管混凝土为核心，在钢管外围绑扎钢筋并叠浇混凝土而成的组合结构。在受荷过程中，外围钢筋混凝土和核心钢管混凝土之间能产生协同互补、共同工作的"混合效应"，使钢管混凝土叠合结构具有承载力高、刚度大和抗震性能好等力学性能优势。和钢筋混凝土结构相比，钢管混凝土叠合结构的强度更高、延性更好，同时由于内部钢管混凝土可作为施工骨架，因此其施工更为方便；和钢管混凝土结构相比，外围钢筋混凝土能有效抑制内钢管局部屈曲，同时也使结构具有更好的抗火性能和耐久性能。因此，钢管混凝土叠合结构已被应用于高层建筑、大跨桥梁、工业厂房、设备构架柱、桩、多层办公楼及住宅结构等实际工程中。

现代土木工程的发展和创新离不开新材料的开发和应用。近年来，超高性能混凝土（Ultra-High-Performance Concrete，UHPC）吸引了众多学者和工程师的关注，被认为是下一代土木工程材料的代表之一。UHPC 的高致密性内部结构使材料具有超高强、高韧性和高耐久性等优点。将 UHPC 取代钢管混凝土叠合结构中的外围普通混凝土，形成 UHPC 叠合钢管混凝土结构（也称为 UHPC 包覆钢管混凝土叠合结构，UHPC encased CFST structure），能使外围混凝土和核心钢管混凝土的承载能力更加"匹配"，有效增强二者之间的"混合效应"，从而显著提高结构构件的强度和刚度。同时，外围 UHPC 的高耐久性能进一步提升钢管混凝土叠合结构的抗腐蚀能力，因此在海洋或近海等高腐蚀地区具有应用优势。

当前，"材料-结构"一体化设计已成为趋势，而新材料在实际土木结构中的应用需要解决大量的基础性问题。因此，作者近十余年来开展了 UHPC 叠合钢管混凝土结构的研究工作，遵循材料-构件-节点-体系的研究框架，采用试验研究和理论分析相结合的研究手段，系统地研究了该组合结构的力学性能，并提出相关设计方法。对本书的主要章节分述如下：

第 1 章首先介绍了钢管混凝土叠合结构以及 UHPC 的特点、典型实例和研究现状，并对本书的目的、主要内容和研究方法进行了阐述。

第 2 章介绍了 UHPC 材料制备和性能，包括基于响应面法的 UHPC 配合比优化设计，以及新型聚乙烯醇纤维增强 UHPC 的微观结构与性能测试结果。

第 3～第 5 章分别介绍了 UHPC 叠合钢管混凝土构件在静力荷载（轴压、纯弯、偏压）下的力学性能，分析了外围 UHPC 和核心钢管混凝土之间的协同工作机理，揭示了二者之间的"混合效应"，提出了不同工况下的实用设计方法。

第 6 章首先针对 UHPC 叠合钢管混凝土构件中的材料界面（钢和混凝土、UHPC 和普通混凝土）问题，开展了界面冲击试验，研究了动荷载下的界面裂纹扩展特征；然后阐述了 UHPC 叠合钢管混凝土构件在侧向冲击作用下的动力响应和失效模式，提出了抗撞击承载力实用计算方法。

第 7、8 章介绍了钢管混凝土叠合柱框架连接节点的抗震性能试验，并分析了 UHPC 叠合钢管混凝土柱连接节点的力学性能，提出了节点承载力和刚度的实用计算方法。

第 9 章将节点研究上升到结构体系，介绍了装配式 UHPC 叠合钢管混凝土柱框架结构的抗震性能与地震易损性分析方法。

上述系统研究形成了从微观材料到宏观结构，涵盖材料制备与性能、构件静动力机理、连接节点抗震性能、框架结构地震响应与易损性分析的体系化研究成果，为"材料-结构"一体化设计方法提供了坚实基础与依据。大多研究结果经课题组成员们共同努力整理，已系列发表在本领域有影响的一些国际、国内学术期刊和学术会议上。另一方面，实用化成果也被相关标准采纳，并已在一些实际工程中应用。

本书的研究工作先后得到了国家自然科学基金（51878176、52378140）、福建省自然科学基金（2012J01192）等科研项目的资助，特此致谢！

本书第 1～6 章为第一作者廖飞宇教授撰写，第 7～9 章为第二作者王静峰教授撰写。作者感谢课题组杨昱幸、邱豪、赖光洪、赖大德老师，以及研究生罗水华、陈汉元、林秋辉、叶洪铭、孙政和、张思雅、涂丰钦、陈志滨、林牧新、陈奕鹏、赖浩鹏等协助进行了本书部分章节的理论分析、试验研究和文稿整理工作。此外，作者的研究工作也一直得到有关工程界和学术界同行们的帮助和支持，在此一并致谢！最后，特别感谢清华大学的韩林海教授，在从事组合结构的研究过程中，一直得到恩师的关注和支持，让我受益匪浅。

由于作者水平所限，书中难免存在错误之处，敬请读者批评指正，作者将心存感激。

廖飞宇

2024 年 7 月 17 日

目 录

第1章　绪言

1.1　钢管混凝土叠合结构的特点和工程应用

钢管混凝土叠合柱是一种以钢管混凝土为核心，在钢管周围绑扎钢筋并叠浇混凝土而成的组合构件，其典型截面形式如图 1-1-1 所示，图中，D_i、D_0、B_0 分别代表核心钢管混凝土截面直径、叠合柱截面直径、叠合柱截面宽度。

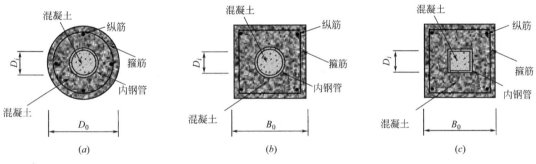

图 1-1-1　典型钢管混凝土叠合柱截面示意图
(a) 圆套圆；(b) 方套圆；(c) 方套方

钢管混凝土叠合柱在施工时常常以核心钢管混凝土柱承担结构的初期施工荷载，待结构主体施工至一定高度后，在钢管混凝土柱外围绑扎钢筋并叠浇混凝土，以达到缩短工期的效果。在叠合柱中，后期叠浇的外围混凝土承担轴力较小，而大部分轴力由强度高的核心钢管混凝土承担。在地震作用下，柱中钢筋混凝土处于截面外围而承担了大部分侧向力作用，但由于其分担的轴压力较小而具有较好的延性；而核心钢管混凝土则除了承担少部分的侧向力作用外，其在受荷后期承担了相当部分的轴压力，保证结构不倒塌。因此，经过合理设计的钢管混凝土叠合柱可充分发挥外围钢筋混凝土和核心钢管混凝土的各自抗力，并达到协同互补的效果，使柱子整体上具有较好的抗震性能。

和钢筋混凝土柱相比，由于核心钢管混凝土的存在，钢管混凝土叠合柱具有强度高、延性好和施工方便的优点；和钢管混凝土柱相比，外围钢筋混凝土的存在使叠合柱中的内钢管不易发生局部屈曲，因此在受荷中能充分发挥材料抗力并保持对核心混凝土较强的约束作用，此外钢管混凝土叠合柱还具有抗火性能好以及节点处理较为方便等优点；而和型钢混凝土柱相比，由于内钢管对其包裹混凝土的约束作用，提高了这一部分混凝土的塑性和韧性性能，使钢管混凝土叠合柱整体上具有更高的强度和更好的延性。鉴于上述优点，钢管混凝土叠合柱已在我国的一些高层建筑中得到应用。

目前，我国采用钢管混凝土叠合柱的高层建筑已超过数十座。如图 1-1-2 所示的 268m 高的深圳卓越·皇岗世纪中心（韩林海，2007）就是采用了钢管混凝土叠合柱。

内钢管　外围钢筋

图 1-1-2　深圳卓越·皇岗世纪中心

此外，钢管混凝土叠合结构还被应用在桥梁结构中，采用核心钢管混凝土作为劲性骨架，承担了施工荷载，同时提高了结构的承载力，并增加了结构的延性；由于外包混凝土的存在，增加了桥梁的刚度，同时，还能对钢管起到防腐防锈的保护作用。如图 1-1-3 所

(a)　　　　　　　　　　　　　　　　(b)

图 1-1-3　万县长江大桥
(a) 施工中；(b) 建成后

示的万县长江大桥就是这种组合结构在桥梁中应用的实例（韩林海，2007）。

钢管混凝土叠合柱应用于建筑中时，其既可以与钢筋混凝土（RC）梁连接，也可以与钢梁连接。在一些有大空间要求的建筑中，梁的跨度通常较大，而 RC 梁由于自身材料特性的限制而往往无法满足大跨要求，因此在这些情况下就必须采用钢梁与叠合柱连接而形成钢管混凝土叠合柱-钢梁结构体系。节点是连接建筑结构中梁和柱的关键部位。节点的抗震性能直接影响整体结构在地震作用下的反应和安全性。以往震害经验表明，地震作用下节点往往首先发生破坏而造成传力路径中断，由此引发结构倒塌。和基本构件相比，节点的组成部件较多，因而受力性能较为复杂。对于钢管混凝土叠合柱-RC 梁节点其节点区由梁纵筋、梁箍筋、核心钢管混凝土柱、外围 RC 以及节点区加劲构造等组件组成，梁上荷载由混凝土和纵筋传递给柱中外围混凝土，再通过加劲构造以及外围混凝土与核心钢管之间的粘结力传递给核心钢管混凝土。而对于钢管混凝土叠合柱-钢梁节点其节点区由钢梁、核心钢管混凝土柱、外围 RC、连接件以及焊缝等组件组成。梁上荷载（弯矩和剪力）一部分通过焊缝传递给内钢管，再由内钢管传递给内、外混凝土，而另一部分荷载则直接传递给外围混凝土。由于钢梁和混凝土的刚度相差较大，因此节点区需要设置连接板以保证内力在二者间完全传递并防止混凝土出现局部破坏现象。在受荷过程中，内钢管和钢梁均承受弯矩和剪力共同作用，而外围混凝土则主要承受钢梁施加的局部压力作用。

如图 1-1-4 所示，目前钢管混凝土叠合柱-RC 梁节点和钢管混凝土叠合柱-钢梁节点已经应用于一些实际工程中了，如宁波海天赛洁科技有限公司综合楼、宁波海天电机有限公司产房、宁波爱科迪地下车库工程和绍兴福清卫生用品有限公司产房等。

图 1-1-4　实际工程中的钢管混凝土叠合柱节点（一）

(e)   (f)

图 1-1-4　实际工程中的钢管混凝土叠合柱节点（二）

1.2　钢管混凝土叠合结构的研究现状

1.2.1　钢管混凝土叠合结构构件

对于钢管混凝土叠合构件力学性能的研究，主要是通过试验和理论研究，对叠合柱的轴压、压弯等基本构件的力学性能进行研究，提出该组合构件承载力的计算方法。

徐明（1998）介绍了 14 根方套方劲性钢管混凝土柱偏心受压的试验结果，提出了其正截面承载力的全过程分析方法及简化计算公式。

周宗仁（2001）进行了 6 个方套圆和 3 个圆套圆劲性钢管混凝土柱轴心受压承载力的试验研究，结果表明：劲性钢管混凝土试件的受力破坏过程基本相似，可分为弹性阶段、带裂缝工作阶段和破坏阶段三个阶段，其破坏首先表现在外围混凝土的开裂而后被压碎，随后内芯混凝土才被压碎，最终破坏时，外围混凝土几乎完全剥落，钢骨出现显著的褶皱和鼓凸，混凝土极限压应变平均值为 0.003；圆钢管对核心混凝土的约束，提高了核心混凝土的抗压强度，从而提高了构件的正截面承载力；箍筋的存在可提高构件的延性；试验过程中混凝土和钢骨的变形基本协调一致，钢骨和混凝土能够较好地共同工作。其还在数值分析的基础上，提出了相应的正截面承载力计算公式。

林拥军等（2001）进行了 7 根方套圆劲性钢管混凝土试件正截面承载力的试验研究，包括了：2 根构件为轴心受压柱、2 根为大偏心受压柱、2 根为小偏心受压柱和 1 根为界限破坏柱。根据试验结果，该文从界限破坏时内力的平衡条件出发，经理论分析得出了劲性钢管混凝土柱轴压比限值的理论计算公式及实用计算公式。

谢晓峰（2002）分别进行了 5 根圆套圆劲性钢管混凝土柱和 5 根方套圆劲性钢管混凝土柱轴心受压的试验研究，并基于有限元开展了参数分析，研究了钢管含量、纵筋配筋率、体积配箍率和截面形式等因素对劲性钢管混凝土柱轴心受压力学性能的影响，提出了其轴压承载力的理论和实用计算方法。

林拥军等（2003）在分析试验结果的基础上，发现试验所得的轴心受压构件承载力较简单叠加原理计算值高，而考虑钢管对核心混凝土的约束影响则能正确反映截面的受力过程。通过有限元分析，提出了劲性钢管混凝土轴心受压柱正截面受压承载力的计算公式。

林拥军等（2004）根据对劲性钢管混凝土柱的研究成果，介绍了其轴压比限值、轴心受压短柱正截面承载力和偏心受压柱正截面承载力的设计计算方法，最后给出了工程应用的实例。

刘洁等（2005）在劲性钢管混凝土轴心受压试验的基础上，分析了该轴压短柱受力特点、荷载变形全过程及其受压承载力的计算方法，提出了考虑因外围混凝土与核心钢管混凝土峰值荷载不同步而引入的叠加折减系数的承载力简化计算公式。

王刚等（2006）通过 10 根劲性钢管混凝土构件的纯弯试验，研究了其抗弯性能；分别运用极限平衡法和条带法计算了试件的受弯承载力，并与试验结果进行了比较；用条带法模拟了试件截面的弯矩-曲率全曲线，并给出了用弯曲刚度表示的弯矩-曲率三折线方程，计算结果与试验结果符合较好。

Han 等（2009）对一组钢管混凝土叠合柱开展循环弯曲试验研究，发现由于内部核心钢管混凝土与外围 RC 的相互协同作用，叠合柱相比于普通钢管混凝土柱构件，具有更优异的力学性能。

李永进等（2011）进行了 26 个钢管混凝土叠合试件力学性能的试验研究，包括 10 个圆钢管混凝土叠合试件、4 个圆钢管混凝土试件和 2 个圆 RC 试件轴压力学性能，8 个哑铃形钢管混凝土叠合试件和 2 个哑铃形钢筋混凝土试件偏压力学性能的试验研究，研究了两类不同截面形式钢管混凝土叠合试件的受力性能，分析了其极限承载力、延性及破坏形态，并对两类钢管混凝土叠合试件的力学性能作出评价。在试验研究、数值模拟和理论研究的基础上，提出了上述截面形式的钢管混凝土叠合构件极限承载力实用计算方法。

Abouzied 等（2015）对矩形中空玻璃纤维增强（GFRP）混凝土叠合构件进行了纯弯试验。结果表明：中空 GFRP 混凝土叠合构件整体强度比普通钢筋混凝土高 30%，重量比普通钢筋混凝土轻 30%。此外，圆形中空 GFRP 混凝土叠合构件的纯弯性能更佳。

胡昌明和韩林海（2016）进行了钢管混凝土叠合试件落锤冲击试验，研究了试件在冲击荷载下的破坏形态及其力学性能。试验结果表明：圆形钢管混凝土叠合试件的抗冲击性能更好。

张伟杰（2016）对叠合短柱的长期轴压性能开展试验，以长期荷载比、外围混凝土强度和含钢管混凝土率为试验参数，研究各试验参数对叠合柱力学性能的影响规律。试验可得以下结论：试件的极限抗弯承载力随着外围混凝土强度和含钢管混凝土率的提高而提高，但会降低延性。试件中钢管与混凝土之间的协同工作能力会在经受长期荷载后显著降低。

Ma（2017）对箱形截面混凝土包裹 CFST 墩的抗震性能进行了数值模拟和理论分析，结果表明，由于 RC 和 CFST 构件之间的协同作用，复合墩的强度高于相应的 RC 和 CFST 墩的组合强度。

张超瑞（2017）对 14 个钢管高强混凝土叠合柱试件进行试验研究，考察了叠合柱的破坏形态和力学性能指标，并结合力学模型和试验结果对钢管高强混凝土叠合柱抗剪承载能力的计算公式进行推导。研究结果表明：钢管截面尺寸增加，试件的抗剪承载力提高；试件剪跨比增大，试件的抗剪承载力降低。

Hou 等（2019）分析了受侧向冲击荷载作用下的钢管混凝土叠合柱。结果表明：由于外围 RC 和 CFST 单元的"混合效应"，其安全性得到了提高，且更容易修复。

Chen 等（2020）对箱形中空钢管混凝土叠合构件进行了纯弯试验，评估了截面尺寸、钢管直径和弯曲方向对箱形中空钢管混凝土叠合构件的力学性能影响。结果表明：抗弯承载力随着钢管直径的增大而增大。在参数分析的基础上得到以下结论：叠合构件的抗弯承载力随着钢管强度和核心混凝土强度的提高而增加。

王溥麟（2020）以碳纤维布的加固层数、加固方式及加固方向为试验参数，对碳纤维布加固受火钢管混凝土叠合构件纯弯性能进行研究。研究结果表明：上述参数对被加固构件整体极限抗弯承载力的影响较为显著，并提出了碳纤维布加固受火构件在纯弯作用下的构件整体极限抗弯承载力的计算公式。

任庆新等（2021）采用有限元方法对圆中空钢管混凝土叠合构件纯弯性能进行模拟，对典型构件开展机理分析，研究各参数对构件力学性能的影响，并采用力学理论模型推导了该类构件纯弯作用下的极限抗弯承载力。

李明伦等（2022）模拟了方中空夹层钢管混凝土叠合构件抗弯性能，分析了构件的抗弯力学性能。研究结果表明：外部混凝土强度和配筋率是该类型叠合构件抗弯性能重要影响因素。同时，采用叠加法提出了方中空夹层钢管混凝土叠合构件的抗弯承载力简化计算方法。

Ke 等（2023）通过数值模拟，开展了钢管混凝土叠合柱偏心受压力学性能研究，讨论了平面截面假设的适用性，并提出了偏心受压下钢管混凝土叠合柱承载力的计算方法。

Gao 等（2023）研究了轴压作用下超高性能混凝土（UHPC）包覆 CFST 叠合柱的力学性能，结果表明，与 UHPC 柱相比，UHPC 包覆 CFST 叠合柱具有更高的抗压强度和延性。

Chen 等（2023）通过 19 根 UHPC 外包钢管混凝土叠合柱和 1 根普通钢管混凝土叠合柱轴压性能试验和数值分析，研究外包 UHPC 钢纤维掺量、钢管管径、钢管壁厚以及核心混凝土抗压强度对试件的力学性能影响规律，并提出 UHPC 外包钢管混凝土叠合柱轴压承载力的简化计算公式。

1.2.2 钢管混凝土叠合结构节点和体系

钢管混凝土叠合结构节点的研究主要是通过试验和理论研究分析，对节点的抗剪、抗弯、延性等抗震性能开展研究，提出该组合节点承载力的计算方法。

李惠等（1998）进行了 2 个钢管混凝土叠合柱-钢筋混凝土梁节点的静力性能研究，其柱中内钢管在节点区采用直径较小的钢管，并用翅片与上下段钢管连接。在试验的基础上，文章推导了此类节点的抗剪承载力计算公式。

Simões 等（2001）对由钢梁和包混凝土钢柱组成的端板梁柱组合节点进行了试验，确定了复合柱中混凝土约束对节点行为的贡献。

黄智辉（2001）通过 2 个叠合柱-钢筋混凝土梁节点的往复加载试验研究了节点区的抗剪性能。

范业庶（2002）进行了 4 个钢管混凝土叠合柱-预应力钢筋混凝土梁节点的滞回性能试验研究，试件节点区钢管上设置外环板和肋板，梁中纵筋与环板焊接以传递弯矩，而肋板提高节点区抗剪能力。试验结果表明：此类节点具有较好的抗震性能，各部件在受荷过程中连接可靠。

程文瀼等（2002）报道了 6 个钢管混凝土叠合柱-钢筋混凝土梁节点的滞回试验。节点区采用三种构造形式：内钢管不开孔，内钢管开穿筋小圆孔，以及内钢管开矩形大孔。试验结果表明：采用内钢管开穿筋小圆孔的节点试件力学性能最好。

徐明等（2003）进行了 4 个由钢管混凝土叠合柱-钢筋混凝土梁节点在低周反复荷载作用下的试验研究。试验结果表明：这种组合框架节点具有良好的抗震性能。

Kim 等（2005）开展了楼板对节点的影响的试验研究。结果表明：楼板的存在可以提高裸钢梁的强度并防止侧向扭转屈曲，但楼板的存在也可能产生譬如节点变形能力降低等负面影响。

Chen 等（2007）、Li 等（2010）研究了钢管混凝土叠合柱、钢梁和 RC 板组合节点，在柱顶恒定轴压荷载和梁端循环荷载作用下，研究了节点类型、柱的轴向荷载大小和梁截面构型对组合节点抗震性能的影响。结果表明：组合节点具有良好的抗震性能。

Zhang 等（2012）对双钢管混凝土柱与钢筋混凝土梁之间的环梁节点性能进行了节点抗震性能研究。结果表明：节点可以很容易地实现"强柱弱梁"和"强节点弱构件"破坏形态。

Liao 等（2014）研究了钢管混凝土叠合柱-混凝土梁、钢管混凝土叠合柱-钢梁的滞回性能。在柱顶恒定轴压和梁端循环位移作用下对 7 根构件组合节点进行了试验，研究了节点类型、轴向荷载水平、有无 RC 板对节点试件的强度、延性、刚度退化和耗散能的影响。试验结果表明：相比于 RC 梁柱节点，该组合节点在力学性能方面表现更加出色，并且比钢管混凝土和 RC 梁节点具有更好的抗震性能。

周颖等（2015）针对 7 个钢管混凝土叠合柱边节点环梁进行了试验研究，认为钢管混凝土叠合柱环梁节点在概念上安全、可行，合理的设计可以实现"强节点、弱构件"，配筋比越大，节点越易发生框架梁破坏，节点的耗能能力较好。

钱炜武等（2016，2017）研究了钢管混凝土叠合柱-钢梁连接节点在往复荷载作用下平面与空间连接节点的力学性能。结果表明：在双向往复荷载作用下，空间连接节点相对于平面节点，正、负向承载力分别有不同程度的降低。

包延红等（2018，2019）研究了钢管混凝土叠合柱-RC 梁平面框架火灾下，框架的内力重分布情况。结果表明：柱火灾荷载比和梁火灾荷载比对框架结构内力重分布产生显著影响，火灾作用下框架节点处梁端弯矩最大值约为常温值的 3.8 倍。

王琨等（2018）通过试验研究和数值模拟，研究了预应力型钢筋混凝土梁-钢管混凝土叠合柱框架中节点在柱顶水平单调和滞回加载下的力学性能，研究了轴压比、预应力水平、核心区钢管含钢率和配箍率对组合节点的力学性能，提出了节点核心区受剪承载力计算公式。

廖飞宇等（2019）针对钢管混凝土叠合柱-钢筋混凝土梁节点在柱端恒定轴压力和梁端往复侧向力共同作用下的力学性能，考虑混凝土材料的刚度损伤和恢复以及钢材的包辛格效应，对 4 个组合节点试件进行了有限元模拟，剖析了节点的应力分布以及工作机理。

王琨等（2020）运用数值模型对预应力型钢筋混凝土梁-钢管混凝土叠合柱框架中节点开展研究，认为当节点试件水平荷载达到峰值点时可作为节点核心区抗剪承载力计算的标志。

胡志涵（2021）将钢管混凝土叠合柱与部分包裹混凝土梁结合，采用外伸端板及全螺栓两种装配式节点进行连接，对组合节点开展了钢管混凝土叠合柱装配式节点抗震性能分析及框架易损性分析，揭示了框架在倒塌概率和非倒塌概率下结构的性能水平。

凌育洪等（2022）提出了一种柱内设置钢管外环形钢筋的新型梁柱节点，对 5 个钢管混凝土叠合柱-混凝土梁中间节点试件进行了梁端单调静力加载试验和有限元模拟分析。结果表明：组合节点均为梁根部弯曲破坏，梁受拉纵筋均能在试件达到屈服前屈服，组合节点表现为"强柱弱梁"破坏模式。

胡子明等（2024）开展了钢管混凝土叠合柱与钢梁单边螺栓连接节点的试验研究和数值模拟，基于节点内力在外混凝土的扩散机制，揭示了外混凝土对单边螺栓受拉和钢梁翼缘受压承载力和刚度的影响，建立了节点承载力和初始刚度的计算方法。

1.3 超高性能混凝土（UHPC）的研究现状

超高性能混凝土作为一种纤维增强混凝土，具有超高抗压和抗拉强度（抗压 120～250MPa、抗拉 15～20MPa）（Nematollahi，2012；Mishra 等，2019）、良好的颗粒堆积密度（0.825～0.855）（Meng 等，2021）和优越的耐久性（Mueller 等，2016；Alkaysi 等，2016）。在 UHPC 中使用合成纤维可以实现混凝土材料的高抗拉延性和超高抗压强度（Dai 等，2021）。UHPC 的延性和吸能能力是高性能混凝土的 300 倍，抗压强度是普通混凝土的 3～16 倍（Wang 等，2015）。UHPC 的优越力学性能可以降低混凝土结构尺寸，使其更小、更薄、更美观（Yang 等，2019）。由于优越的拉伸延展性和韧性，UHPC 在抗震结构中具有应用优势（Yoo 等，2016）。此外，由于 UHPC 的高致密性（Wille 等，2012），其也是提高建筑物和基础设施耐久性的解决方案之一（Schmidt 等，2005）。但是 UHPC 的制备工艺相对复杂、成本较高，是阻碍其进一步推广应用的原因（Park 等，2012）。

目前，超高性能混凝土已应用于建筑和桥梁（Ghasemi 等，2016；Yalçınkaya 等，2021）、损伤混凝土构件加固（Tayeh 等，2013）、高耸结构（如风力涡轮机）（Toutlemonde 等，2016）、海洋工程（Adam 等，2020）、水工结构（Li 等，2019）和包覆材料（Voo 等，2017）。由于具有超高强度和优越耐久性，UHPC 特别适合于恶劣条件下的桥梁建设（Habert 等，2012）。未来，UHPC 在超高层建筑、大跨桥梁、特殊工程、海洋和近海结构中有广阔的应用前景。

1.3.1 UHPC 材料性能

国内外研究者对 UHPC 在不同材料组分、配合比及不同养护条件等情况下的力学性能、工程应用和材料本构模型等方面开展了系列研究：

高绪明（2013）研究了钢纤维参数对 UHPC 力学性能及工作性能的影响。其试验变量为钢纤维掺量和钢纤维的长径比。结果表明：UHPC 的流动性主要受到钢纤维掺量的影响，而钢纤维的长径比对 UHPC 的流动性影响不大。

邓宗才等（2014）制备了一种不掺硅粉的超细水泥活性粉末混凝土（SC-RPC），并研究了各试验参数对 SC-RPC 砂浆体物理特性、力学特性以及物理流动性的影响。试验结果表明：水胶比对 SC-RPC 砂浆体物理特性、力学特性以及流动性影响较大。此外，还提出了 SC-RPC 的抗压强度预测模型。

黄政宇等（2014）以聚乙烯纤维的形状及力学特性为试验变量，对聚乙烯纤维（PE）UHPC 的力学性能进行了系统考察。结果表明：相较于普通 UHPC，掺入 PE 纤维的 UHPC 抗折强度和抗压强度更高。

万朝均等（2015）使用极低的水胶比和高强度水泥来制备 UHPC，试验参数为水胶比和钢纤维掺量。试验结果表明：钢纤维体积掺量为 2%，水胶比为 0.18 时的 UHPC 的 28d 抗压强度最高，可达 152.8MPa，因此 2% 钢纤维为最佳掺量。

Peng 等（2015）在 95℃ 蒸汽养护条件下制成磷矿渣（PS）和硅灰含量约为 50% 的活性粉末混凝土（RPC）。试验结果表明：钢纤维掺量为 1% 时高掺量磷渣粉和硅灰的 UHPC 的抗压和抗折强度分别为 187MPa 和 29.7MPa，高含量 PS 的 RPC 具有优良的冻融性能和抗硫酸盐性能。

Edwin 等（2016）研究了铜渣作为辅助胶凝材料在 UHPC 中的应用，使用低水胶比 0.15 制备 UHPC。结果表明：用铜渣替代 5% 的硅酸盐水泥可以增强 UHPC 粉末中的胶粘剂反应，与硅酸盐水泥相比，含 20% 铜渣的 UHPC 随着铜渣细度、强度的增加，其抗压强度也会相应提高。

Rehacek 等（2016）进行了两组 100mm×100mm×400mm 的棱柱体纤维增强混凝土（FRC）和 UHPC 试样在恶劣环境条件下（冻融循环、侵蚀性化学试剂和动态荷载）内部结构和力学性能影响的研究。结果表明：与普通强度的纤维增强复合材料相比，UHPC 具有优异的抗循环荷载能力。

Huang 等（2017）利用体积比为 34%、54%、74% 的石灰粉来替代水泥。结果表明：当石灰石替代 54% 的水泥时，材料表现出更好的和易性和更高的抗压强度，UHPC 的水化反应更加充分。

Mohammad 等（2018）以 28d 强度和减少二氧化碳排放为目标，研究了 UHPC 配合比的优化，提出的优化 UHPC 配合比适用于 0.18~0.32 水灰比、0.04~0.08 钢纤维、0.7~1.3 水泥、0.15~0.3 硅灰和 0.04~0.08 细骨料的 UHPC 材料。

Kon 等（2018）用 XRD、核磁共振光谱和分子印迹方法研究了两种不同类型微硅在 UHPC 中的填充效应和火山灰反应。试验结果表明：具有火山灰活性的微硅使 C-S-H 中的硅被铝取代的程度更高，结构更致密，因此抗压强度更高。

Liu 等（2018）采用矿渣水泥（质量百分比为 0、25%、50% 和 65%）取代部分硅酸盐水泥，并研究矿渣水泥取代率对普通 UHPC 性能的影响。研究结果表明：采用矿渣水泥后，UHPC 的流动性显著提高了，减少了高效减水剂用量，虽延缓了材料的早期水化作用，但在后期矿渣水泥的二次火山灰反应使得 UHPC 的抗压强度有所提高。

陈宝春等（2018）研究了 UHPC 的收缩特性和其随时间发展的规律，并总结了材料组分、养护方法与温度场对超高性能混凝土收缩的影响。试验结果表明：UHPC 早期（0~7d）收缩迅速，占总收缩的 61.3%~86.5%，在中期（7~28d）收缩速率减慢，占总收缩的 13.5%~27.9%，而在后期阶段（28d 后）收缩速率趋于稳定。

黄政宇等（2018）研究了粗骨料 UHPC 制备工艺，并用河砂代替石英砂，制备出了一种含粗骨料的 UHPC，并对其力学性能开展一系列研究。结果表明：UHPC 的抗折强度随着粗骨料掺量的增大先增大后减小，其弹性模量则随着粗骨料掺量的增大而线性增长，其抗弯强度和初裂强度的变化并不明显。

李聪等（2019a）对粉煤灰 UHPC 开展了一系列试验研究，并分析了其力学性能与自收缩的相关性。试验结果表明：UHPC 在早期发展时收缩速度较快，但到 28d 后基本上趋于稳定，并以自身收缩为主。UHPC 自收缩与抗压强度相关性显著，粉煤灰的掺入能降低 UHPC 的开裂风险。

李聪等（2019b）制备了掺入粗骨料的 UHPC，探究不同粗骨料掺量对 UHPC 的收缩性、级配程度和力学性能的影响。结果表明：粗骨料的掺入可减少胶凝材料的用量，降低 UHPC 成本，其最优粗骨料掺量为 22.5%。

Sujay 等（2020）研究了复合纤维增高性能混凝土的耐久性。研究结果表明：将 15% 的超细粉煤灰和 3% 的纳米二氧化硅添加到混凝土中，可显著提高混凝土的密度，从而达到提高混凝土耐久性、降低孔隙率和渗透性。此外，虽然复合纤维增强高性能混凝土中添加了钢纤维和聚丙烯纤维，但它们对混凝土的耐久性贡献不大。

Chang 等（2020）重点探究了水胶比、钢纤维掺量、粉煤灰含量、纳米颗粒含量和养护制度对 UHPC 的抗压强度和流动性的影响，发现粉煤灰和纳米颗粒对材料的流动性有显著影响，水胶比、养护方式和钢纤维掺量对材料的抗压强度有显著影响。基于试验结果回归分析，提出了 UHPC 抗压强度和流动性的预测模型。

陈宝春等（2020）研究了不同纤维对 UHPC 的增强作用。研究结果表明：钢纤维和无机纤维可以增强 UHPC 的强度，异形纤维则能够提高 UHPC 的综合力学性能指标。UHPC 材料性能随着纤维种类、纤维掺量、长径比的混杂效应呈现出不同的变化规律。在工程中大多采用圆直形钢纤维，掺量在 2%～3%。

Alsalman 等（2020）使用不同种类的胶粘剂，并以 40% 掺量的粉煤灰作为胶粘剂的一部分，以不同细料、辅助胶凝材料、钢纤维、养护方案和搅拌机类型的效果为变量，发现天然级配砂和粉煤灰是适合 UHPC 配合比的细骨料，无论在有无钢纤维的情况下，试块的抗压强度均可达到 150MPa，成本较欧洲市场的 UHPC 也更为经济。

Li 等（2020）对 UHPC 进行了耐久性研究，讨论并分析了养护制度、水胶比、钢纤维掺量、纤维混杂、试验龄期和辅助胶凝材料对 UHPC 抗渗透、抗腐蚀、抗冻融性、耐磨及耐火性的影响，发现相比于普通高强混凝土，UHPC 的氯离子渗透系数和碳化次数要更低，整体的耐久性能远强于普通混凝土，可应用于恶劣环境的工程中。

Mo 等（2020）研究了掺入石灰石和不同取代率偏高岭土的 UHPC 基质的水化过程和力学性能，发现偏高岭土的掺入加速了 UHPC 的水化过程，改善了 UHPC 基体的微观结构，掺入最佳配合比的石灰石和偏高岭土的 UHPC 展现出更好的抗压强度和延性。

周腾等（2022）对 UHPC 进行轴拉性能试验研究，试验参数为钢纤维体积掺量。研究表明：不掺钢纤维的试件表现为脆性破坏，钢纤维掺量在 2% 以上时，则表现出多缝延性破坏；UHPC 材料的初裂应变、峰值应力、极限应变、耗能能力和延性等力学指标可以通过增加钢纤维的体积掺量来提高。

杨简等（2023）进行了 UHPC 单轴直拉试验并分析 UHPC 的抗拉性能和直拉本构关

系。同时采用比选的直拉方法研究钢纤维长径比和钢纤维体积掺量对 UHPC 直拉损伤本构关系的影响。试验表明：钢纤维长径比和钢纤维体积掺量均不同程度影响 UHPC 的直拉本构模型，且钢纤维体积掺量的影响程度更大。采用试验数据回归得到以钢纤维特征参数为自变量的 UHPC 的直拉本构模型。

UHPC 的制备方法往往有很多种，这些方法的差异会显著影响 UHPC 的力学性能。此外，国内外学者们对 UHPC 材料的本构关系模型开展了大量研究，基于大量试验结果提出了不同强度范围内 UHPC 单轴以及约束状态下的本构关系模型。

Cusson 等（1995）对 50 根钢管高强混凝土柱开展了轴压试验。基于试验结果建立了高强混凝土在受钢管约束作用下的应力-应变模型，并且提出了基于高强混凝土的强度和延性来确定的有效约束压力计算方法。

徐海滨等（2015）进行了单轴压缩和单轴拉伸试验来研究无硅灰掺入的 UHPC 力学性能。结果表明：相较于普通混凝土，UHPC 的轴压应力-应变曲线的线性段更长，受压变形性能更好。

Yang 等（2016）通过试验研究了仅有箍筋及纤维增强复合材料（FRP）约束的 UHPC 圆柱，并将两种材料对约束 UHPC 应力-应变关系特征的影响进行对比，对 Mander 模型在约束 UHPC 中的适用性进行探讨。研究发现：约束作用下 UHPC 的峰值应变显著增加。

Shin 等（2017）开展了 9 根不同钢纤维掺量以及箍筋形式的 UHPC 柱轴压试验，并基于试验结果提出了考虑钢纤维增强效应的 UHPC 应力-应变关系本构模型。

郭晓宇等（2017）对比了不同学者提出的 UHPC 单轴受压本构方程，建议了 80～150MPa 的 UHPC 单轴受压本构模型表达式，并在试验数据基础上，通过拟合得到了计算 UHPC 峰值应变和弹性模量的经验公式。

刘建忠等（2017）综述了对 UHPC 的拉伸力学行为研究进展，从试验方法、基体和纤维三个角度进行了探讨，指出狗骨头状试件是测试 UHPC 拉伸力学行为的较为合适的选择，因为它具有明显的尺寸效应，并且受到加载速率的影响。此外，纤维种类对 UHPC 拉伸性能的影响最为显著，通过提高纤维增强因子和调控纤维分布可以有效提升其拉伸性能。

管品武等（2019）对国内外不同学者提出的 UHPC 本构模型进行分类和比较，并采用部分 UHPC 本构模型模拟了高强钢筋 UHPC 梁，验证了这些本构模型的适用性。

邓宗才和姚军锁（2020）完成了 5 根高强箍筋和 4 根普通箍筋约束 UHPC 柱的轴压试验，研究了试件的破坏形态、荷载-应变曲线和极限承载力，并分析了体积配箍率、箍筋强度和箍筋间距对试件延性和韧性的影响。结果表明：体积配箍率对试件的轴压性能影响最大，高强箍筋可减轻 UHPC 柱的破坏程度。

雒敏等（2020）为了深入研究普通混凝土与 UHPC 在单轴受压状态下的力学特性，制作了 4 组普通混凝土试件和 11 组 UHPC 试件，对其进行单轴受压试验，考察各组试件单轴受压破坏形态、韧性等受力特性，并根据试验结果研究 UHPC 受压本构关系。试验结果表明：纤维掺量较高时部分试件的曲线会出现应力台阶，提出的 UHPC 受压本构模型考虑了纤维种类及掺量，能较好地模拟各纤维掺量下的结构受力性能。

吴晓龙等（2021）对两种具有不同拉伸应变特性的 UHPC 进行了单调和循环荷载作

用下的直接拉伸试验。结果表明：通过试验数据建立的应变强化 UHPC 轴拉本构模型能较好地预测 UHPC 拉弯构件的极限承载力，轴拉损伤变量能在宏观层面上较好地反映试件的裂缝分布状态。

王淑楠（2022）采用试验研究、理论分析和数值模拟相结合的方法，研究了 UHPC 弹塑性损伤本构关系。基于试验结果建立的 UHPC 弹塑性损伤本构模型具有明确的物理意义，能够真实地反映在不同受力状态下 UHPC 的非线性行为及损伤演化。

艾金华等（2024）研究了不同温度下 UHPC 的受弯力学行为和 UHPC 脆性失效的演变机制，建立了 UHPC 受弯本构模型。结果表明：相较于以往的混凝土本构模型，提出的线性-非线性本构模型的预测精度更高、数据离散性更低。

1.3.2 UHPC 组合结构力学性能

UHPC 作为一种优质新型材料，具有极高的抗压强度、优异的韧性塑性和良好的耐久性，然而因 UHPC 的造价昂贵且施工较为困难，限制了其在工程结构上的应用与推广。将 UHPC 和钢或其他材料进行合理组合，发挥两种材料的优势，形成协同互补的钢-UHPC 组合结构，是促进 UHPC 进一步工程应用的有效途径。因此，国内外专家对 UHPC 组合构件以及高强混凝土组合构件的力学性能开展了研究。

Zohrevand 等（2012）探讨了 4 个缩尺模型的圆形 FRP 约束对 UCFST 截面桥柱的滞回性能的影响。结果表明：UHPC 试件力学性能较钢筋混凝土试件好，能量耗散方面两者相对类似，但残余位移较低。

Soner 等（2013）对 13 根圆形 UHPC 柱进行了单调轴压试验，研究了混凝土贡献率、强度增强指数和延性系数等指标与柱径厚比的关系，发现钢管厚度的增加显著提高了柱在峰值荷载后的延性，然而并不能明显提高构件的轴压承载力。

Hoang 等（2017）修正了圆形 UCFST 短柱轴向应力-应变模型，研究了径厚比、钢材屈服强度和混凝土抗压强度对圆钢管短柱约束下 UHPC 的全轴应力-应变曲线、强度和应变的影响。

Hoang 等（2018）研究了圆形 UCFST 和超高性能纤维增强混凝土短柱和中长柱的轴压力学性能。结果表明：在核心 UHPC 上施加荷载时，钢管的约束作用能有效提升核心 UHPC 的极限应力和应变。

Chen 等（2018）开展了 UCFST 短柱轴压力学性能试验。结果表明：钢管与 UHPC 能够有效地协同工作，而圆钢管相比方钢管具有更好的力学性能，能够更好地提高核心 UHPC 强度并改善试件延性，并评估了目前与钢管混凝土相关的设计指南对于 UCFST 的适用性。

Yan 等（2019）对 32 个方形 UCFST 柱进行了轴压性能试验研究，试验参数为钢管厚度和 UHPC 强度。结果表明：试件的延性和强度随着约束效应的增加而增大。

陈庆熠（2019）完成了 8 根 UHPC 外包 RC 叠合柱的轴压试验，以 UHPC 壁厚、箍筋间距和钢纤维掺量为试验参数，研究其对试件轴压性能的影响，并建立有限元模型。结果表明：UHPC 预制管以及螺旋箍筋对核心混凝土有一定的套箍作用，将钢筋设置于外包 UHPC 预制管内能使试件获得更好的承载力和延性。

王震等（2019）建立了圆形 UCFST 轴压承载力计算模型，并与各国规范计算方法对比，在 Mander 模型的基础上，考虑环向应力和钢管横向约束的影响，对计算模型进行优化，通过现有试验实测荷载-应变曲线验证了模型的可靠度。

Wei 等（2020）进行了钢管微膨胀自密实 UHPC 短柱轴压试验和有限元模拟。研究表明：掺入膨胀剂后，UHPC 与核心混凝土及钢管之间的有效粘力显著增大。

邓宗才等（2020）进行了关于 UCFST 短柱、碳纤维增强复合材料（CFRP）-钢复合约束 UHPC 短柱和芳纶布约束 UHPC 短柱的轴压试验。结果表明：套箍系数对 CFRP-钢复合约束 UHPC 短柱的变形曲线影响较大，且纤维布对柱变形具有明显改善作用。

卢秋如等（2020）进行了无约束 UHPC 试件和约束 UHPC 试件轴心受压试验，探讨了各参数对应力-应变全曲线的影响规律，建立了相应的本构模型。

陈宝春等（2020）综述了 UCFST 力学性能、界面收缩、粘结性能的研究现状，提出对于核心 UHPC 材料，应考虑它对 UCFST 组合性能的影响，以超高强度为主，对耐久性的要求不必过高，应具有低收缩、高流动性的特性，制备时能采用常温养护，可少掺或不掺纤维。

Tian 等（2020）研究了 FRP 约束下 UHPC 柱的偏心受压性能，测试了 20 根具有不同 FRP 管壁厚和偏心率的试件。结果表明：几乎所有的试件都表现出应变硬化行为；随着加载偏心率的增加，试件的承载能力和变形能力显著降低，而管壁厚仅在轴心或小偏心率情况下表现出显著影响。

韦建刚等（2020）以钢管强度和混凝土强度为试验参数，完成了 9 根 UCFST 短柱轴压试验，在试验研究和有限元分析的基础上提出了关于 UCFST 轴压承载力的计算公式。研究结果表明：管内 UHPC 与高强钢管的协同工作更为匹配，随着含钢率的增加，构件的受压承载力也有所提高。

韦建刚等（2021）以含钢率和套箍系数为试验参数，对圆高强钢管 UHPC 梁和圆普通钢管 UHPC 梁的纯弯试验进行对比。结果表明：相较于普通钢管 UHPC，高强钢管对 UHPC 的横向膨胀具有良好的约束作用，钢管混凝土梁在达到极限抗弯承载力时，随套箍系数增大，中性轴与截面中线更为接近。

侯昌贵（2021）进行了 UHPC 矩形梁抗弯性能试验研究，试验参数为钢纤维含量和截面配筋率。结果表明：增大 UHPC 钢纤维体积掺量能够增强 UHPC 梁的延性性能，梁的延性随着截面配筋率的增加而降低。

颜建煌（2022）对 6 根 UHPC 预制管混凝土组合柱、1 根常规钢筋混凝土柱和 1 根 UHPC 预制管空心柱开展轴压试验研究，研究参数为配箍率和长细比，建立了 UHPC 预制管混凝土组合柱轴压和偏压极限承载力的计算方法。

吴庆雄等（2023）对 CFST 短柱、外包普通混凝土 CFST 叠合（OC-CFST）短柱和外包 UHPC 钢管混凝土叠合（UC-CFST）短柱进行了偏压试验。结果表明：相比于 OC-CFST 短柱，UC-CFST 短柱的破坏程度更低，延性更好，偏心率相同的 UC-CFST 短柱承载力比 OC-CFST 短柱平均提高了 174%。

Tang 等（2023）探讨了 UHPC 填充双相不锈钢管短柱的轴压性能。结果表明：当圆形短柱和方形短柱的约束效应系数分别超过 0.82 和 1.52 时，不锈钢管-UHPC 组合结构的破坏模式就会从剪切型破坏转变为腰鼓型破坏。

Tang 等（2024）进行了 9 根偏心受压下方形截面 UHPC 填充不锈钢管（UFSST）短柱和 3 根轴心受压下的 UFSST 短柱试验研究。结果表明：随着偏心距的增大，UFSST 试件的偏心极限承载力逐渐降低，适当增加配筋率可有效提高偏心承载力和延性，并提出了 UFSST 短柱承载力计算公式。

Li 等（2024）对 9 个不同钢材强度等级和钢管厚度的方形钢管约束 UHPC 柱（HSSTCU）试件进行了轴压试验，并与同截面参数的 CFST 进行了对比。结果表明：HSSTCU 柱通常表现出更小的极限承载力，但峰值载荷后具有更高的残余承载力和更好的变形能力。

上述文献对钢管混凝土叠合柱力学性能、UHPC 材料性能和 UHPC-钢组合结构开展了大量研究，取得了丰富的研究成果。然而，目前有关 UHPC 外包覆钢管混凝土叠合结构的研究报道较为有限，特别是 UHPC 外包覆钢管混凝土叠合结构的设计方法尚不完善，其在冲击动荷载作用下的失效机理尚不明确，有关 UHPC 外包覆钢管混凝土叠合柱连接节点和框架结构的抗震性能也尚未有见研究报道。

1.4　本书的目的、主要内容和研究方法

1.4.1　本书的目的

如前所述，钢管混凝土叠合结构具有承载力大、刚度大、抗震性能和抗火性能好、耐久性好以及易于和钢筋混凝土梁连接等优势。这些力学性能优势主要来自外围钢筋混凝土和内部钢管混凝土之间的"混合效应"，二者在受荷全过程中协同互补、共同工作，有效提升了构件和结构的性能指标。除此之外，外围混凝土对内钢管的约束作用也进一步避免了钢管的局部屈曲现象，相较于单独钢管混凝土受压作用下容易发生向外鼓曲的情况，叠合柱中的钢管则同时避免了向外鼓曲和向内凹曲，使钢管对钢管内核心混凝土的约束效应进一步增强，二者之间的"组合作用"更为显著。上述效应使内钢管混凝土的抗力大大高于外围钢筋混凝土，因此在外荷载作用下外围钢筋混凝土首先失效后，内部钢管混凝土仍具有相当大的承载能力，二者的失效时间并不同步。在钢管混凝土叠合结构设计中，如何使外钢筋混凝土和内钢管混凝土二者更加"匹配"，是需要解决的关键问题。而用超高性能混凝土（UHPC）取代外围普通混凝土，形成新型 UHPC 包覆钢管混凝土叠合构件

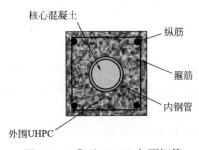

图 1-4-1　典型 UHPC 包覆钢管
混凝土叠合结构截面示意图

（图 1-4-1），除了能进一步提高该组合构件的承载力和刚度，还能使外围 UHPC 和内部钢管混凝土更加"匹配"，使二者之间的"混合效应"更加有效，从而达到充分发挥材料抗力的效果。此外，UHPC 材料的高致密性特征也决定了其具有优越的抗腐蚀性能，因此相较普通钢管混凝土叠合构件，UHPC 包覆钢管混凝土叠合构件具有更高的耐久性能，在近海或海洋工程中具有很好的应用前景。

对于钢管混凝土叠合结构，其力学性能的关键在

于外围钢筋混凝土和内部钢管混凝土之间共同工作的"混合效应"，以及外围混凝土、钢管、核心混凝土三者之间的"组合作用"。在实际土木工程结构中，新材料的应用必将引起结构性能的改变。因此，若将 UHPC 包覆钢管混凝土叠合结构应用于实际工程中，需要在揭示 UHPC、钢管、核心混凝土之间"组合作用"机理的基础上，明确外围 UHPC 和内部钢管混凝土之间的"混合效应"，从而提出适用于该新型组合构件的成套设计方法，并研究相关连接节点构造和力学性能，提供整体结构体系的分析方法。因此，本书的目的可归纳为以下四点：

（1）研究 UHPC 配合比优化设计方法，研发具有更强抗腐蚀性能的聚乙烯醇纤维（PVA）超高性能混凝土制备方法和力学性能，揭示 PVA 纤维对材料微观结构的影响。

（2）研究不同荷载工况（轴压、纯弯、偏压）下的 UHPC 包覆钢管混凝土叠合构件的力学性能，揭示受荷全过程中 UHPC、钢管、核心混凝土之间的"组合作用"，明确 UHPC 和钢管混凝土之间的"混合效应"，在此基础上提出相关实用设计方法。

（3）考察动荷载下钢和混凝土材料、UHPC 和普通混凝土材料的界面断裂性能和破坏机理，研究 UHPC 包覆钢管混凝土叠合构件在侧向撞击作用下的动力响应和失效机制，探讨该组合构件的抗撞击承载力计算方法。

（4）研发装配式钢管混凝土叠合框架梁柱连接节点新构造，揭示 UHPC 包覆钢管混凝土叠合柱框架梁柱节点力学行为并提出节点设计方法，考察装配式 UHPC 包覆钢管混凝土框架结构抗震性能并提出易损性分析方法。

1.4.2　主要内容

基于上述目的，本书主要内容概括如下：

（1）开展 UHPC 材料配合比试验，采用响应面法中的 Box-Behnken 试验设计方法构建二次多项式回归模型，研究不同胶砂比、硅灰掺量、粉煤灰掺量和偏高岭土掺量对 UHPC 基体抗压强度的影响，进行优化设计得到 PVA 纤维增强 UHPC 的最佳配合比，并结合电子显微镜（SEM）扫描结果阐述 PVA 纤维 UHPC 的微观结构变化。

（2）开展 UHPC 包覆钢管混凝土构件的静力性能研究，进行该组合构件在轴压、纯弯、偏压作用下的物理试验，建立相关有限元分析模型，细致剖析受荷全过程中外围 UHPC 和内部钢管混凝土的协同互补机制，揭示不同材料之间的相互作用机理，并在系统参数分析的基础上提出相关实用设计方法。

（3）开展钢和混凝土、UHPC 和普通混凝土界面的霍普金森杆冲击试验，考察不同材料界面的断裂强度和破坏机理；开展 UHPC 包覆钢管混凝土叠合构件的落锤撞击试验，研究该组合构件在侧向冲击作用下的动力响应，探讨考虑动荷载效应的 UHPC 包覆钢管混凝土叠合构件抗撞击承载力计算方法。

（4）研发新型装配式钢管混凝土叠合柱框架梁柱节点构造，开展装配式节点的滞回性能试验和有限元分析，建立节点受弯承载力简化计算模型，提出外伸端板节点中叠合柱管外混凝土的抗压刚度和抗拉刚度的实用计算方法；构建装配式 UHPC 包覆钢管混凝土框架结构的弹塑性分析模型，对其抗震性能和易损性进行分析，获取能够对组合框架安全性能提供准确预测的倒塌易损性拟合曲线，验证 UHPC 包覆钢管混凝土叠合柱框架结构的抗倒塌能力，为实际工程提供参考。

基于上述研究内容，形成"材料研发-构件性能-连接节点-结构体系"的系统研究成果，为 UHPC 包覆钢管混凝土叠合结构的工程应用提供体系化的技术支撑，也为相关标准的制定和修订提供依据。

1.4.3　研究方法

本书遵循由材料到构件再到结构体系的系统研究思路，采用物理试验和数值模拟相结合的研究方法：首先，研发高性能 UHPC 材料的优化配合比，并深入研究其微观结构；接着，开展 UHPC 包覆钢管混凝土叠合构件和连接节点试验研究，考察不同参数对构件和节点破坏模态、极限承载力、变形性能、延性、耗能等指标的宏观影响；然后，在合理考虑材料本构模型和接触模型的基础上，建立 UHPC 包覆钢管混凝土叠合构件和节点的有限元分析模型，采用试验结果验证有限元模型的可靠性，利用数值模型剖析受荷全过程中外围 UHPC 和内部钢管混凝土之间的协同工作机制，揭示 UHPC、钢管、核心混凝土之间的相互作用机理；最后，在有限元参数分析的基础上，将研究成果进一步推进到实用化的程度，提出以精确分析理论为基础的实用计算方法，并开展装配式 UHPC 包覆钢管混凝土框架结构抗震性能与易损性分析，将构件和节点研究上升到结构体系层面。

第2章 超高性能混凝土（UHPC）材料制备与性能

2.1 引言

本章开展了 UHPC 材料配合比试验，采用响应面法中的 Box-Behnken 试验设计方法构建二次多项式回归模型，研究了不同胶砂比、硅灰掺量、粉煤灰掺量和偏高岭土掺量对 UHPC 基体抗压强度的影响，得到了聚乙烯醇（PVA）纤维增强 UHPC 的最佳配合比，并结合电子显微镜（SEM）扫描结果阐述了 PVA 纤维增强 UHPC 的微观结构特征。

2.2 UHPC 基体制备与力学性能试验

UHPC 的制备不同于普通混凝土，UHPC 与普通混凝土在制备浇筑过程中，二者区别在于 UHPC 不掺加任何粗骨料，并且需要在浇筑过程中辅以掺入各类纤维（钢纤维、合成高分子纤维、碳纤维、玻璃纤维等）以提高 UHPC 基体的力学性能和工作性能。

添加钢纤维是提高 UHPC 性能传统而有效的方法（Wu 等，2016；Pyo 等，2016）。然而，大量的试验研究和工程实践证明，分布在 UHPC 表面的钢纤维易受高温、高湿、高盐等严酷环境的冲击，导致钢纤维锈蚀明显，且内部纤维相连会导致锈蚀传递现象（Sharma 等，2022），可能会显著降低 UHPC 的抗侵蚀性和服役寿命。对于钢纤维的锈蚀问题，目前的解决办法为：使用特制的防锈蚀钢纤维、进行钢纤维表面镀铜处理、涂油防锈处理、降低 UHPC 基体含水率、调整基体酸碱度等。然而，以上方法只能减缓而并不能完全杜绝钢纤维的锈蚀进程，随着时间的推移，内部钢纤维不可避免地会出现或多或少的锈蚀。这种情况下，钢纤维的腐蚀不仅会在一定程度上降低 UHPC 的力学性能和工作性能，而且对于钢纤维防锈蚀的处理和维护，也使得 UHPC 的成本大幅增加。

近年来，聚乙烯醇纤维以其高强度、高耐磨、环保、良好的粘结性和突出的抗酸碱性与抗腐蚀性而闻名（Pakravan 等，2019），已逐渐成为工程材料实现特殊目标的有效手段，在土木工程领域获得了大量研究关注（Mosavinejad 等，2020；Yao 等，2024）。

基于此，本章节将介绍作者开展的下列研究工作：设计 UHPC 基体配合比，制作

UHPC 基体，进行 UHPC 基体力学性能试验，采用响应面法（Response surface methodology，RSM），以胶砂比、硅灰掺量、粉煤灰掺量和偏高岭土掺量作为自变量因素，建立 Box-Behnken 回归模型，以 28d 力学性能抗压强度为响应值，分析各因素之间对响应值的交互影响作用，得到满足最佳响应值要求的最优配合比，并以最优配合比为基体掺入 PVA 纤维，得到 PVA 纤维 UHPC 最佳配比设计，同时结合 SEM 结果阐述 UHPC 含 PVA 纤维的微观结构特征。

2.2.1　UHPC 基体试验原料

试验采用的水泥为 P·O52.5 普通硅酸盐水泥。硅灰的平均粒径为 $0.1\sim0.3\mu m$，二氧化硅（SiO_2）含量为 94.8%，比表面积为 $20000m^2/kg$；粉煤灰为 I 级，细度为 16%，比表面积为 $400m^2/kg$；偏高岭土的比表面积为 $20000m^2/kg$。石英砂为优质半透高硅石英砂，平均粒径为 $16\sim110$ 目，表观密度为 $2630kg/m^3$。外加剂选用 PCA-I 通用型聚羧酸高性能减水剂，减水率为 37%。

2.2.2　UHPC 基体配合比设计

1. 基于最紧密堆积理论的 UHPC 配合比设计

对于配合比设计，以往研究表明采用紧密堆积理论（Packing theory）优化的混凝土配合比设计在实用性和经济性方面都具有显著优势。紧密堆积理论主要分为两大类：连续级配理论和间断级配理论（王尚伟等，2021）。其中，连续级配理论中的 MAA 模型最为常用：即修正改进的 Andreasen 和 Andersen 模型（Modified Andreasen and Andersen，MAA）是最经典且适用的连续颗粒堆积模型（余睿等，2020）。相比于其他堆积模型，MAA 模型兼具理论性与实用性，其考虑到在实际粉体中粒径是连续分布的，即体系中各种粒径大小的颗粒都可能存在的这一特性，提出的计算公式（余睿等，2020）如式（2-2-1）所示：

$$P(D) = \frac{D^q - D_{min}^q}{D_{max}^q - D_{min}^q}$$ （2-2-1）

式中　$P(D)$——总固体中小于粒径 D 的分数；

　　　　D——材料粒径（μm）；

　　　　D_{max}——体系中材料最大粒径（μm）；

　　　　D_{min}——体系中材料最小粒径（μm）；

　　　　q——分布模量，根据经验以及计算机模拟得到。取 $q=0.23$ 为最佳（刘康宁等，2023）。

根据公式可以发现，连续级配理论更适用于 UHPC 的基体配合比设计，其建立主要依赖大量试验数据经验总结，且在使用过程中需要较大修正力度（分布模量）；采用间断级配理论优化的 UHPC 基体配合比，在优化新拌混合料的工作性能方面远不如连续级配理论。

然而，在确定体系内粒径大小和分布模量 q 时，通常假定 UHPC 制备所涉及的材料为理想的圆球体，而这显然不符合实际的材料情况。因此，在不同的混凝土材料系统中，若需要得到更加精确的配合比，q 理应需要重新考虑。但是，一些科研工作者经过试验发现（Meng 等，2017），MAA 模型已被验证可用于制备抗压强度不低于 120MPa 的超高性能混凝土，虽然目前还没有权威的规范标准来指导 UHPC 的配合比设计，但就其指导的配合比设计与相关统计值相比，主要胶凝材料的用量可以降低 10% 左右。

因此，在目前现有的 UHPC 配合比设计理论上而言，MAA 模型已具有一定的准确性、适用性，基于该公式模型可以适配出强度较高的 UHPC 基体，同时，该模型还兼具了节省原材料、经济效益好的特点。因此，本章节 UHPC 基体配合比都将基于 MAA 模型进行设计。

2. UHPC 基体配合比方案设计

基于 MAA 模型公式，设计出了 29 组 UHPC 基体配合比，详细参数包括：胶凝材料与石英砂比例（胶砂比），各胶凝材料占比（硅灰、粉煤灰、偏高岭土占比），如表 2-2-1 所示。其中，P·O52.5 普通硅酸盐水泥均采取 500kg/m³。根据胶砂比，可以计算出石英砂的相应使用量。

UHPC 基体配合比方案　　　　　　　　　　　　　　　表 2-2-1

序号	胶砂比	硅灰（%）	粉煤灰（%）	偏高岭土（%）	序号	胶砂比	硅灰（%）	粉煤灰（%）	偏高岭土（%）
1	1.1	4.7	18.3	6.55	16	1.3	14.0	18.3	10.0
2	1.3	14.0	18.3	3.1	17	1.5	4.7	18.3	6.55
3	1.3	4.7	10.0	6.55	18	1.3	4.7	18.3	10.0
4	1.3	9.35	18.3	6.55	19	1.3	9.35	18.3	6.55
5	1.1	9.35	18.3	10.0	20	1.1	9.35	10.0	6.55
6	1.3	9.35	26.6	3.1	21	1.3	9.35	26.6	10.0
7	1.1	9.35	26.6	6.55	22	1.3	9.35	10.0	3.1
8	1.1	14.0	18.3	6.55	23	1.1	9.35	18.3	3.1
9	1.3	14.0	26.6	6.55	24	1.5	9.35	26.6	6.55
10	1.5	9.35	18.3	10.0	25	1.5	9.35	10.0	6.55
11	1.3	4.7	18.3	3.1	26	1.3	9.35	18.3	6.55
12	1.5	14.0	18.3	6.55	27	1.3	9.35	18.3	3.1
13	1.3	9.35	10.0	10.0	28	1.3	9.35	18.3	6.55
14	1.3	14.0	10.0	6.55	29	1.3	4.7	26.6	6.55
15	1.3	9.35	18.3	6.55	—	—	—	—	—

3. UHPC 基体制备流程

根据《混凝土物理力学性能试验方法标准》GB/T 50081—2019 成型尺寸为 100mm×100mm×100mm 的 UHPC 抗压强度试件，参照《超高性能混凝土基本性能与试验方法》T/CBMF 37—2018 成型尺寸为 368mm×100mm×50mm 的 UHPC 抗拉强度试件，如图

2-2-1 所示。在养护箱［（20±2）℃，相对湿度 $RH>95\%$］中养护 1d 后脱模，然后继续在养护室［（25±2）℃，$65\%{\leqslant}RH{\leqslant}85\%$］中养护，利用电液伺服压力试验机测定 UHPC 试件养护 7、28d 的力学性能。

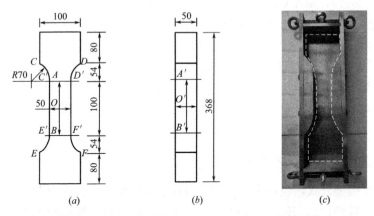

图 2-2-1　UHPC 368mm×100mm×50mm 抗拉试件

(a) 抗拉试模尺寸俯视图；(b) 抗拉试模尺寸侧视图；(c) 抗拉试模实体

UHPC 基体制备流程如图 2-2-2 所示，详细试配及浇筑成型过程如图 2-2-3 所示。以下为具体制备流程：

（1）根据试验配合比，准确称量各材料重量，将水泥、硅灰、粉煤灰、偏高岭土、石英砂等分别混合倒入搅拌机内，干拌 5min。

（2）缓慢加入拌合水（溶有减水剂），首次倒入二分之一，搅拌 5min。

（3）将剩下的拌合水倒入，继续搅拌 5min。

（4）浇筑成型，采用振动台振动成型，排出基体内部气泡，振动时间为 30～45s。

（5）试件成型后，覆盖保护膜。

（6）移入养护箱，养护 24h 后脱模，必要时使用气枪脱模。脱模完成后，继续进行热水养护或常温养护至 3d、7d、28d。

原料搅拌　掺水与减水剂　振动　成型　脱模　养护

图 2-2-2　UHPC 制备流程图

2.2.3　UHPC 基体力学性能试验测试及结果

1. 抗压强度测试方法

试验仪器：采用 300kN 微机控制电液伺服压力试验机，如图 2-2-4 所示。

试验标准：UHPC 基体和纤维增强 UHPC 抗压强度的试验按《水泥胶砂强度检验方法》GB/T 17671—2021 的规定进行。

试验步骤：使用抗折试验折断后所剩试件进行抗压试验，调整试件与压头的相对位

(a)

(b)

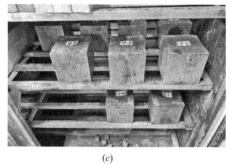

(c)

(d)

图 2-2-3　UHPC 基体试配过程

（a）搅拌；（b）成型（覆膜）；（c）数控水泥混凝土标准养护箱养护；（d）养护完成

图 2-2-4　抗压试验装置

置，试件中心与压板受压中心应重合，误差应在±0.5mm 内；启动试验仪器，以 2.4kN/s±0.2kN/s 的速率加荷，试件破坏后读取破坏荷载。

结果处理：抗压强度按式（2-2-2）计算：

$$f_c = P/S \tag{2-2-2}$$

式中　P——破坏荷载（N）；

　　　　f_c——抗压强度（MPa）；

S——受压面积（mm²）。

每组采用 6 个试件，取 6 个试件抗压强度的平均值为试验最终结果。当其中 1 个的抗压强度数值大于平均值的 ±10% 时，则剔除该值，取剩余 5 个值的平均值为最终结果，但若两个数值都大于平均值的 ±10% 时，该组试验无效，重做本组试验。

2. 抗压强度结果

各组试块破坏形态大体一致，现以 7 号组试块为例，UHPC 基体 3、7、28d 的破坏形态，如图 2-2-5 所示。从图可以看出，不掺任何纤维的 UHPC 基体破坏形态，呈现标准倒三角锥形。3d 的 UHPC 基体内部有较多未完全水化的白灰脱落，而从后续 7d 以及 28d 可以发现，基体内部白灰大幅度减少，28d 时 UHPC 内部呈现暗灰色，说明内部水化反应基本进行完毕。同时，随着养护时间的推移，试块压坏时具有更加响亮的爆裂声。

(a)   (b)   (c)

图 2-2-5   UHPC 基体破坏形态

(a) 序号 7-UHPC 3d 破坏形态；(b) 序号 7-UHPC 7d 破坏形态；(c) 序号 7-UHPC 28d 破坏形态

29 组不掺纤维 UHPC 基体的抗压强度结果如表 2-2-2 所示。可见，其中序号 1、5、8、20、23 的 UHPC 基体 28d 抗压强度均达到了 100MPa 以上，这五组最大的特点是具有较低的胶砂比，结果数值都为 1.1，对比胶砂比 1.3 与 1.5 的组别，可以发现胶砂比对于 UHPC 基体的抗压强度具有较大的影响。因此可以得出结论，在一定参数范围内，UHPC 的胶砂比越低，UHPC 基体 28d 抗压强度越高。

UHPC 基体抗压强度结果   表 2-2-2

序号	28d 抗压强度(MPa)	序号	28d 抗压强度(MPa)	序号	28d 抗压强度(MPa)
1	104.2	11	92.3	21	89.5
2	91.6	12	85.1	22	94.6
3	94.7	13	88.7	23	100.1
4	94.5	14	95.6	24	80.9
5	100.1	15	93.6	25	83.2
6	88.6	16	94.6	26	94.7
7	95.2	17	84.2	27	82.0
8	102.1	18	97.8	28	97.6
9	93.8	19	95.4	29	95.3
10	81.2	20	105.3	—	—

2.3 基于响应面回归模型的 UHPC 基体变量因素分析

2.3.1 试验方案

基于响应面法，采用 Box-Behnken 进行四因素三水平的响应面检验本书 2.2 节中的试验，选用胶砂比、硅灰掺量、粉煤灰掺量和偏高岭土掺量作为自变量因素，以 UHPC 的 28d 抗压强度为响应值，进行多因素试验优化。试验各因素水平编码见表 2-3-1。

试验自变量因素编码及水平　　　　　　　表 2-3-1

编码	因素	水平		
		−1	0	1
A	胶砂比	1.1	1.3	1.5
B	硅灰掺量	4.7%	9.4%	14.0%
C	粉煤灰掺量	10.0%	18.3%	26.6%
D	偏高岭土掺量	3.1%	6.6%	10.0%

2.3.2 响应面回归模型建立

表 2-3-2 建立了响应面回归模型数据，整合了表 2-2-1 基体配合比方案设计与表 2-2-2 UHPC 基体抗压强度结果。

建立的响应面回归模型数据　　　　　　　表 2-3-2

序号	自变量因素编码				28d 抗压强度(MPa)
	A	B	C	D	
1	1.1	4.7	18.3	6.55	104.2
2	1.3	14.0	18.3	3.1	91.6
3	1.3	4.7	10.0	6.55	94.7
4	1.3	9.35	18.3	6.55	94.5
5	1.1	9.35	18.3	10.0	100.1
6	1.3	9.35	26.6	3.1	88.6
7	1.1	9.35	26.6	6.55	95.2
8	1.1	14.0	18.3	6.55	102.1
9	1.3	14.0	26.6	6.55	93.8
10	1.5	9.35	18.3	10.0	81.2

序号	自变量因素编码				28d 抗压强度(MPa)
	A	B	C	D	
11	1.3	4.7	18.3	3.1	92.3
12	1.5	14.0	18.3	6.55	85.1
13	1.3	9.35	10.0	10.0	88.7
14	1.3	14.0	10.0	6.55	95.6
15	1.3	9.35	18.3	6.55	93.6
16	1.3	14.0	18.3	6.55	94.6
17	1.5	4.7	18.3	6.55	84.2
18	1.3	4.7	18.3	10.0	97.8
19	1.3	9.35	18.3	6.55	95.4
20	1.1	9.35	10.0	6.55	105.3
21	1.3	9.35	26.6	10.0	89.5
22	1.3	9.35	10.0	3.1	94.6
23	1.1	9.35	18.3	3.1	100.1
24	1.5	9.35	26.6	6.55	80.9
25	1.5	9.35	10.0	6.55	83.2
26	1.3	9.35	18.3	6.55	94.7
27	1.5	9.35	18.3	3.1	82.0
28	1.3	9.35	18.3	6.55	97.6
29	1.3	4.7	26.6	6.55	95.3

根据表 2-3-2 的数据集，对响应面试验得到的数据进行多元回归拟合，建立 UHPC 基体 28d 抗压强度（Y）与胶砂比（A）、硅灰掺量（B）、粉煤灰掺量（C）和偏高岭土掺量（D）之间的二次多元回归模型：

$$Y=95.16-9.20A-0.47B-1.57C+0.23D+0.175AB+1.95AC-0.20AD-$$
$$0.60BC-0.63BD+1.70CD-2.16A^2+1.30B^2-1.93C^2-2.47D^2$$

$$(2-3-1)$$

2.3.3 响应面回归分析

为了评估响应回归模型式（2-3-1）的准确性，对上述多元方程的误差来源进行了方差分析，结果如表 2-3-3 所示。由表 2-3-3 回归模型方差分析可知，回归模型的 P 值小于 0.0001，失拟项 $P=0.2762>0.05$，校正相关系数 $R_{adj}^2=0.9145$，决定系数 $R^2=0.9573$，表明回归模型极显著，失拟项不显著，模拟的拟合度良好，误差较小，说明得到的试验值与响应值有较好的一致性，可以用此模型对 UHPC 基体的抗压强度进行预测分析。

响应面方差分析　　　　　　　　　　　　　　　表 2-3-3

来源	平方和	自由度	均方和	F 值	P 值	显著性
回归模型	1183.59	14	84.54	22.39	<0.0001	＊＊
A	1015.68	1	1015.68	269.03	<0.0001	＊＊
B	2.71	1	2.71	0.72	0.4113	
C	29.45	1	29.45	7.80	0.0144	＊
D	0.61	1	0.61	0.16	0.6944	
AB	2.25	1	2.25	0.60	0.4530	
AC	15.21	1	15.21	4.03	0.0444	＊
AD	0.16	1	0.16	0.042	0.8399	
BC	1.44	1	1.44	0.38	0.5468	
BD	1.56	1	1.56	0.41	0.5304	
CD	11.56	1	11.56	3.06	0.1020	
A^2	30.24	1	30.24	8.01	0.0134	＊
B^2	11.02	1	11.02	2.92	0.1096	
C^2	24.27	1	24.27	6.43	0.0238	＊
D^2	39.63	1	39.63	10.50	0.0059	＊＊
残差	52.85	14	3.78	—	—	—
失拟项	43.76	10	4.38	1.93	0.2762	不显著
纯误差	9.09	4	2.27	—	—	—
R^2	0.9573	—	—	—	—	—
R^2_{adj}	0.9145	—	—	—	—	—

注：" ＊＊ "表示该项极显著（$P<0.01$），" ＊ "表示该项显著（$P<0.05$）。

在胶砂比、硅灰掺量、粉煤灰掺量和偏高岭土掺量四个单因素中，胶砂比对抗压强度的影响最大，粉煤灰次之，硅灰和偏高岭土的影响较小；同时，由 P 值也可以看出胶砂比的影响极显著，粉煤灰掺量显著，硅灰和偏高岭土掺量不显著，表明 UHPC 基体抗压强度主要受胶砂比和粉煤灰掺量的影响。

根据回归模型分析结果绘制各因素交互效应响应曲面图，探讨两因素交互作用对 UHPC 基体 28d 抗压强度的影响规律，结果如图 2-3-1 所示。

由图 2-3-1（a）可知，随着硅灰掺量的增加，胶砂比的增加均会导致基体抗压强度的不断减小，但由表 2-3-3 可知，胶砂比和硅灰掺量两因素的交互作用对抗压强度的 $P=0.4530>0.05$，说明胶砂比和硅灰掺量两因素之间交互作用对基体抗压强度的影响不显著。

由图 2-3-1（b）可知，粉煤灰掺量由 10.0％增加到 26.6％过程中，胶砂比越大，基体抗压强度越低，减少最大幅度为 24.4％，高于胶砂比和硅灰交互作用下的 21.1％。从上述结果可看出，胶砂比和粉煤灰掺量的交互作用对基体抗压强度的影响最为显著，与表 2-3-3 的模型回归系数 P 值（<0.05）所得结果一致。图 2-3-1（c）表现出与图 2-3-1（a）相似的规律变化，随着胶砂比的增加，基体抗压强度降低最大幅度为 21.8％，对抗压强度

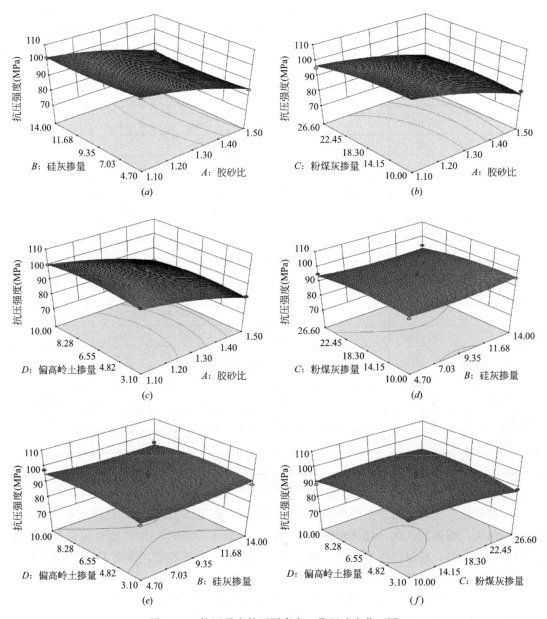

图 2-3-1　抗压强度的两因素交互作用响应曲面图
(a) AB 交互作用；(b) AC 交互作用；(c) AD 交互作用；
(d) BC 交互作用；(e) BD 交互作用；(f) CD 交互作用

的影响不显著（$P=0.8399>0.05$）。由图 2-3-1（d）和图 2-3-1（e）可知，随着粉煤灰和偏高岭土掺量的增加，硅灰掺量的增加会导致抗压强度呈先减小后增加的趋势，总体波动幅度不是很大。对于粉煤灰掺量和偏高岭土掺量交互作用对抗压强度影响的响应曲面近似一个平面，表明无论粉煤灰掺量和偏高岭土掺量增加或减少，抗压强度影响幅度都很小，所以交互作用不显著，与上述回归模型系数 P 值得到的响应值不显著结果一致。

　　综上所述，胶砂比、硅灰掺量、粉煤灰掺量和偏高岭土掺量四因素中，胶砂比对 UHPC 基体抗压强度的影响最为显著，胶砂比和粉煤灰掺量的交互作用最明显。

2.4　聚乙烯醇纤维 UHPC 试验

2.4.1　试验原料

本次试验采用以 PVA 纤维增强 UHPC 为主要研究对象，对比传统钢纤维增强 UH-PC。纤维各项参数如表 2-4-1 所示，其中，PVA 纤维形态如图 2-4-1 所示。由图 2-4-1 可知，PVA 纤维，呈淡黄色，质地柔软，具有较好的拉伸性能，易呈团聚状态。

纤维参数　　　　　　　　　　　　　　　　　　　　　　　　　表 2-4-1

纤维种类	抗拉强度（MPa）	弹性模量（GPa）	长度（mm）	直径（mm）
PVA 纤维	1830	40	6.0	0.20
钢纤维	1550	200	13.0	0.22

 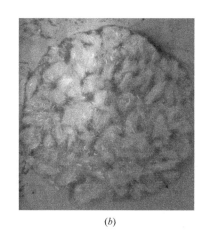

（a）　　　　　　　　　　　　　　　　（b）

图 2-4-1　PVA 纤维宏观形态

（a）散落态 PVA 纤维；（b）常态团聚 PVA 纤维

2.4.2　聚乙烯醇纤维 UHPC 配合比设计

在 2.3 节基于响应面回归模型的 UHPC 设计基础上，对 UHPC 基体配合比进行优化，如图 2-4-2 所示。选择 28d 抗压强度最大值为目标优化值，对胶砂比、硅灰掺量、粉煤灰掺量和偏高岭土掺量进行优化，从而得出 UHPC 基体性能最优配合比为胶砂比 1.10、硅灰掺量 4.70%、粉煤灰掺量 18.30%、偏高岭土掺量 6.55%，所得基体 28d 抗压强度为 104.729MPa。

2.4.3　力学性能结果

为验证模型预测的准确性，对回归方程式（2-3-1）求解得到的最优值为最佳配合比进

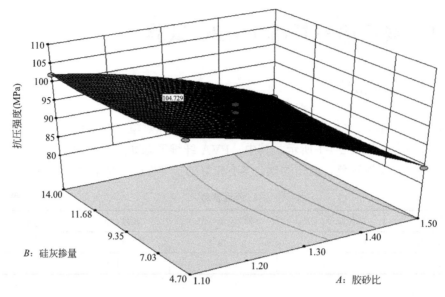

图 2-4-2　四因素对抗压强度交互影响的响应面图

行试验，测得 UHPC 基体的抗压强度为 105.3MPa，预测值与试验值相对误差绝对值为 0.57%，说明所建立的 UHPC 基体 28d 抗压强度预测模型精度较高。

掺入纤维后（PVA 纤维、钢纤维）的试件破坏形态如图 2-4-3 所示。分别开展 PVA 纤维增强 UHPC 的抗压和抗拉性能测试。

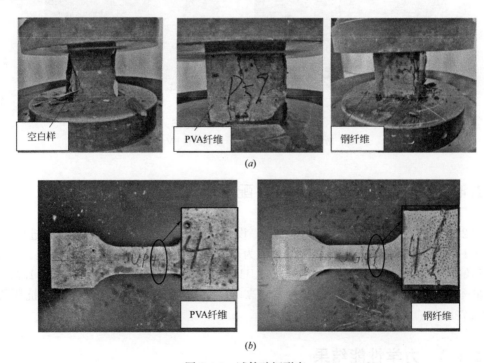

图 2-4-3　试件破坏形态

（a）PVA 纤维增强 UHPC 抗压测试；（b）PVA 纤维增强 UHPC 抗拉测试

由图 2-4-3（a）可知，未掺纤维的 UHPC 基体在达到压应力峰值后迅速开裂，发出爆裂的声响，试件表面出现严重的剥落现象，然而掺纤维的 UHPC 试件则出现裂而不散的现象。这主要归功于纤维在基体发挥"桥接"作用，当试件受外力作用而产生裂缝时，裂缝中的纤维能很好地将基体材料"桥接"在一起，从而表现出塑性破坏特征。从图 2-4-3（a）还可以看出，掺 PVA 纤维的 UHPC 试件破坏形态与掺钢纤维的试件相似，这表明 PVA 纤维在 UHPC 基体中同样起到很好的"桥接"作用，表现出良好的力学性能。

由图 2-4-3（b）可知，掺 PVA 纤维和钢纤维的 UHPC 受拉试件出现裂而不断的现象，这说明纤维的掺入显著改善了 UHPC 基体材料的脆性特性。与掺钢纤维相比，掺 PVA 纤维的 UHPC 试件出现细小的主裂缝，裂缝间距远小于掺钢纤维的试件，这说明 PVA 纤维具有更强的阻裂作用。这主要是由于 PVA 纤维的掺入可以将基体内部紧密联系在一起，且破坏时不会出现贯穿式和宽间距的裂缝，可以有效增强基体内部颗粒间的粘结性能，在受拉作用下，起到与基体共同受力的作用（宁晓龙等，2022），从而有效提高了 UHPC 试件的抗拉性能。

掺纤维 UHPC 试件的 7d、28d 的抗压和抗拉强度结果如表 2-4-2 所示，28d 的力学性能直观比较如图 2-4-4 所示。

UHPC 含纤维的力学性能　　　　表 2-4-2

纤维种类	抗压强度（MPa）		抗拉强度（MPa）	
	7d	28d	7d	28d
空白样	81.2	105.3	1.2	2.1
PVA 纤维	95.7	125.0	5.2	11.5
钢纤维	90.3	122.0	3.8	8.8

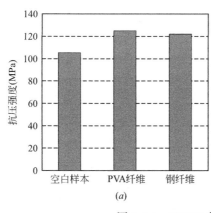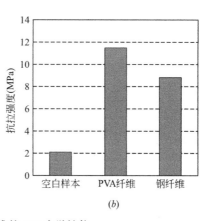

图 2-4-4　UHPC 含纤维的 28d 力学性能
（a）抗压强度；（b）抗拉强度

由图 2-4-4（a）可知，相比 UHPC 基体（空白样），掺纤维的 UHPC 的抗压强度显著提升，其中，掺 PVA 纤维的 UHPC 提升了 15.9%。这是由于纤维的弹性模量和抗拉强度远高于 UHPC 基体，当试件受外力产生裂缝时能很好地抑制裂缝的扩展，表现出更高的承受峰值应力的能力，进而提高了 UHPC 的抗压强度。此外，从图中可以看出，掺 PVA

纤维 UHPC 的 28d 抗压强度（122MPa）与掺钢纤维试块（125MPa）相似，说明 PVA 纤维的掺入可获得优良抗压性能。由图 2-4-4（b）可知，相比空白样和掺钢纤维试件，掺 PVA 纤维的 UHPC 的 28d 抗拉强度分别提升 447.6％和 30.7％，表现出优异的抗拉性能。这主要是由于 PVA 纤维本身抗拉强度高，当掺入 UHPC 中时可以较好地抑制连续贯通的裂缝向宏观裂缝扩展，当出现微裂缝后，可以很好地把应力转移至 PVA 纤维本身，延缓了裂缝开裂时间，从而使得 UHPC 试件抗拉强度显著提高。

此外，相较于钢纤维，由于 PVA 纤维的亲水特性，该纤维与 UHPC 基材的握裹能力更强，特别在后期，基材水化充分后，矿物掺合料能使 $Ca(OH)_2$ 含量降低，水化硅酸钙含量增加，使得基体与纤维间的界面粘结力增强，从而能更好地抑制 UHPC 试件微裂缝的扩展。

上述结果表明：PVA 纤维 UHPC 表现出优异的力学性能，尤其是抗拉性能，在 UHPC 领域具有良好的潜在应用价值。

2.4.4　微观结构分析

利用 SEM 观察了空白样、掺 PVA 纤维和钢纤维的 UHPC 微观结构，结果如图 2-4-5 所示。由图可以看出，UHPC 内部结构中存在致密的 C-S-H 产物，形成了非常致密的微观结构，这主要归因于其极低的水胶比和高火山灰反应导致了刚性无定形或弱结晶 C-S-H 的形成（Shen 等，2019）。从图中还可以看到由 SiO_2 与 $Ca(OH)_2$ 发生火山灰反应形成的薄 C-S-H 凝胶，这与 Dehghanpour 等（2022）的研究结果一致。相比掺 PVA 纤维和钢纤维 UHPC，空白样 UHPC 试块微结构疏松，并且有明显微裂纹的存在，这主要是由于空白样缺少纤维的"桥接"作用，在受力情况下容易产生裂缝，进而导致裂缝的扩展，这与图 2-4-3 中的试件破坏形态结果一致。从放大倍数的图像中可以看出，PVA 纤维能被基体和水化产物很好地包裹，且在纤维与基质和骨料之间未出现清晰的界面，表现出与基体

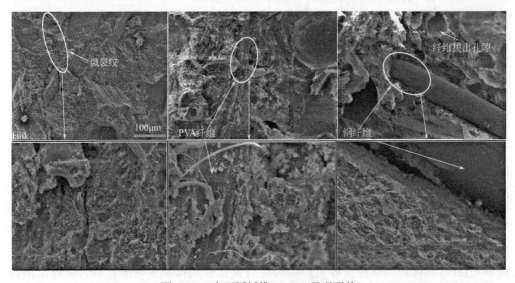

图 2-4-5　含不同纤维 UHPC 微观形貌

良好的粘结性能。根据前人的研究还发现所用的 PVA 纤维通常为一体式纤维类型，在压缩和拉伸的作用下，由于与基体的强结合容易发生剥离（Lin 等，2017）。这主要是由于 PVA 纤维含有 OH^- 离子，能与基体中的 Ca^{2+} 发生螯合作用，使得基体和 PVA 纤维之间产生强键作用（Noushini 等，2013），增加了 PVA 纤维与基体的粘结性能，从而表现出优异的力学性能。此外，从放大倍数图像中可以明显看出，相比 PVA 纤维，钢纤维与基体间存在较为明显的界面，表现出较低的握裹能力。因此，在压应力和拉伸应力作用下，掺 PVA 纤维的 UHPC 试件具有与掺钢纤维相似的抗压性能，以及表现出更优异的抗拉性能。

2.5　本章小结

本章完成了基于 MAA 模型的 29 组无任何纤维掺入的 UHPC 基体和掺入 PVA 聚乙烯醇纤维以及钢纤维 UHPC 的配合比设计及相关力学性能检测，使用响应面法建立 Box-Behnken 回归模型，分析各因素之间对响应值的交互影响作用，同时结合 SEM 结果阐述 UHPC 含 PVA 纤维的微观结构变化。主要内容包括：基体 UHPC 最紧密堆积 MAA 模型理论、配合比设计、响应面法在 UHPC 中的设计应用与检验、SEM 试验结果等。基于试验结果，得出以下结论：

（1）在影响 UHPC 基体 28d 抗压强度的四个因素中，影响顺序依次为：胶砂比＞粉煤灰掺量＞硅灰掺量＞偏高岭土掺量。对于四因素对响应值的交互影响，胶砂比和粉煤灰掺量两因素对 UHPC 基体 28d 抗压强度的交互作用最明显。

（2）UHPC 基体性能最优配合比为：胶砂比 1.10、硅灰掺量 4.70%、粉煤灰掺量 18.30%、偏高岭土掺量 6.55%。通过响应面模型预测基体 28d 抗压强度为 104.7MPa，且与试验值的相对误差绝对值为 0.57%。

（3）在最佳配比下掺入 PVA 纤维 UHPC 的 28d 抗压强度为 122MPa，抗拉强度为 11.5MPa，相较 UHPC 基体的抗压和抗拉强度分别提高了 15.9% 和 447.6%，相较掺钢纤维 UHPC 其抗压强度相近而抗拉强度提高 30.7%，且在外力作用下试件出现裂而不散和裂而不断的现象，表现出塑性破坏特征。

（4）纤维具有"桥接"作用，可显著抑制 UHPC 裂缝的产生和扩展，尤其对于 PVA 纤维，其与基体表现出良好的粘结性能，使得 UHPC 内部基体更加密实，表现出优异的力学性能。PVA 纤维增强 UHPC 材料在海洋或近海等对抗腐蚀性能有较高要求的工程建设中有广阔的应用前景。

第3章 UHPC叠合钢管混凝土结构的轴压性能

3.1 引言

本章进行了 UHPC 包覆钢管混凝土叠合柱的轴压性能试验研究，建立了 UHPC 包覆钢管混凝土叠合柱的有限元分析模型，利用有限元模型对 UHPC 包覆钢管混凝土叠合柱进行轴压全过程的力学性能分析，明晰了钢管混凝土与 UHPC 之间的荷载传递机理，揭示了不同部件之间的相互作用，在参数分析的基础上，提出了 UHPC 包覆钢管混凝土轴压承载力的简化计算公式。

3.2 试验研究

3.2.1 试件设计

进行了 17 根 UHPC 包覆钢管混凝土叠合短柱和 1 根普通钢管混凝土叠合短柱的轴压性能试验研究。试验参数主要包括 UHPC 钢纤维掺量（$V_f = V_{SF}/V_{UHPC}$，V_{SF} 和 V_{UHPC} 分别为钢纤维和 UHPC 的体积）、含钢管混凝土率（$\alpha_{CFST} = A_{CFST}/A$，$A_{CFST}$ 和 A 分别为钢管混凝土截面面积和整个组合柱截面面积）、钢管含钢率（$\alpha_s = A_s/A_{cc}$，A_s 和 A_{cc} 分别为钢管混凝土的钢管截面面积和核心混凝土截面面积）以及核心混凝土强度（$f_{cu,c}$）。试件长度（L）均为 600mm，截面宽度（B）均为 200mm。试件详图如图 3-2-1 所示。

表 3-2-1 给出了试件的具体参数，试件编号的第一个字母 C 代表钢管混凝土（concrete-filled steel tube），第二个字母 R 代表包覆（reinforced），第三个字母 U 或 H 分别代表超高性能混凝土（UHPC）和高性能混凝土（HPC），第一个数字代表钢纤维掺量，第四个字母 C 代表叠合柱（column），第二个数字代表钢管的外径，第三个数字代表钢管的厚度，最后一个字母 b（如有）代表核心混凝土强度为 C60。例如，CRU2C-3-1-b 表示 2％钢纤维掺量的 UHPC 包覆钢管混凝土叠合柱，钢管外径 121mm、厚度 4mm 且核心混凝土强度为 C60。在表 3-2-1 中 D 为钢管的外径，t 为钢管厚度，f_y 为钢管的屈服强度，

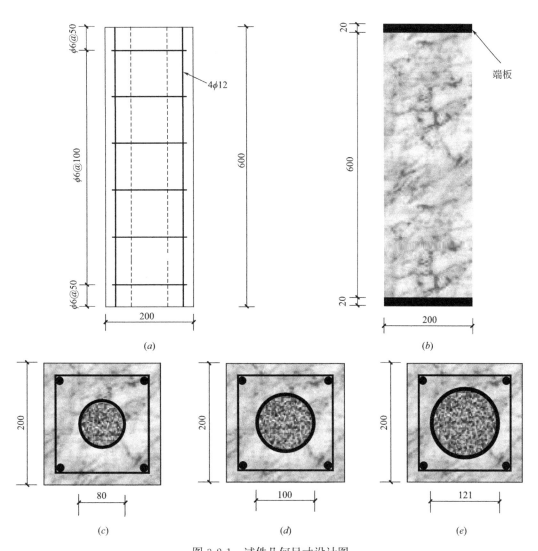

图 3-2-1　试件几何尺寸设计图

(a) 钢筋布置图；(b) 试件立面图；(c) $D=80$；(d) $D=100$；(e) $D=121$

$f_{cu,c}$ 和 $f_{cu,o}$ 分别为核心混凝土和包覆 UHPC 的立方体抗压强度，ξ 为钢管混凝土约束效应系数。

轴压试件参数表

表 3-2-1

序号	试件编号	$D \times t$ (mm)	α_{CFST}(%)	α_s	f_y (MPa)	$f_{cu,c}$ (MPa)	$f_{cu,o}$ (MPa)	V_f(%)	ξ
1	CRU0C-1-1	80×4	12.6	23.5	377.1	87.5	102.8	0	1.51
2	CRU1C-1-1	80×4	12.6	23.5	377.1	87.5	135.7	1	1.51
3	CRU2C-1-1	80×4	12.6	23.5	377.1	87.5	147.9	2	1.51
4	CRU3C-1-1	80×4	12.6	23.5	377.1	87.5	165.0	3	1.51
5	CRU0C-2-1	100×4	19.6	18.1	379.3	87.5	102.8	0	1.17

序号	试件编号	$D \times t$ (mm)	α_{CFST}(%)	α_s	f_y (MPa)	$f_{cu,c}$ (MPa)	$f_{cu,o}$ (MPa)	V_f(%)	ξ
6	CRU1C-2-1	100×4	19.6	18.1	379.3	87.5	135.7	1	1.17
7	CRU2C-2-1	100×4	19.6	18.1	379.3	87.5	147.9	2	1.17
8	CRU3C-2-1	100×4	19.6	18.1	379.3	87.5	165.0	3	1.17
9	CRU0C-3-1	121×4	28.3	14.7	354.2	87.5	102.8	0	0.89
10	CRU1C-3-1	121×4	28.3	14.7	354.2	87.5	135.7	1	0.89
11	CRU2C-3-1	121×4	28.3	14.7	354.2	87.5	147.9	2	0.89
12	CRU3C-3-1	121×4	28.3	14.7	354.2	87.5	165.0	3	0.89
13	CRU2C-2-2	102×5	20.4	22.9	385.6	87.5	147.9	2	1.51
14	CRU2C-2-3	102×6	20.4	28.4	396.2	87.5	147.9	2	1.92
15	CRU2C-1-1b	80×4	12.6	23.5	377.1	65.1	147.9	2	2.03
16	CRU2C-2-1b	100×4	19.6	18.1	379.3	65.1	147.9	2	1.58
17	CRU2C-3-1b	121×4	28.3	14.7	354.2	65.1	147.9	2	1.19
18	CRHC-2-1	100×4	19.6	18.1	379.3	87.5	77.3	—	1.17

3.2.2　试件制作

图 3-2-2 为试件制作时拍摄的图片，试件制作的具体流程如下：

（1）根据试件长度将钢管切段，加工两块与试件截面尺寸相匹配的方形端板，端板的厚度为 20mm，钢材采用 Q235 级钢材。

（2）将下端板对准圆形空钢管的几何中心，采用剖口焊和四周围焊的方式将端板和钢管焊接在一起。

（3）采用分层浇筑法浇筑试件的核心混凝土。将焊好下端板的空钢管竖直放置于地面，为防止浇筑过程中多余的混凝土流出而凝固于钢管外表面，浇筑前先用保鲜膜包裹钢管。从钢管顶部分三次灌入混凝土，每灌入一次混凝土，即用 ϕ35mm 振动棒伸入管内振捣密实，浇筑至钢管顶端 10～20mm 后将试件放置于振动台上振动以确保管内混凝土浇筑密实。

（4）待浇筑核心混凝土 7d 后，将试件上端多余的混凝土打磨平整，然后在钢管正对端板四边的中部打磨、贴片并焊线，后对每组应变片蜡封并贴上涂有环氧树脂的纱布以防止应变片进水或 UHPC 的钢纤维和骨料破坏。

（5）将弯好的箍筋套入纵筋，并按设计间距绑扎，形成钢筋骨架。将制作好的钢筋骨架一侧点焊在端板的指定位置，后将上端板与钢筋骨架的另一侧和钢管依次焊接，上端板焊接需保证与下端板和钢管对中。

（6）对试件的纵筋和箍筋进行打磨、贴片、焊线并进行环氧保护，将试件横向放置于地面，根据试件尺寸制作木模板，将试件水平放入模板中。

（7）浇筑 UHPC，将装入模板的试件水平放置在振动台上，在浇筑过程中开启振动台并采用人工插捣的方式确保 UHPC 浇筑密实。

（8）用保鲜膜和防水布覆盖试件浇筑面以防止水分蒸发和环境因素的干扰，待试件 UHPC 浇筑完在室内自然养护 7d 后拆模，拆模后的试件定期洒水和室内常温养护。

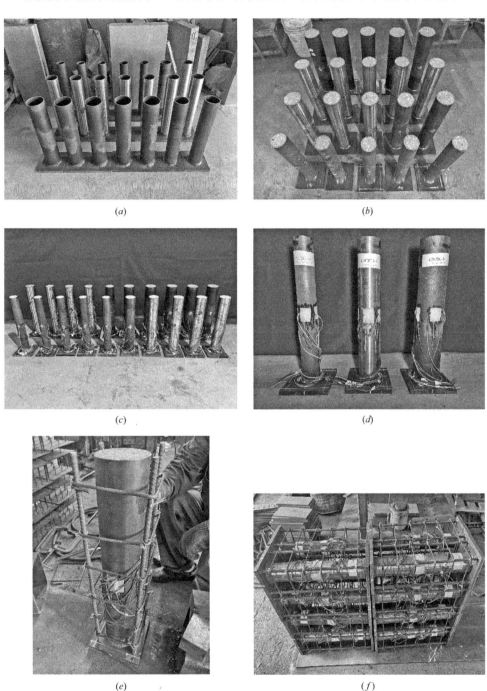

图 3-2-2　试件制作流程（一）

（a）焊接下端板后的试件；（b）浇筑核心混凝土后的试件；（c）打磨、贴片和焊线后的试件；

（d）蜡封、环氧保护后的典型试件；（e）制作钢筋骨架；（f）焊好钢筋骨架和上端板的试件

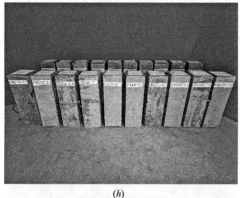

(*g*) (*h*)

图 3-2-2 试件制作流程（二）

（*g*）安装木模板；（*h*）浇筑并拆模后正在养护的试件

3.2.3 材料性能

试件钢管内部核心混凝土包括 C90 高强混凝土和 C60 普通混凝土，钢管外包覆的混凝土为 UHPC。对于核心混凝土，水泥选用低碱 P·O42.5 普通硅酸盐水泥；硅灰选用半加密微硅灰，SiO_2 含量大于 98%；粗骨料采用 5～20mm 级配天然碎石；采用细度模数为 1.9，砂率为 0.35 的细砂；减水剂选用 TW-PS 聚羧酸减水剂。对于 UHPC，水泥选用低碱 P·O52.5 普通硅酸盐水泥；硅灰的选用与核心混凝土一致；钢纤维长度大约为 13mm；玻璃粉为工业高熔点玻璃粉；石英砂选用半渗透性高硅石英砂；减水剂选用聚碳酸酯高性能减水剂。核心混凝土和 UHPC 的配合比设计分别见表 3-2-2 和表 3-2-3。

核心混凝土配合比   表 3-2-2

类别	水泥 （kg/m³）	硅灰 （kg/m³）	粉煤灰 （kg/m³）	砂 （kg/m³）	石子 （kg/m³）	水 （kg/m³）	减水剂 （kg/m³）
C60	450	—	170	815	815	181	6.3
C90	450	50	100	700	1050	156	7.4

UHPC 配合比   表 3-2-3

水泥 （kg/m³）	硅灰 （kg/m³）	玻璃粉 （kg/m³）	石英砂 （kg/m³）	水 （kg/m³）	减水剂 （kg/m³）	钢纤维 （kg/m³）
859.5	257.9	343.8	1005.7	179	34.4	0
859.5	257.9	343.8	1005.7	179	34.4	81.2(1%)
859.5	257.9	343.8	1005.7	179	34.4	162.4(2%)
859.5	257.9	343.8	1005.7	179	34.4	243.6(3%)

分别浇筑了 9 个边长 150mm 的立方体和 9 个 150mm×150mm×300mm 的棱柱体试块以测试混凝土的力学性能，各组混凝土强度等级分别为：C90、C60 混凝土和不同钢纤

维掺量的 UHPC。C90、C60 混凝土和 UHPC 的抗压强度和弹性模量按照《混凝土物理力学性能试验方法标准》GB/T 50081—2019 进行测定。图 3-2-3 所示为各类型混凝土材料试验照片及试块破坏形态图，各类型混凝土的材性指标见表 3-2-4。

图 3-2-3　混凝土材料性能试验

（*a*）立方体抗压试验；（*b*）棱柱体抗压及弹模试验；（*c*）试块破坏形态；（*d*）弹模试块

混凝土材性指标　　　　　　　　　　　　　　　　　　　表 3-2-4

混凝土类型	钢纤维掺量（％）	坍落度（mm）	扩展度（mm）	抗压强度 f_{cu}（MPa）	弹性模量 E_c（MPa）	泊松比 γ_s
UHPC	0	270	405	102.8	43989.1	0.201
	1	250	380	135.7	46815.2	0.206
	2	250	365	147.9	47805.9	0.203
	3	245	360	165.0	49817.7	0.201
C90	—	230	350	87.5	40372.3	0.200
核心 C60	—	260	410	65.1	33557.0	0.203
包覆 C60	—	265	425	77.3	34171.6	0.200

试件钢管为 Q345 级无缝钢管，纵筋为 HRB 400，箍筋为 HRB 335。根据《金属材料拉伸试验 第 1 部分：室温试验方法》GB/T 228.1—2021 进行了 28 个钢材材性试验，试验过程及钢材破坏形态如图 3-2-4 所示，典型钢材受拉应力-应变曲线如图 3-2-5 所示，钢

管和钢筋的材料性能见表 3-2-5。

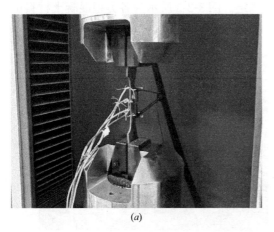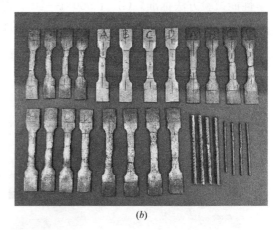

(a) (b)

图 3-2-4 钢材材料性能试验
(a) 试验过程；(b) 钢材破坏形态

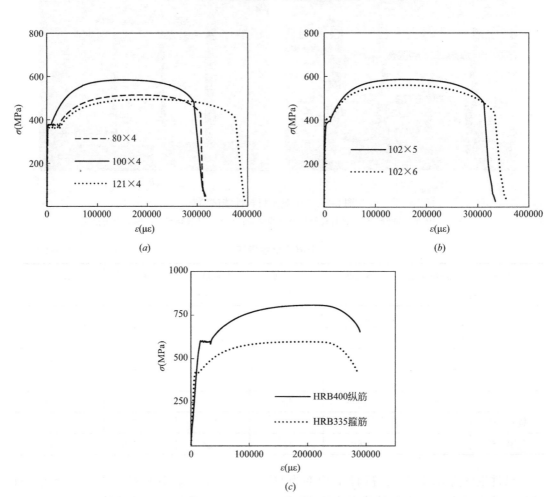

(c)

图 3-2-5 钢材典型应力-应变曲线
(a) 80/100/121mm×4mm 钢管；(b) 102mm×5/6mm 钢管；(c) φ12 和 φ6 钢筋

					表 3-2-5
钢材种类	f_y (MPa)	f_u (MPa)	E_s (MPa)	μ_s	δ (%)
钢管 (80mm×4.0mm)	377.1	524.3	207800	0.295	23.7
钢管 (100mm×4.0mm)	379.3	597.8	208200	0.289	22.3
钢管 (121mm×4.0mm)	354.2	487.5	206500	0.303	28.7
钢管 (102mm×5.0mm)	385.6	585.9	218100	0.295	23.8
钢管 (102mm×6.0mm)	396.2	552.5	216300	0.300	23.5
HRB400,ϕ12	589.6	817.4	208700	—	23.9
HRB335,ϕ6	414.7	587.2	206800	—	22.4

（表标题）**钢材材性指标**

3.2.4　试验方法

本试验在 1200t 多功能大型结构试验系统 JAW-K12000J 上进行，现场试验装置如图 3-2-6（a）所示。该装置的加载端安置在反力梁上，由一个 1200t 的液压千斤顶和 1200t 的压力传感器组成，四块上加载板和一个肋板式钢墩与加载头通过 8.8 级 M39 双头螺栓连接，装置下部由四块下加载板、三个肋板式钢墩与一块方形肋板式底座组合而成，部件间通过 8.8 级 M39 高强度螺栓相连，装置底座与地锚通过四个 M80 高强度螺栓连接。

为准确测量试件内部各部件在轴压荷载作用下的应变变化规律，在钢管外壁中截面沿环向顺时针每隔 90° 分别设置纵向和横向应变片，共 8 片；在对角线的两根纵筋中截面设置了纵向应变片并在中截面的两段箍筋中部设置了环向应变片，共 4 片；同时，为了进一步分析试件外围 UHPC 在轴压状态下的应变发展，在试件的四个外表面中部分别设置纵向和横向应变片，共 8 片。其中，钢管外壁、纵筋和箍筋表面应变片类型为 BX120-3AA，外围 UHPC 截面应变片类型为 BX120-100AA，试件应变片测点布置示意图见图 3-2-6（b）。

试件在正式加载前需采用激光水准仪对加载装置上的试件进行几何对中，同时进行预加载，减小加载板与试件端板之间的空隙，确保试件物理对中并在加载过程中处于轴心受压状态。预加载的荷载值约为试件预估极限承载力的 10%。正式加载采用力控与位移控相结合的方式。力控采用分级加载制，每级荷载约为预计极限荷载的 1/10，每级荷载的持荷时间为 3min，当加载荷载达到预估极限荷载的 70% 左右时，改为位移控制的加载方式，位移控制的加荷速率为 0.3mm/min，当荷载下降至试件极限荷载的 50% 左右或试件包覆 UHPC 发生大面积剥落时，即停止加载。试验中试件的荷载、位移及应变均由 IMC 数据采集系统自动采集。

3.2.5　试验现象和破坏形态

典型的试件失效模式如图 3-2-7 和图 3-2-8 所示。在初始加载阶段，所有试件均处于弹性阶段，未观察到破坏现象。当荷载达到极限荷载的 70%～80% 时，试件端部四角出现多条微裂纹，包覆的 UHPC 开始轻微剥落。当荷载达到极限荷载的 80%～90% 时，中、角部出现了几条较大的斜裂缝。随着载荷的增加，这些斜向缝继续发展，裂纹宽度明显变

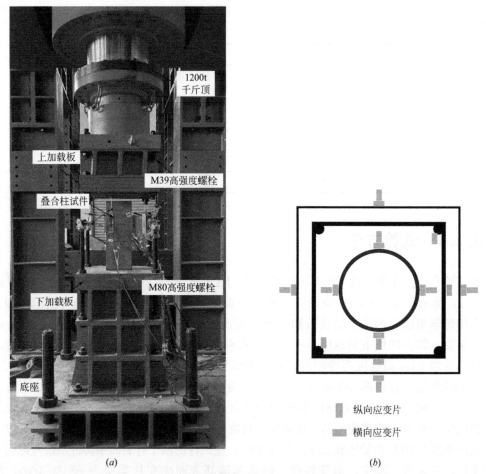

图 3-2-6 试验装置和应变片的布置
(a) 试验装置；(b) 应变片的布置

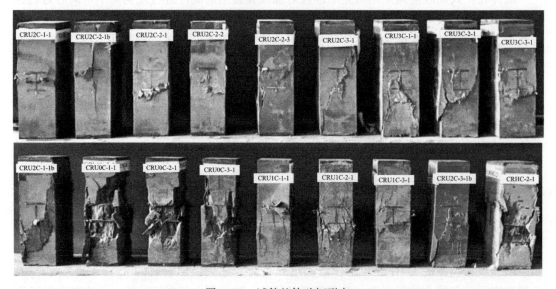

图 3-2-7 试件整体破坏形态

宽。当试件达到极限荷载时，UHPC 被压碎，几条斜向裂纹在试件的整个截面上扩展。但由于钢纤维的存在，UHPC 并没有大面积掉落，而是逐渐向外撕裂，直到试件失效。而包覆普通混凝土的试件（CRHC-2-1）在试验后显示出明显的混凝土剥落，其破坏形态与包覆无钢纤维 UHPC 的试件（CRU0C-2-1）大致相似，如图 3-2-7 所示。

图 3-2-8（a）展示了不含钢纤维的典型试件的破坏模式，图 3-2-8（b）～图 3-2-8（d）显示了含钢纤维的典型试件的破坏模式。可以看出，无钢纤维掺量的叠合柱试件与有钢纤维掺量的试件破坏形态有明显差异。无钢纤维掺量的试件中部破坏严重，UHPC 保护层大面积块状掉落，已经可以明显看到试件内部纵向钢筋沿斜截面发生局部屈曲。对于带钢纤维掺量的试件，仅观察到少量 UHPC 呈片状剥落。这可能是因为钢纤维降低了 UHPC 的脆性，提高了其塑性。

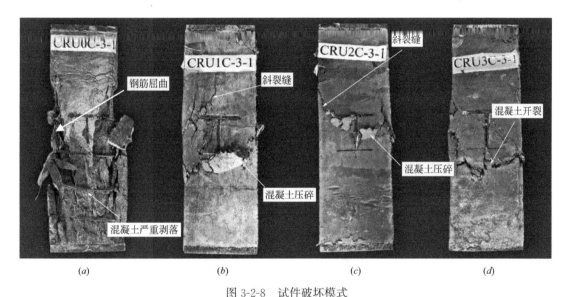

图 3-2-8　试件破坏模式

（a）无钢纤维；（b）钢纤维掺量 1%；（c）钢纤维掺量 2%；（d）钢纤维掺量 3%

图 3-2-9（a）～图 3-2-9（c）展示了剥开 UHPC 的典型试件内部破坏形态。以 CRU3C-2-1b 试件为例分析，如图 3-2-9（d）所示，UHPC 内部的纵筋发生了明显的屈曲，箍筋已受拉屈服。同时，钢管上仅观察到轻微地向外屈曲，这主要是由于 UHPC 的强约束作用。进一步割开钢管后，如图 3-2-9（e）所示，钢管内的核心混凝土保持完整，仅显示出轻微的侧向膨胀。这表明外部 UHPC 的约束作用有效地防止了内部钢管的屈曲破坏和核心混凝土的压碎。意味着在达到极限荷载后钢管混凝土柱仍然具有承受后期荷载的潜力。

3.2.6　轴向荷载-轴向应变关系曲线

试件的轴向荷载由 POPWIL 系统自动采集，轴向应变通过 IMC 系统实时采集，通过系统实测的轴向荷载和轴向应变值对叠合柱试件整体的应力应变发展和轴压性能进行宏观分析。图 3-2-10 所示为 17 根 UHPC 包覆钢管混凝土叠合柱试件和 1 根普通钢管混凝土叠

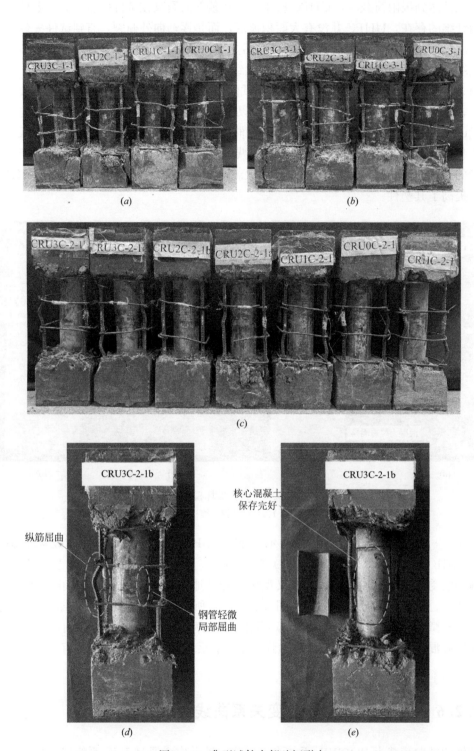

图 3-2-9　典型试件内部破坏形态
（a）管径 80mm 的试件；（b）管径 121mm 的试件；（c）管径 100mm 的试件；
（d）剥开 UHPC 后；（e）切开钢管后

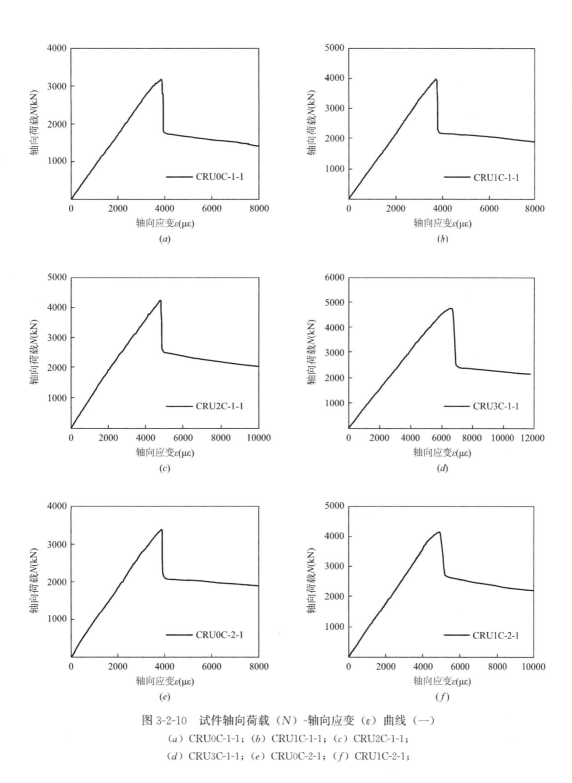

图 3-2-10 试件轴向荷载（N）-轴向应变（ε）曲线（一）

(a) CRU0C-1-1；(b) CRU1C-1-1；(c) CRU2C-1-1；
(d) CRU3C-1-1；(e) CRU0C-2-1；(f) CRU1C-2-1；

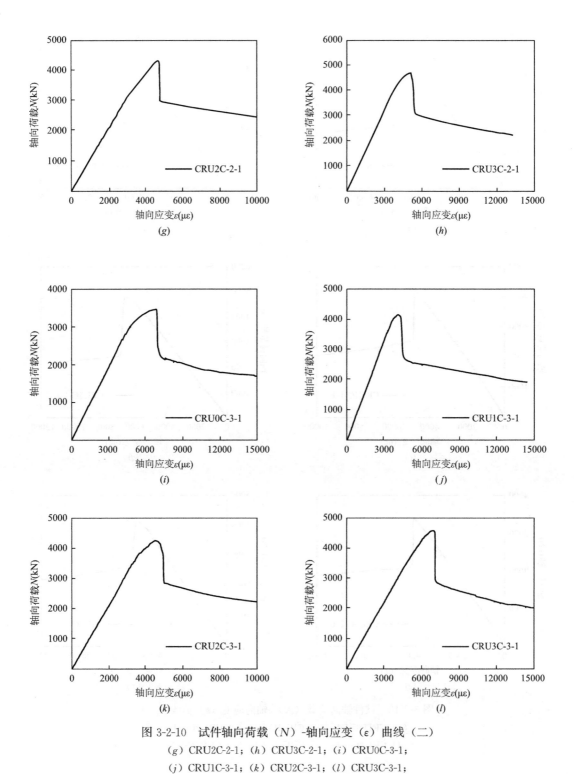

图 3-2-10 试件轴向荷载（N）-轴向应变（ε）曲线（二）

（g）CRU2C-2-1；（h）CRU3C-2-1；（i）CRU0C-3-1；

（j）CRU1C-3-1；（k）CRU2C-3-1；（l）CRU3C-3-1；

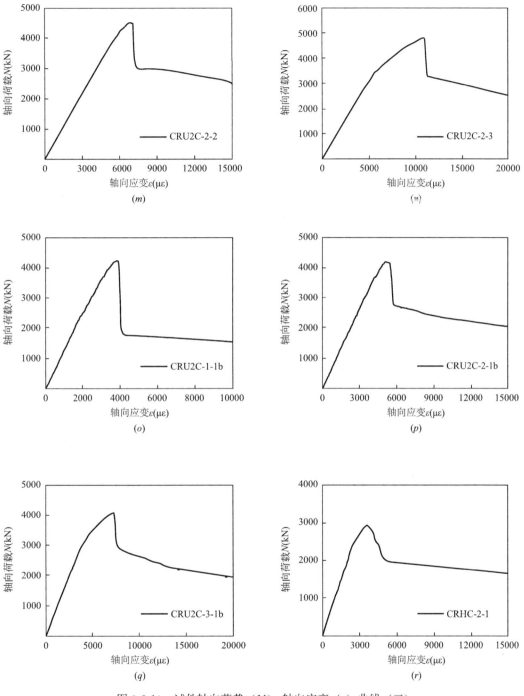

图 3-2-10　试件轴向荷载（N）-轴向应变（ε）曲线（三）

（m）CRU2C-2-2；（n）CRU2C-2-3；（o）CRU2C-1-1b；

（p）CRU2C-2-1b；（q）CRU2C-3-1b；（r）CRHC-2-1

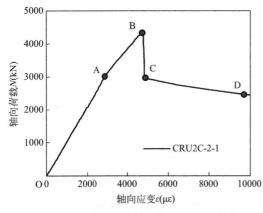

图 3-2-11　典型试件轴向荷载（N）-轴向
应变（ε）曲线

合柱试件的轴向荷载（N）-轴向应变（ε）曲线，可以看出试件的 N-ε 曲线主要分为四个阶段：弹性阶段、弹塑性阶段、破坏阶段和峰值后阶段，试件在破坏阶段的荷载急剧下降，轴压承载力显著降低。图 3-2-11 以试件 CRU2C-2-1 为例，给出了典型试件的 N-ε 曲线关系图，以此对试件进行全过程特征分析。

弹性阶段（O—A）：该阶段试件的刚度稍大，UHPC 的侧向位移尚不明显，荷载随着轴向位移的增大而呈近似等比增大。

弹塑性阶段（A—B）：随着荷载的增大试件进入弹塑性阶段，内部钢管混凝土发生塑性变形，此时 UHPC 因受到约束钢管混凝土的相互作用也有微小的横向位移，内部钢管和纵筋在这一阶段均发生屈服。

破坏阶段（B—C）：当荷载达到 B 点峰值荷载时，试件达到极限承载力，UHPC 表面裂缝贯通，UHPC 保护层被撕裂发生脆性破坏，UHPC 承载能力瞬间下降，此时试件受到的轴压力主要由内部钢管混凝土承担。

峰值后阶段（C—D）：随着轴向变形的增大，荷载保持平稳下降。

通过对比不同参数下试件的轴向荷载（N）-轴向应变（ε）曲线，发现所有试件的 N-ε 曲线的发展趋势基本一致，相对于普通钢管混凝土叠合柱试件，UHPC 包覆钢管混凝土叠合柱试件的峰值荷载有明显提升，且随着钢纤维掺量的增大而增大。在达到峰值荷载后，普通叠合柱试件荷载下降段趋势较缓，而 UHPC 包覆钢管混凝土叠合柱试件的下降段曲线趋势陡峭，这说明超高强度的 UHPC 达到极限轴向压力后，其承载能力迅速下降，表现出明显的脆性破坏特征。对比不同钢管管径、壁厚和不同核心混凝土强度的叠合柱试件的 N-ε 曲线，可以看出钢管管径和壁厚越大及核心混凝土强度越高的试件在达到极限荷载后承载力下降得越小，这是由于增大钢管管径、壁厚和核心混凝土强度都能提高钢管混凝土构件的承载能力。在试件 UHPC 发生破坏后，内部钢管混凝土慢慢开始承担轴力，由此说明 UHPC 包覆钢管混凝土叠合柱 N-ε 曲线在破坏阶段荷载的降幅与其内部钢管混凝土部件的承载能力有关，叠合柱构件的含钢管混凝土率、钢管含钢率和核心混凝土强度越高，构件峰值荷载后的后期承载力越高。

图 3-2-12 所示为不同参数变化下典型试件的轴向荷载（N）-轴向应变（ε）关系曲线比较。在加载初期，轴向应变随轴向荷载的增加而线性增加，直至纵筋发生屈曲。当荷载达到峰值时，UHPC 保护层会发生脆性破坏，随后荷载迅速降低。然而，在峰值后的阶段，内部的钢管混凝土仍然保持完整，因此试件仍然具有一定的峰值后轴向承载能力，在此阶段 N-ε 响应保持稳定，荷载逐渐平缓降低。

从图 3-2-12（a）中还可以看出，随着钢纤维含量的增加，试件的极限荷载、轴向刚度和峰值轴向应变也相应增加，在钢纤维掺量由 0 转变为 1% 时表现得尤为显著。如图 3-2-12（b）所示，钢管外径（D）对 N-ε 曲线影响并不明显。外径 D 为 80、100 和 121mm

时，含钢管混凝土率（α_{CFST}）分别为 12.6％、19.6％和 28.3％。随着含钢管混凝土率的增加，试件的刚度增大，但对试件的轴向承载力没有明显影响。这可能是因为外部 UHPC 的超高强度与内部 CFST 的强度相匹配，所施加的载荷可以均匀地分布在它们之间，故轴压承载力对含钢管混凝土率不敏感。如图 3-2-12（c）所示，钢管壁厚的增加不仅提高了试件的极限强度，而且增加了对应峰值载荷的轴向应变。这可能是由于钢管壁厚的增加不仅提高了钢管的刚度，而且增强了钢管对核心混凝土的约束作用，从而提高了钢管混凝土的整体强度。从图 3-2-12（d）可以看出，当核心混凝土强度从 C60 增加到 C90 时，试件的极限荷载和刚度随之增加，而峰值荷载对应的轴向应变却减小，核心混凝土强度较低的试件在达到极限荷载后的下降的荷载值更大，说明了试件在达到极限荷载后荷载下降的程度取决于核心钢管混凝土的承载能力。

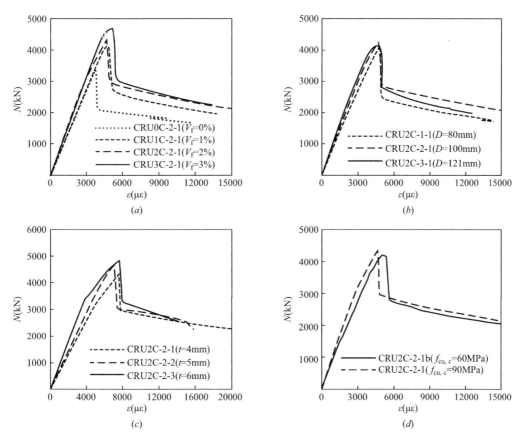

图 3-2-12　不同参数变化下轴向荷载（N）-轴向应变（ε）关系曲线
（a）不同钢纤维掺量；（b）不同钢管管径；（c）不同钢管厚度；（d）不同核心混凝土强度

3.2.7　轴压承载力

所有试件的实测参数见表 3-2-6，其中，N_{ue} 为实测各试件的轴压承载力，$\varepsilon_{75\%}$、ε_{y}、$\varepsilon_{85\%}$ 和 DI 的参数定义在下文延性分析中予以解释。与包覆普通混凝土的试件（CRHC-2-1）相比，UHPC 钢纤维掺量为 0、1％、2％和 3％的钢管混凝土叠合柱的轴心受压承载力

（N_{ue}）分别提高了 16%、42%、48% 和 62%。

试件实测的承载力和变形   表 3-2-6

序号	试件编号	N_{ue}(kN)	$\varepsilon_{75\%}$	ε_y	$\varepsilon_{85\%}$	DI
1	CRU0C-1-1	3174	2851	3801	3921	1.031
2	CRU1C-1-1	3983	2720	3627	3759	1.036
3	CRU2C-1-1	4249	3505	4673	4845	1.037
4	CRU3C-1-1	4785	4567	6089	6733	1.106
5	CRU0C-2-1	3382	2738	3651	3867	1.059
6	CRU1C-2-1	4151	3445	4593	4963	1.080
7	CRU2C-2-1	4539	4272	5696	6225	1.093
8	CRU3C-2-1	4722	5261	7015	7989	1.139
9	CRU0C-3-1	3459	3941	5255	6660	1.327
10	CRU1C-3-1	4149	2756	3675	4512	1.228
11	CRU2C-3-1	4249	2992	3989	4752	1.191
12	CRU3C-3-1	4572	4663	6217	7029	1.131
13	CRU2C-2-2	4528	4747	6329	7174	1.133
14	CRU2C-2-3	4825	6329	8439	11178	1.325
15	CRU2C-1-1b	4233	2625	3500	3957	1.131
16	CRU2C-2-1b	4189	3564	4752	5565	1.171
17	CRU2C-3-1b	4095	4102	5469	7554	1.381
18	CRHC-2-1	2922	2199	2932	4311	1.470

为了更直观地分析各参数对试件轴压承载力的影响，图 3-2-13 给出了不同参数对试件轴压承载力的影响规律。图 3-2-13（a）展示了不同 D/B 下钢纤维掺量对试件轴压承载力的影响。从图中可以看出，试件的轴向承载力随着钢纤维掺量的增加而提高，掺入钢纤维的试件的承载力相比于不含钢纤维的试件有显著提升。例如，当 D 为 80mm 时，钢纤维掺量为 1%、2% 和 3% 的试件的承载力分别比不含钢纤维的试件高 25%、34% 和 51%。当 D/B 越小，钢纤维掺量对试件轴压承载力的影响越大。这主要是因为较小的钢管外径会导致 UHPC 的横截面面积较大，钢纤维对承载力的贡献相应变大。

图 3-2-13（b）展示了钢管截面直径（D）对不同钢纤维掺量试件轴向承载力的影响。在保持柱截面尺寸（B）不变的情况下，钢管外径的变化将导致含钢管混凝土率（α_{CFST}）的变化。从图中可以看出，含钢管混凝土率对构件的轴压承载力影响不大。当钢纤维掺量为 0 时，钢管混凝土柱的轴向承载力随着钢管外径的增大而增大。当钢纤维掺量为 3% 时，构件的承载力随着钢管外径的增大而降低。这表明当钢纤维掺量为 3% 时，UHPC 对试件轴压承载力的贡献大于内部钢管混凝土。

图 3-2-13（c）给出了钢管壁厚对试件轴压承载力的影响。随着钢管壁厚的增大，试件的轴压承载力也随之上升。钢管壁厚为 5mm（即钢管含钢率为 22.9%）的试件其承载力比壁厚为 4mm（即钢管含钢率为 18.1%）的试件提高了 2.2%，钢管壁厚为 6mm（即钢管含钢率为 28.4%）的试件的承载力比壁厚为 5mm 的试件提高了 6.6%。可见，UH-

PC 包覆钢管混凝土叠合柱构件的轴压承载力随钢管壁厚的增大而增大，主要是因为提升钢管壁厚后，既是提升了钢管承载力，也增强了钢管对核心混凝土的约束，从而提高了叠合柱构件整体承载力。

图 3-2-13（d）展示了在不同含钢管混凝土率下核心混凝土强度对试件轴压承载力的影响规律。可见核心混凝土强度对试件轴压承载力的影响不显著，随着核心混凝土强度的提高，试件的轴压承载力略有提高。当核心混凝土强度等级为 C90 时，钢管管径为 80、100 和 121mm 试件的轴压承载力相比于核心混凝土强度等级为 C60 的试件分别提高了 0.4%、3.1% 和 3.8%。这是因为试件的破坏主要是由 UHPC 的破坏引起的，因此核心混凝土强度对试件承载力的影响不显著。

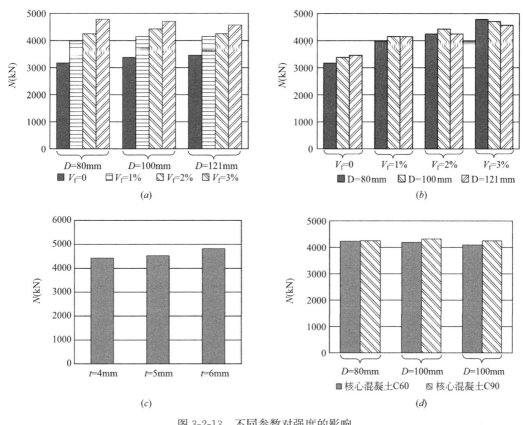

图 3-2-13　不同参数对强度的影响

（a）V_f；（b）D；（c）t；（d）核心混凝土强度

3.2.8　轴压刚度分析

钢管混凝土叠合柱的轴向刚度是由管外混凝土和内部钢管混凝土的轴向刚度组合而成，福建省工程建设地方标准《钢管混凝土结构技术规程》DBJ/T 13-51—2010 给出了钢管混凝土组合轴压刚度 K_{sc} 的计算公式如下：

$$K_{sc} = E_{sc}(A_s + A_c) \qquad (3-2-1)$$

式中，E_{sc} 为钢管混凝土的组合弹性模量，取值根据钢管混凝土的含钢率及核心混凝土强度查表所得；A_s、A_c 分别为钢管和核心混凝土的截面面积。

在加载初期，叠合柱试件的刚度较大，试件所受的轴压力按轴向刚度分配给外围钢筋混凝土和钢管混凝土。中国工程建设标准化协会标准《钢管混凝土叠合柱结构技术规程》T/CECS 188—2019 规定了叠合柱截面轴向刚度 K_{csc} 的计算公式：

$$K_{csc} = E_{co}A_{co} + E_{cc}A_{cc} + E_sA_s \qquad (3\text{-}2\text{-}2)$$

式中，E_{co}、E_{cc}、E_s 分别为钢管外混凝土、核心混凝土和钢管的弹性模量；A_{co}、A_{cc}、A_s 分别为钢管外混凝土、核心混凝土和钢管的截面面积。

为了更好地分析 UHPC 包覆钢管混凝土叠合柱试件的轴向刚度，将试件整体的轴向刚度与试件 UHPC 和钢管混凝土二者轴向刚度的叠加值作对比，现定义刚度系数 KI 如下：

$$KI = \frac{K_{ue}}{K_{uc}} \qquad (3\text{-}2\text{-}3)$$

式中，K_{ue} 为试件整体轴向刚度，其值根据试验实测数据计算所得；K_{uc} 为 UHPC 轴向刚度与内部钢管混凝土轴向刚度的叠加值，$K_{uc} = E_{co}A_{co} + K_{sc}$，$E_{co}$ 根据方志（2017）提出的方法取值。

表 3-2-7 列出了所有试件整体的轴向刚度实测值 K_{ue}、试件 UHPC 轴向刚度与钢管混凝土轴向刚度的叠加值 K_{uc} 以及刚度系数 KI，从表中可以看出叠合柱整体的轴向刚度随着试件的轴压承载力增大而增大。所有叠合柱试件的 KI 值均大于 1，试件整体的轴向刚度均大于外围钢筋混凝土和钢管混凝土的叠加刚度，这说明叠合柱构件在轴压工作状态下管外钢筋混凝土和钢管混凝土能保持良好的相互作用，使构件获得更强的抗变形能力。同时可见，相比于普通钢管混凝土叠合柱的 KI 值（1.029），UHPC 包覆钢管混凝土叠合柱试件的 KI 更大，其值约为 1.102，试件的轴向刚度比 UHPC 与钢管混凝土的叠加刚度平均提升 10.2%。

试件实测轴向刚度和叠加轴向刚度值　　　　　　　表 3-2-7

序号	试件编号	E_{cc} (GPa)	E_{UHPC} (GPa)	E_s (GPa)	E_{co} (GPa)	E_{sc} (GPa)	K_{ue} (kN/mm)	K_{uc} (kN/mm)	KI
1	CRU0C-1-1	40.37	43.99	207.8	41.55	49.74	1901.3	1703.2	1.116
2	CRU1C-1-1	40.37	46.82	207.8	44.74	49.74	2000.1	1814.7	1.102
3	CRU2C-1-1	40.37	47.81	207.8	46.06	49.74	2034.8	1860.7	1.094
4	CRU3C-1-1	40.37	49.82	207.8	47.48	49.74	2105.1	1910.4	1.102
5	CRU0C-2-1	40.37	43.99	208.2	41.55	51.37	1933.6	1739.1	1.112
6	CRU1C-2-1	40.37	46.82	208.2	44.74	51.37	2024.5	1841.7	1.099
7	CRU2C-2-1	40.37	47.81	208.2	46.06	51.37	2056.3	1883.9	1.092
8	CRU3C-2-1	40.37	49.82	208.2	47.48	51.37	2121.0	1929.6	1.099
9	CRU0C-3-1	40.37	43.99	206.5	41.55	53.09	1962.2	1794.7	1.093
10	CRU1C-3-1	40.37	46.82	206.5	44.74	53.09	2042.8	1885.6	1.083
11	CRU2C-3-1	40.37	47.81	206.5	46.06	53.09	2071.0	1923.0	1.077

序号	试件编号	E_{cc} (GPa)	E_{UHPC} (GPa)	E_s (GPa)	E_{co} (GPa)	E_{sc} (GPa)	K_{ue} (kN/mm)	K_{uc} (kN/mm)	KI
12	CRU3C-3-1	40.37	49.82	206.5	47.48	53.09	2128.3	1963.5	1.084
13	CRU2C-2-2	40.37	47.81	218.1	46.06	53.42	2122.3	1902.4	1.116
14	CRU2C-2-3	40.37	47.81	216.3	46.06	55.34	2169.8	1918.1	1.131
15	CRU2C-1-1b	33.56	47.81	207.8	46.06	38.36	2007.0	1803.5	1.113
16	CRU2C-2-1b	33.56	47.81	208.1	46.06	40.03	2011.0	1794.9	1.120
17	CRU2C-3-1b	33.56	47.81	206.5	46.06	41.76	2002.7	1792.8	1.117
18	CRHC-2-1	40.37	34.17	208.2	37.73	45.72	1618.0	1571.9	1.029

3.2.9　延性分析

为更好地分析各种参数对 UHPC 包覆钢管混凝土叠合柱轴压下延性的影响规律，采用 Tao 等（2005）定义的延性系数（DI）来反映叠合柱试件的延性，其表达式如下：

$$DI = \frac{\varepsilon_{85\%}}{\varepsilon_y} \tag{3-2-4}$$

式中，$\varepsilon_{85\%}$ 为荷载下降至极限荷载的 85% 时所对应的轴向应变；$\varepsilon_y = \varepsilon_{75\%}/0.75$，$\varepsilon_{75\%}$ 为荷载上升至 75% 的极限荷载时所对应的轴向应变。根据式（3-2-4）求得所有试件的延性系数 DI 列于表 3-2-6 中。

为了更直观地分析各参数对试件延性的影响，图 3-2-14 给出了不同参数对试件延性的影响规律。图 3-2-14（a）展示了不同 D/B 下钢纤维掺量对试件延性的影响规律。当钢管外径较小或中等时（钢管外径为 80mm 或 100mm，即含钢管混凝土率为 12.6% 和 19.6%），试件的延性系数 DI 随着钢纤维掺量的增大而增大，这说明钢纤维不仅可以提高 UHPC 的极限强度，而且可以提高其变形能力。而当钢管外径为 121mm 时（即含钢管混凝土率为 28.3%），随着钢纤维掺量的增加，试件的延性系数 DI 值有减小的趋势。这表明对于 D/B 偏小的 UHPC 包覆钢管混凝土叠合柱轴压构件，提高 UHPC 的钢纤维掺量能够使构件获得更好的延性，而当构件的含钢管混凝土率达到一定临界值时，钢纤维掺量越大，构件的延性越差。

图 3-2-14（b）展示了在不同钢纤维掺量下 D/B（含钢管混凝土率）对试件延性的影响。总体而言，在相同钢纤维掺量下，试件的延性系数 DI 随含钢管混凝土率的增加而增加。这是因为更大的含钢管混凝土率意味着更多的核心混凝土被钢管约束，从而实现了更高的混凝土塑性，改善了叠合柱的延性。

图 3-2-14（c）展示了钢管壁厚对试件延性的影响。可以看出，试件的延性系数 DI 随着钢管壁厚的增加而增加，因为钢管厚度越大，核心混凝土受到的约束越强。

图 3-2-14（d）展示了核心混凝土强度对试件延性的影响。从中可见，核心混凝土强度对试件延性的影响规律较为清晰，在不同含钢管混凝土率下核心混凝土强度越高，试件的延性系数 DI 均越小。当核心混凝土强度等级为 C90 时，管径为 80、100 和 121mm 的

试件的 DI 相比于核心混凝土强度等级为 C60 的试件分别下降了 9.1%、5.0% 和 11.3%，说明 UHPC 包覆钢管混凝土叠合柱构件核心混凝土强度越高，构件的延性越差，其原因在于核心混凝土强度越高，钢管混凝土构件的变形能力越差，叠合柱构件整体的延性也随之下降。

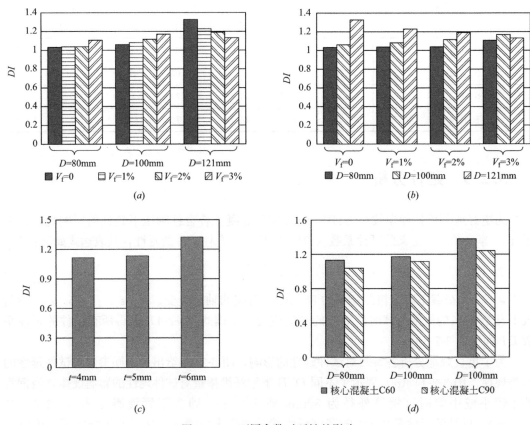

图 3-2-14　不同参数对延性的影响

(a) V_f；(b) D；(c) t；(d) 核心混凝土强度

3.2.10　应变分析

图 3-2-15 展示了试件各部件的实测轴向荷载（N）-轴向应变（ε）曲线。在达到峰值荷载前，UHPC、钢管和纵筋的纵向应力应变发展规律几乎一致，表明三者的轴向变形保持协调。当试件达到峰值荷载时，UHPC 发生严重开裂和剥落，导致应变片失效，钢管纵向应变和纵筋应变迅速发展，直至试件破坏。

图 3-2-16 展示了试件的钢管和箍筋的轴向荷载（N）-环向应变（ε_L）曲线。钢管和箍筋的环向应变变化分别反映了钢管对核心混凝土和箍筋对 UHPC 所提供的约束效应。可以看出，UHPC 被压碎后，钢管和箍筋的环向应变开始显著增长。在后期加载阶段，钢管环向应变与箍筋应变基本保持一致。这表明，在 UHPC 和箍筋的有效约束下，钢管局部屈曲不显著，因此其横向应变未急剧发展。

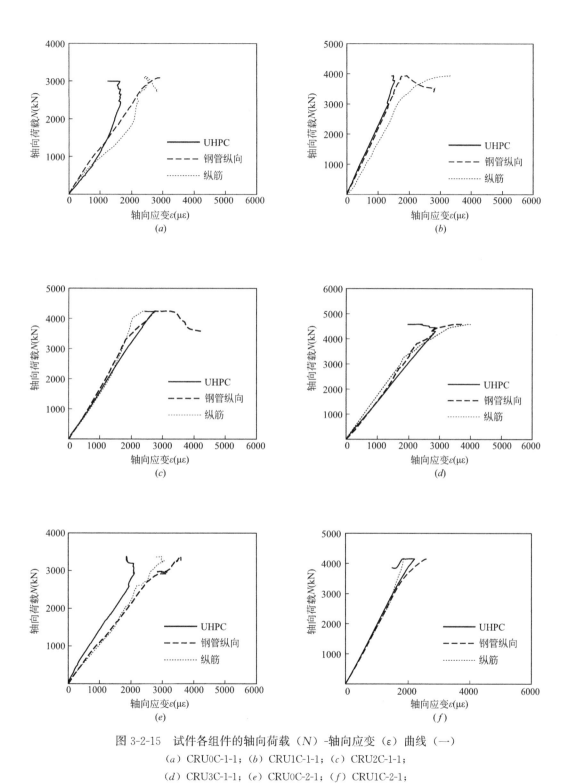

图 3-2-15　试件各组件的轴向荷载（N）-轴向应变（ε）曲线（一）

（a）CRU0C-1-1；（b）CRU1C-1-1；（c）CRU2C-1-1；
（d）CRU3C-1-1；（e）CRU0C-2-1；（f）CRU1C-2-1；

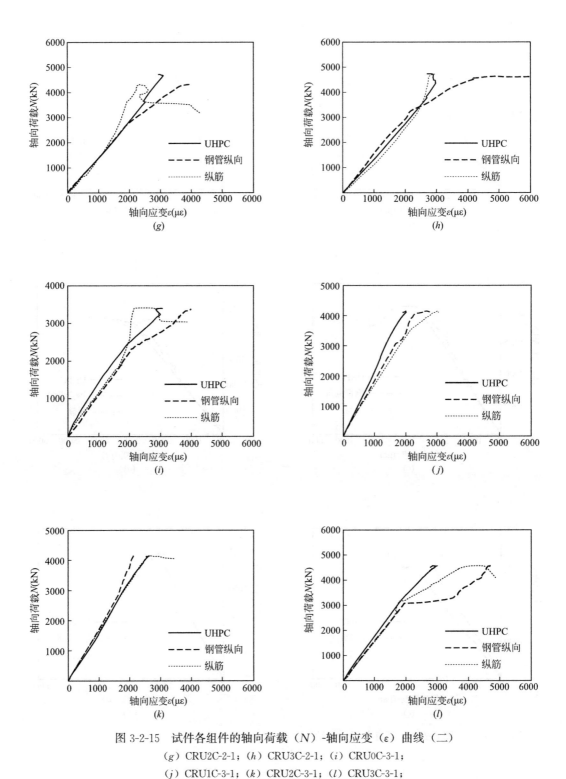

图 3-2-15 试件各组件的轴向荷载（N）-轴向应变（ε）曲线（二）

（g）CRU2C-2-1；（h）CRU3C-2-1；（i）CRU0C-3-1；

（j）CRU1C-3-1；（k）CRU2C-3-1；（l）CRU3C-3-1；

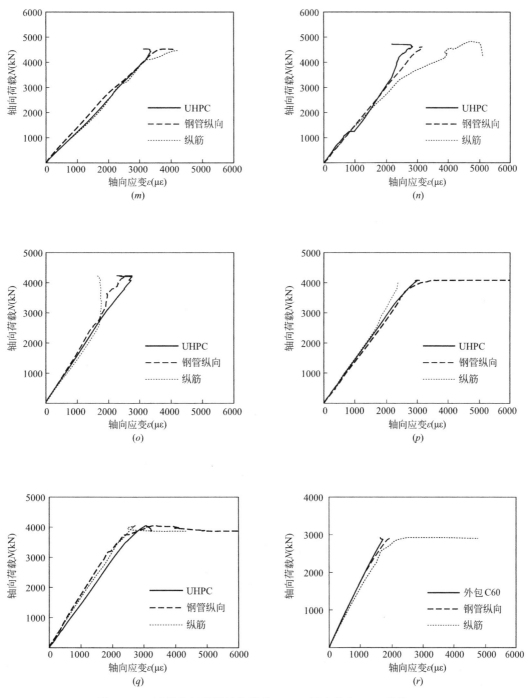

图 3-2-15　试件各组件的轴向荷载（*N*）-轴向应变（ε）曲线（三）

（*m*）CRU2C-2-2；（*n*）CRU2C-2-3；（*o*）CRU2C-1-1b；
（*p*）CRU2C-2-1b；（*q*）CRU2C-3-1b；（*r*）CRHC-2-1

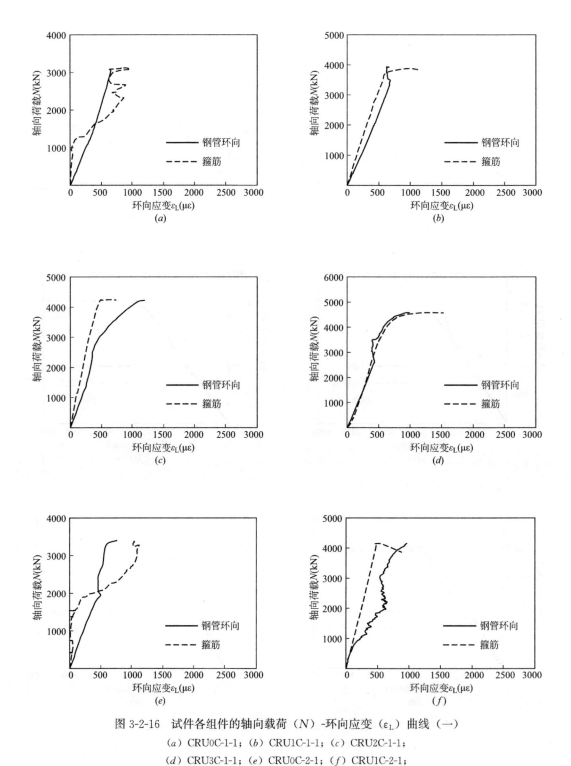

图 3-2-16 试件各组件的轴向载荷（N）-环向应变（ε_L）曲线（一）

(a) CRU0C-1-1；(b) CRU1C-1-1；(c) CRU2C-1-1；
(d) CRU3C-1-1；(e) CRU0C-2-1；(f) CRU1C-2-1；

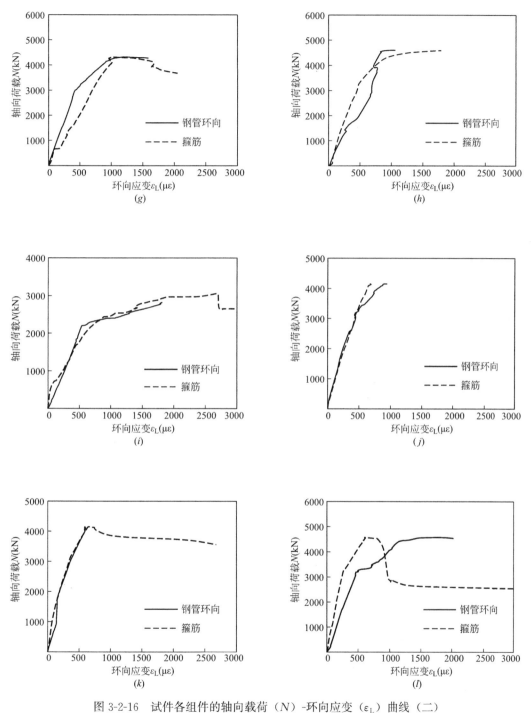

图 3-2-16　试件各组件的轴向载荷（N）-环向应变（ε_L）曲线（二）

（g）CRU2C-2-1；（h）CRU3C-2-1；（i）CRU0C-3-1；
（j）CRU1C-3-1；（k）CRU2C-3-1；（l）CRU3C-3-1；

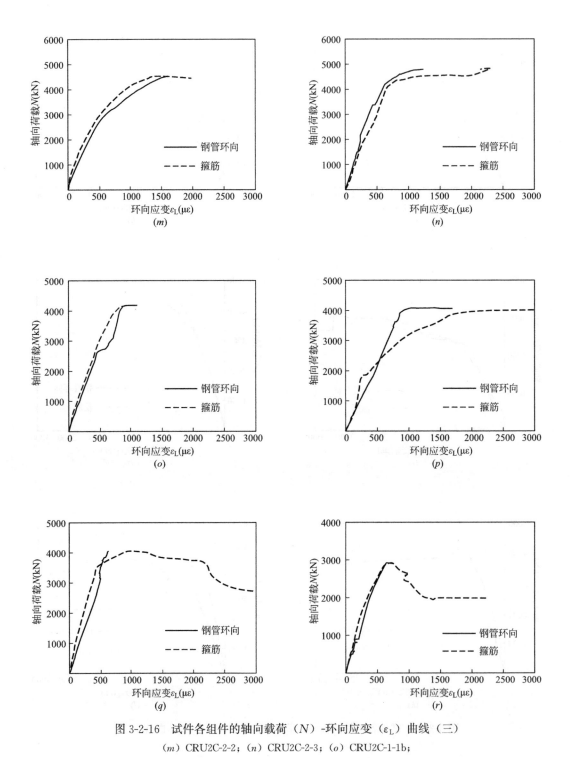

图 3-2-16　试件各组件的轴向载荷（N）-环向应变（ε_L）曲线（三）

（m）CRU2C-2-2；（n）CRU2C-2-3；（o）CRU2C-1-1b；
（p）CRU2C-2-1b；（q）CRU2C-3-1b；（r）CRHC-2-1

3.3　有限元模型

3.3.1　材料本构模型

1. 钢材

钢管的本构模型采用韩林海（2016）提出的二次塑流模型，符合 Von-Mises 屈服准则和关联流动法则，该模型的应力（σ）-应变（ε）关系曲线具体可分为弹性段（oa）、弹塑性段（ab）、塑性段（bc）、强化段（cd）和二次塑（de）五个阶段，钢材的应力（σ）-应变（ε）关系曲线如图 3-3-1 所示。其中，f_p、f_y 及 f_u 分别表示钢材的比例极限、屈服极限及抗拉强度极限；ε_e、ε_{e1}、ε_{e2} 和 ε_{e3} 分别为比例极限应变值、开始进入屈服阶段应变值、开始进入强化阶段应变值和抗拉强度应变值。钢材的弹性模量 E_s 和泊松比 μ_s 依据《钢结构设计标准》GB 50017—2017 取 206000N/mm² 和 0.3。

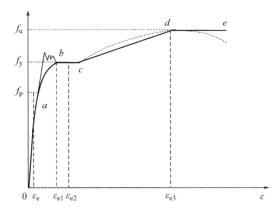

图 3-3-1　钢材应力（σ）-应变（ε）关系曲线

钢材的应力（σ）-应变（ε）关系计算公式如式（3-3-1）所示：

$$\sigma_s = \begin{cases} E_s\varepsilon_s & \varepsilon_s \leqslant \varepsilon_e \\ -A\varepsilon_s^2 + B\varepsilon_s + C & \varepsilon_e < \varepsilon_s \leqslant \varepsilon_{e1} \\ f_y & \varepsilon_{e1} < \varepsilon_s \leqslant \varepsilon_{e2} \\ f_y\left[1 + 0.6\dfrac{\varepsilon_s - \varepsilon_{e2}}{\varepsilon_{e3} - \varepsilon_{e2}}\right] & \varepsilon_{e2} < \varepsilon_s \leqslant \varepsilon_{e3} \\ 1.6f_y & \varepsilon_s > \varepsilon_{e3} \end{cases} \tag{3-3-1}$$

其中，$\varepsilon_e = 0.8f_y/E_s$，$\varepsilon_{e1} = 1.5\varepsilon_e$，$\varepsilon_{e2} = 10\varepsilon_{e1}$，$\varepsilon_{e3} = 100\varepsilon_{e1}$，$A = 0.2f_y/(\varepsilon_{e1} - \varepsilon_e)^2$，$B = 2A\varepsilon_{e1}$，$C = 0.8f_y + A\varepsilon_e^2 - B\varepsilon_e$。

本文试件采用的钢筋为有明显屈服平台的低碳软钢，钢筋的本构关系模型采用弹塑性强化模型，该模型适用于流幅较短的软钢，钢筋的应力-应变关系曲线由图 3-3-1 描述，计算公式同式（3-3-1）。

2. 混凝土

采用不同的本构模型来模拟不同类型的混凝土受压。对于管内核心混凝土,采用韩林海(2016)提出的考虑了钢管约束效应的约束混凝土模型,本构关系如式(3-3-2)所示:

$$y = \begin{cases} 2x - x^2 & (x \leqslant 1) \\ \dfrac{x}{\beta(x-1)^\eta + x} & (x > 1) \end{cases} \tag{3-3-2}$$

式中,$x = \dfrac{\varepsilon}{\varepsilon_o}$;$y = \dfrac{\sigma}{\sigma_o}$;$\sigma_o = f'_c$;$\varepsilon_o = \varepsilon_c + 800 \cdot \xi^{0.2} \cdot 10^{-6}$;$\varepsilon_c = (1300 + 12.5 \cdot f_c) \cdot 10^{-6}$;

$$\eta = \begin{cases} 2 & \text{圆钢管混凝土} \\ 1.6 + 1.5/x & \text{方钢管混凝土} \end{cases};$$

$$\beta = \begin{cases} (2.36 \times 10^{-5})^{[0.25 + (\xi - 0.5)^7]} \cdot f_c^{0.5} \cdot 0.5 \geqslant 0.12 & \text{圆钢管混凝土} \\ \dfrac{f_c^{0.1}}{1.2\sqrt{1+\xi}} & \text{方钢管混凝土} \end{cases}$$

试件的外围 UHPC 分为箍筋约束 UHPC 和无箍筋约束的 UHPC 保护层,其中箍筋约束下的 UHPC 采用邓宗才等(2020)提出的约束 UHPC 轴压本构模型,其引入了有效约束指标 I_e 来体现 UHPC 在箍筋约束下塑性变形能力的提高,本构关系如式(3-3-3)所示:

$$y = \begin{cases} \dfrac{ax}{1 + (a-1)x^{\frac{a}{a-1}}} & (0 \leqslant x \leqslant 1) \\ \dfrac{x}{\alpha_c(x-1)^k + x} & (x \geqslant 1) \end{cases} \tag{3-3-3}$$

其中,$y = \dfrac{\sigma}{f_c}$;$x = \dfrac{\varepsilon}{\varepsilon_{cc}}$;$a = (1 + 111.17 I_e^{2.43})A$,本构关系曲线的上升段通过参数 a 控制初始刚度。其中参数 A 根据郭晓宇等(2017)提出的计算公式计算,I_e 为有效约束指标,体现 UHPC 在箍筋约束下塑性变形能力的提高,可表示为 $I_e = 0.5 k_e \lambda_v$。k_e 为 Mander 等(1988)提出的有效约束系数。λ_v 为配箍特征值,与混凝土抗弯屈服强度、混凝土抗弯率和混凝土强度有关。

无箍筋约束 UHPC 采用马亚峰(2006)提出的活性粉末混凝土单轴受压本构模型,本构关系如式(3-3-4)所示:

$$y = \begin{cases} Ax + (5-4A)x^4 + (3A-4)x^5 & (0 \leqslant x \leqslant 1) \\ \dfrac{x}{\alpha(x-1)^2 + x} & (x > 1) \end{cases} \tag{3-3-4}$$

其中,A 建议取值为 1.2,α 建议取值为 8.0。

外围无约束普通混凝土采用 Attard 和 Setunge(1996)提出的无约束混凝土单轴受压应力-应变关系模型,其适用于普通及高强混凝土,本构关系如式(3-3-5)所示:

$$Y = \frac{A \cdot X + B \cdot X^2}{1 + C \cdot X + D \cdot X^2} \tag{3-3-5}$$

其中,参数 A、B、C、D 是依据应力-应变关系曲线上相关特征点而定出的系数,可按照如下公式计算求得:

当 $0 \leqslant \varepsilon_c \leqslant \varepsilon_{co}$ 时：$A = \dfrac{E_c \varepsilon_{co}}{f'_c}$，$B = \dfrac{(A-1)^2}{0.55} - 1$，$C = A - 2$，$D = B + 1$

当 $\varepsilon_c > \varepsilon_{co}$ 时：$A = \dfrac{f_{ic}}{\varepsilon_{co}\varepsilon_{ic}} \dfrac{(\varepsilon_{ic} - \varepsilon_{co})^2}{f'_c - f_{ic}}$，$B = 0$，$C = A - 2$，$D = 1$

其中，f'_c 和 ε_{co} 分别为混凝土圆柱体抗压强度和峰值应变；E_c 为混凝土的弹性模量；f_{ic} 和 ε_{ic} 为混凝土应力-应变关系曲线下降段的反弯点对应的应力和应变值；ε_{co}、f_{ic} 和 ε_{ic} 分别按照式（3-3-6）、式（3-3-7）和式（3-3-8）确定：

$$\varepsilon_{co} = \frac{4.26 f'_c}{E_c \sqrt[4]{f'_c}} \tag{3-3-6}$$

$$f_{ic}/f'_c = 1.41 - 0.17 \ln(f'_c) \tag{3-3-7}$$

$$\varepsilon_{ic}/\varepsilon_{co} = 2.5 - 0.3 \ln(f'_c) \tag{3-3-8}$$

外围箍筋约束普通混凝土采用钱稼茹等（2002）提出的应力-应变关系模型，其数学表达式如式（3-3-9）所示：

$$y = \begin{cases} Ax + (3 - 2A)x^2 + (A - 2)x^3 & (0 \leqslant x \leqslant 1) \\ x[(1 - 0.87\lambda^{0.2})T(x-1)^2 + x]^{-1} & (x > 1) \end{cases} \tag{3-3-9}$$

其中，$y = \dfrac{\sigma}{f_c}$，$x = \dfrac{\varepsilon}{\varepsilon_{cc}}$，$\varepsilon_{cc}$ 为约束混凝土峰值应力对应的应变，λ 为配箍特征值，参数 A、α、ε_{cc} 分别按照式（3-3-10）、式（3-3-11）和式（3-3-12）确定：

$$A = 2.4 - 0.01 f_{cu} \tag{3-3-10}$$

$$\alpha = 0.132 f_{cu}^{0.785} - 0.905 \tag{3-3-11}$$

$$\varepsilon_{cc} = (1 + 3.50\lambda)\varepsilon_{co} \tag{3-3-12}$$

式中，f_{cu} 和 f_c 分别代表混凝土立方体抗压强度和轴心抗压强度；ε_{co} 为素混凝土峰值应变，根据 Légeron 等（2003）建议的式（3-3-13）计算：

$$\varepsilon_{co} = 0.0005(f'_c)^{0.4} \tag{3-3-13}$$

考虑到 UHPC 包覆钢管混凝土叠合柱在轴压作用下时，管内外混凝土的受拉性能对整体构件的影响较小，本文采用混凝土破坏能量准则，即开裂应力-断裂能的关系模型来定义外围 UHPC 以及管内核心混凝土的受拉关系。对于混凝土等级为 C20，G_f 取 40N/m，对于混凝土等级为 C40，G_f 取 120N/m，其他混凝土抗压强度等级按照线性插值计算。混凝土的开裂应力采用沈聚敏（1993）提出的式（3-3-14）计算：

$$\sigma_{to} = 0.26 \times (1.25 f'_c)^{2/3} \tag{3-3-14}$$

3.3.2　模型建立

1. 单元选取

钢管和混凝土在单元选取方面均采用八节点减缩积分格式的三维实体单元（C3D8R），该单元类型更容易收敛，便于观察结构的破坏趋势，具有更高的计算效率，在单元扭曲较小的情况下位移和应力的计算结果较为精确。纵筋和箍筋均采用两节点三维桁架单元（T3D2），该单元类型无转动自由度，只能承受轴向拉力和压力。在模型的两端各设置了一块刚性端板，端板采用 C3D8R 实体单元，弹性模量取 1.0×10^{12}，泊松比取 0.0001。

2. 接触关系

钢管与外围混凝土及核心混凝土之间的接触关系可以分为法线方向的硬接触和切线方向的粘结滑移。钢管与混凝土间的法向接触采用"硬接触（Hard）"模型，即在受荷过程中，钢管与混凝土接触面上产生的接触压应力可以完全传递且允许二者发生分离。钢管与混凝土间的切向接触采用"库仑摩擦（Firction）"模型，该模型能够较好地模拟接触面切线方向上力的传递（An，2015）。"库仑摩擦"模型示意图如图 3-3-2 所示，当钢管与混凝土间剪应力达到临界值 τ_{crit} 时，界面发生相对滑移，剪应力在滑移过程中保持临界值 τ_{crit} 不变，与垂直于单元的压应力 P 成正比，且不小于平均界面粘结力 τ_{bond}。图 3-3-3 所示为界面临界剪应力 τ_{crit} 与接触压力 P 的关系曲线，式（3-3-15）为 τ_{crit} 的计算公式。

$$\tau_{crit} = \mu \cdot P \geqslant \tau_{bond} \tag{3-3-15}$$

式中，μ 为界面摩擦系数，本文参考 Han（2014）建议的界面摩擦系数取值，取 $\mu = 0.6$。

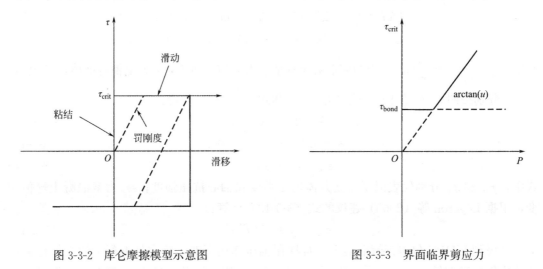

图 3-3-2　库仑摩擦模型示意图　　　　　图 3-3-3　界面临界剪应力

本文钢筋与混凝土之间的接触关系采用"内置区域"的形式，将钢筋骨架直接嵌入外围混凝土中，即不考虑二者间的相对滑移。

3. 网格和边界条件

图 3-3-4 显示了模型的网格和边界条件。轴向载荷沿 X 方向直接施加在上端板表面。约束构件上部除 X 方向的转角及位移，在构件下部施加固定的边界条件。

3.3.3　模型验证

为了验证上述有限元模型的可靠性，图 3-3-5 展示了有限元模型与试验典型构件的破坏形态对比图。从图中可以看出，构件中截面外围 UHPC 受压向外轻微鼓胀，由于外围 UHPC 和钢管的约束，钢管和核心混凝土中部向外轻微鼓曲，纵向钢筋中部弯曲受压屈服，中部箍筋沿外周边向外受拉屈服，其破坏形态与试验观测现象大体相同。

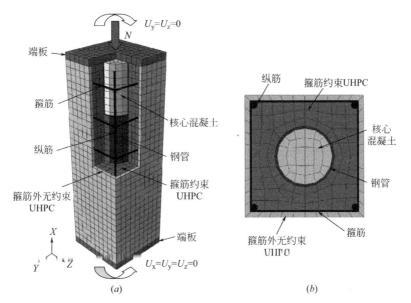

图 3-3-4　有限元模型的网格和边界条件

（a）立面；（b）截面

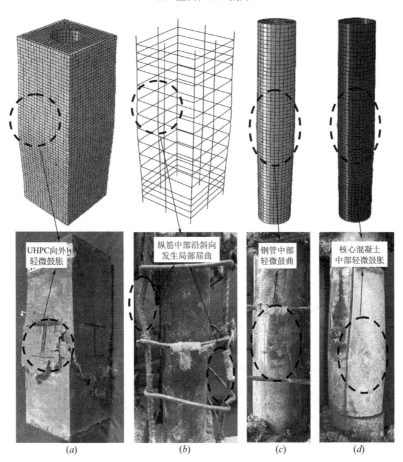

图 3-3-5　有限元模型与试验典型构件的破坏形态对比图

（a）UHPC；（b）钢筋骨架；（c）钢管；（d）核心混凝土

　　将所收集到的试验数据与所建立的有限元模型计算结果进行比对，其中康洪震和钱稼茹（2006）、刘丽英（2013）、张伟杰（2016）的试验为方套圆普通钢管混凝土叠合柱轴压试验，邓宗才（2020）的试验为方形箍筋约束超高性能混凝土柱轴压试验。选取典型试件的荷载-应变试验曲线与有限元计算曲线进行校验，验证模型的建模方法以及材料本构选取的合理性。各文献试件具体参数情况如表 3-3-1 和表 3-3-2 所示。

方形箍筋约束超高性能混凝土柱试件参数表　　　　　　　　　表 3-3-1

构件编号	$B \times L$ (mm)	f_{yz} (MPa)	f_{yv} (MPa)	$f_{cu,o}$ (MPa)	纵筋	箍筋 (mm)	数据来源
NR	230×700	470	491.68	153.9	8φ16mm	φ10@80	邓宗才
HR	230×700	470	723.45	143.0	8φ16mm	φ10@80	(2020)

有限元计算的普通钢管混凝土叠合柱参数表　　　　　　　　　表 3-3-2

构件编号	$B \times L$ (mm)	$D \times t$ (mm)	f_y (MPa)	$f_{cu,c}$ (MPa)	$f_{cu,o}$ (MPa)	纵筋	箍筋 (mm)	数据来源
CC3	220×660	114×2.7	367	51.5	106.6	4φ12mm	φ8@40	康洪震和钱稼茹（2006）
CC5	220×660	114×2.59	367	51.5	106.6	4φ12mm	φ8@50	
CC7	220×660	114×5.1	346	51.5	106.6	4φ12mm	φ8@60	
CC9	220×660	89×3.45	360	51.5	106.6	4φ12mm	φ8@40	
R1-1	150×450	60×1.98	325	55.5	55.5	4φ12mm	φ6.5@100	刘丽英 （2013）
R2-2	150×450	60×1.98	325	73.3	55.5	4φ12mm	φ6.5@100	
sc1c-0 *	200×600	74.3×1.99	280.2	49.1	21.2	4φ12mm	φ6@100	张伟杰 （2016）
sc2c-0 *	200×600	101.4×3.12	306.6	49.1	21.2	4φ12mm	φ6@100	
sc3c-0 *	200×600	121.7×2.78	356.1	49.1	21.2	4φ12mm	φ6@100	
sc4c-0 *	200×600	101.7×3.12	306.6	49.1	46.7	4φ12mm	φ6@100	

　　图 3-3-6 所示为有限元计算荷载-应变关系曲线与表 3-3-1 和表 3-3-2 中所列试验的曲线对比图。有限元计算曲线与试验曲线大体吻合，趋势相近，证明有限元模拟有较高的准确性。

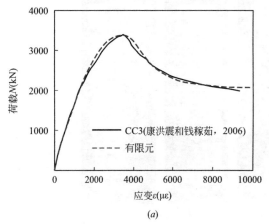
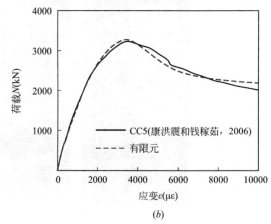

(a)　　　　　　　　　　　　　　　　　(b)

图 3-3-6　有限元模型计算结果与文献试验结果对比（一）

(a) CC3；(b) CC5

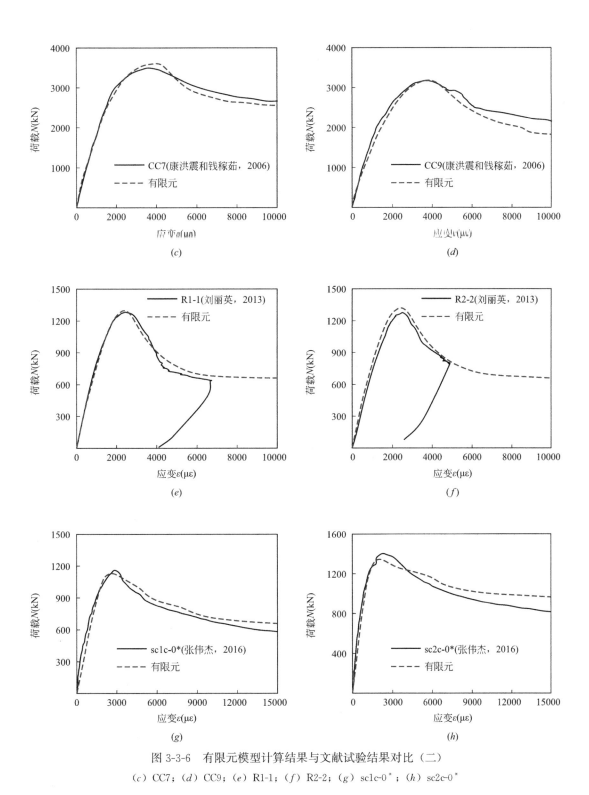

图 3-3-6　有限元模型计算结果与文献试验结果对比（二）

（c）CC7；（d）CC9；（e）R1-1；（f）R2-2；（g）sc1c-0*；（h）sc2c-0*

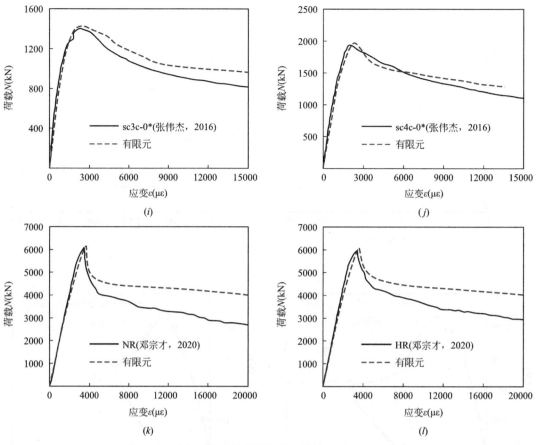

图 3-3-6　有限元模型计算结果与文献试验结果对比（三）

（*i*）sc3c-0*；（*j*）sc4c-0*；（*k*）NR；（*l*）HR

如图 3-3-7 所示，将有限元模型预测的轴向载荷-轴向应变曲线与本章试验结果进行了比较。可以看出，有限元模型计算与试验实测结果吻合较好，进一步证明了建立的有限元模型的可靠性和精确性。

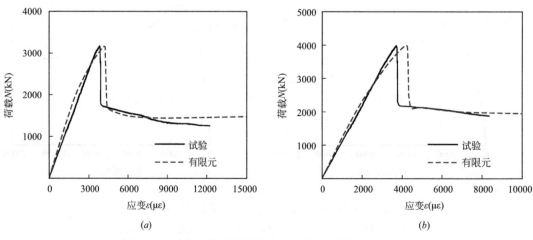

图 3-3-7　有限元模型计算结果与本章试验结果对比（一）

（*a*）CRU0C-1-1；（*b*）CRU1C-1-1

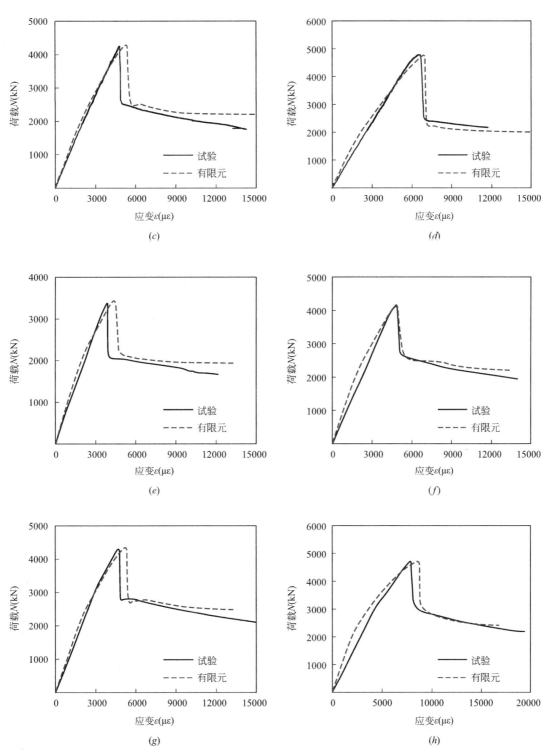

图 3-3-7　有限元模型计算结果与本章试验结果对比（二）

（c）CRU2C-1-1；（d）CRU3C-1-1；（e）CRU0C-2-1；（f）CRU1C-2-1；

（g）CRU2C-2-1；（h）CRU3C-2-1

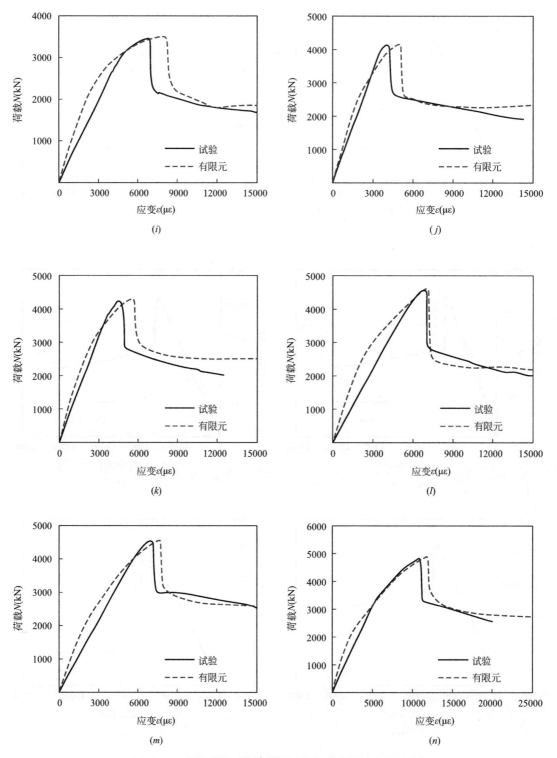

图 3-3-7　有限元模型计算结果与本章试验结果对比（三）

（i）CRU0C-3-1；（j）CRU1C-3-1；（k）CRU2C-3-1；（l）CRU3C-3-1；
（m）CRU2C-2-2；（n）CRU2C-2-3

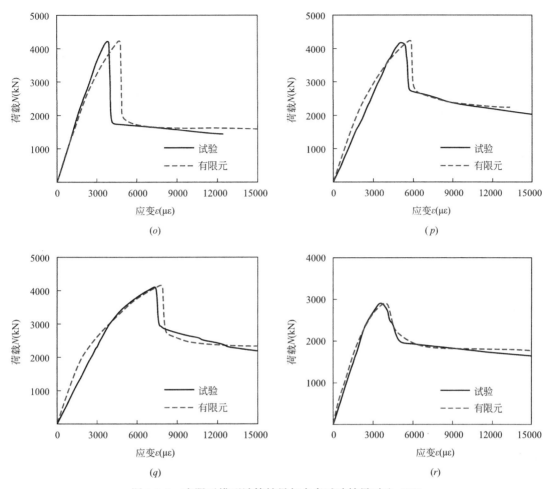

图 3-3-7　有限元模型计算结果与本章试验结果对比（四）

(o) CRU2C-1-1b；(p) CRU2C-2-1b；(q) CRU2C-3-1b；(r) CRHC-2-1

表 3-3-3 列出了其他文献和本文有限元计算结果与试验结果对比，其中包括试件有限元计算的轴压承载力 N_{uc} 与试验实测轴压承载力 N_{ue} 的比值范围及其平均值 μ 和均方差 σ。对于所验证的所有叠合柱试件，承载力计算值与实测值之比的平均值和均方差分别为 1.010 和 0.036，由此可见，有限元计算结果与试验结果基本吻合，该模型可用于进一步工作机理分析和参数分析。

有限元计算结果与试验结果对比　　　　　　　　　　表 3-3-3

序号	试件数量	N_{uc}/N_{ue}	μ	σ	数据来源
1	4	0.998～1.031	1.011	0.015	康洪震和钱稼茹(2006)
2	2	1.011～1.037	1.024	0.009	刘丽英(2013)
3	4	0.958～1.018	0.991	0.069	张伟杰(2016)
4	2	1.009～1.024	1.017	0.056	邓宗才(2020)
5	20	0.994～1.017	1.006	0.032	本试验
总计	32	0.958～1.037	1.010	0.036	—

3.4 工作机理分析

3.4.1 荷载-变形关系和内力分配分析

为深入研究 UHPC 包覆钢管混凝土叠合柱轴压构件的工作机理，利用有限元模型，对典型的 UHPC 包覆钢管混凝土叠合柱进行模拟。典型算例的具体参数如下：构件截面边长 $B=400\text{mm}$，长度 $L=1200\text{mm}$，钢管外径 $D=200\text{mm}$，钢管厚度 $t=5\text{mm}$，钢管屈服强度 $f_y=345\text{MPa}$，核心混凝土强度 $f_{cu,c}=90\text{MPa}$，HRB500 纵筋为 $8\phi14\text{mm}$，HRB400 箍筋为 $\phi8\text{mm}@100\text{mm}$，外围 UHPC 钢纤维掺量 $V_f=3\%$（即管外混凝土 $f_{cu,o}=165\text{MPa}$）。

图 3-4-1 分别给出了 UHPC 包覆钢管混凝土叠合柱、UHPC、内部钢管混凝土柱和单独钢管混凝土柱的荷载（N）-轴向应变（ε）。为了便于分析，在 N-ε 曲线上标记了四个特征点，其中 A 点表示试件进入弹塑性阶段，B 点表示试件达到峰值载荷，C 点表示构件进入峰值后的稳定阶段，D 点表示载荷下降到峰值载荷的 50%。可观察到，试件 N-ε 曲线在 O-A 段线性发展，并且有较高的刚度。由于达到 A 点后内部钢管混凝土进入弹塑性阶段，叠合柱试件进入弹塑性阶段。当 UHPC 达到峰值强度时，叠合柱试件达到峰值载荷（B 点），此时内部钢管混凝土达到了其极限强度的 97%。有 UHPC 包覆的钢管混凝土的强度比单独钢管混凝土的强度高约 18%。这表明 UHPC 提供的约束效应有效地减轻了钢管的局部屈曲，从而提高了内部钢管混凝土的强度和变形能力。在峰值荷载后阶段，UHPC 的强度下降到峰值强度的 58.5%，导致叠合柱试件承载能力急剧下降（C 点）。与此同时，内部钢管混凝土的荷载逐渐增大，表明荷载逐渐向内部钢管混凝土传递。由于内部钢管混凝土的存在，叠合柱的 N-ε 曲线在荷载下降到峰值荷载的 50%（D 点）之前经历了一个平缓阶段，保持了一定的后期承载力。

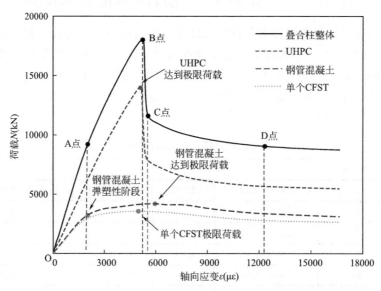

图 3-4-1　UHPC 与钢管混凝土的荷载（N）-轴向应变（ε）曲线

图 3-4-2 展示了 UHPC 和内部钢管混凝土的荷载分配比。峰值荷载前，UHPC 对试件强度的贡献比例不断增大，而钢管混凝土的贡献比例不断减小。当达到峰值荷载（B 点）时，UHPC 承担了约 75%的荷载，内部钢管混凝土承担了约 25%的荷载。当荷载达到峰值后，荷载由 UHPC 向内部钢管混凝土传递，钢管混凝土内部承担的荷载比例增加到 31%。荷载继续从 UHPC 向钢管混凝土传递，直到 D 点，最终内部钢管混凝土承担的荷载比例增加到 38%。

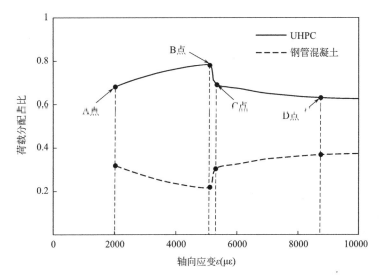

图 3-4-2　UHPC 与钢管混凝土的荷载分配占比

3.4.2　应力分析

UHPC 包覆钢管混凝土叠合柱中截面混凝土、钢管和钢筋的应力云图分别见图 3-4-3～图 3-4-5。图中数值单位为 MPa，受拉为正，受压为负。如图 3-4-3 所示，混凝土的最大纵向应力出现在试件的角部，当试件达到峰值荷载（B 点）时，UHPC 的纵向应力达到其抗压强度。这表明充分利用了 UHPC 的强度。由于 UHPC 具有超高的抗压强度，其抗压应力远大于核心混凝土的抗压应力。从图 3-4-4 和图 3-4-5 可以看出，钢管和纵向钢筋在 A 点均达到屈服强度（$f_y = 345 \text{MPa}$），整个叠合柱进入弹塑性阶段。在加载过程中，钢管和纵向钢筋的应力沿纵向均匀分布。

3.4.3　各组件相互作用

图 3-4-6 所示为有限元模拟的钢管、核心混凝土和 UHPC 之间接触应力（P）和轴向应变（ε）关系曲线，其中，P_o 为 UHPC 和钢管之间的接触应力，P_c 为钢管和核心混凝土之间的接触应力。为便于分析选取点 1 和点 2 处的接触应力，构件中截面中部 UHPC 与钢管接触点为 1 点，角部接触点为 2 点。

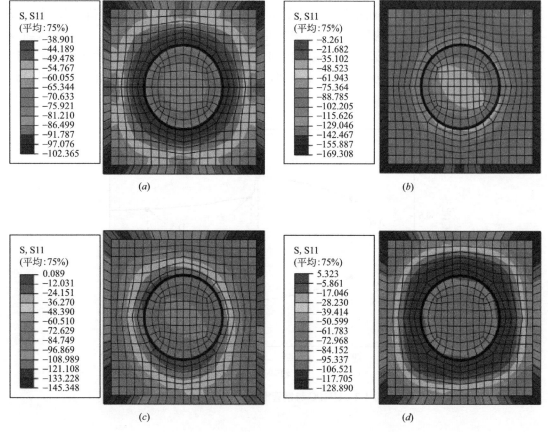

图 3-4-3　混凝土应力分布

(*a*) A 点；(*b*) B 点；(*c*) C 点；(*d*) D 点

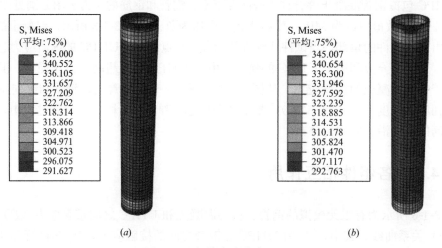

图 3-4-4　钢管应力分布（一）

(*a*) A 点；(*b*) B 点

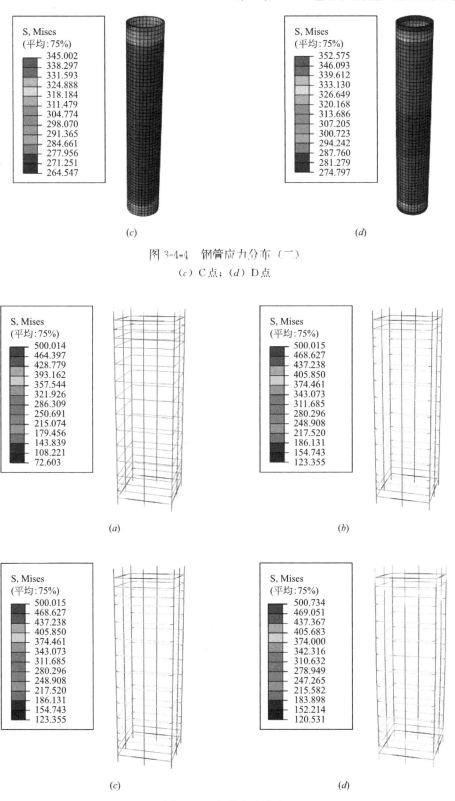

图 3-4-4　钢管应力分布（二）

(c) C 点；(d) D 点

图 3-4-5　钢筋应力分布

(a) A 点；(b) B 点；(c) C 点；(d) D 点

图 3-4-6（*a*）展示了 UHPC 和钢管之间的接触应力（P_o）-轴向应变（ε）曲线。在加载初期，UHPC 与钢管之间的相互作用不显著，接触应力小于 1MPa。在构件轴向应变达到 $3088\mu\varepsilon$ 时，UHPC 与钢管间此时接触应力变为 0，即处于无接触状态。当构件达到极限荷载（B 点）时，由于 UHPC 逐渐进入弹塑性阶段而导致内力转移，UHPC 与钢管之间的相互作用变得更加显著，因此，接触应力随着轴向应变的增加而显著增加，直到达到最大值 5.1MPa。P_{o2} 的值略大于 P_{o1}，其原因在于峰值荷载后钢管更容易产生向外屈曲，而角部 UHPC 对钢管提供了更强的约束，导致角部接触应力更大。

图 3-4-6（*b*）展示了钢管与核心混凝土之间的接触应力（P_c）-轴向应变（ε）曲线。在轴向应变达到 $3088\mu\varepsilon$ 之前，钢管与核心混凝土之间不存在相互作用。之后，由于核心混凝土的横向变形在弹塑性阶段迅速发展，钢管与核心混凝土之间的接触应力随着轴向应变的增大而显著增大，直至叠合柱破坏。P_{c1} 和 P_{c2} 在整个加载过程中无明显差异。

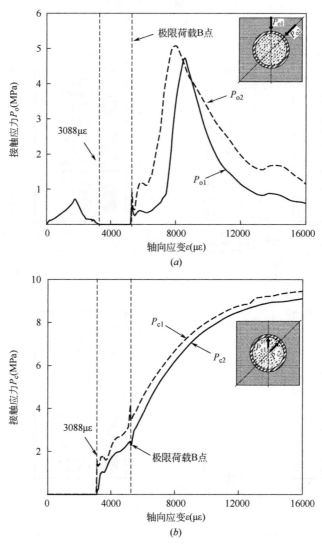

图 3-4-6　接触应力（*P*）-轴向应变（ε）曲线（一）
（*a*）UHPC 与钢管；（*b*）钢管与核心混凝土

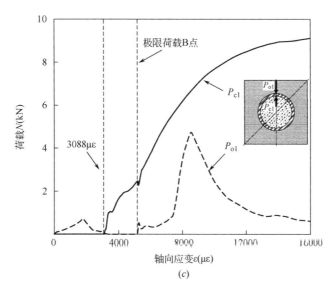

图 3-4-6　接触应力（P）-轴向应变（ε）曲线（二）

（c）UHPC 与钢管和核心混凝土与钢管的比较

图 3-4-6（c）比较了试件中截面的接触应力 P_{ol} 和 P_{cl} 与轴向应变 ε 关系曲线。可以看出，在构件进入弹塑性阶段后，P_{cl} 的值普遍大于 P_{ol}，这表明钢管与核心混凝土之间的相互作用比 UHPC 与钢管之间的相互作用更为显著。

3.4.4　参数分析

利用有限元模型，分析不同参数对 N-ε 曲线的影响以及不同参数下 UHPC 和钢管混凝土对试件承载力的贡献。考虑的参数变化范围为：钢纤维掺量 $V_{\text{f}}=0\sim3\%$、钢管外径与柱截面尺寸比 $D/B=0.3\sim0.6$（即含钢管混凝土率 $\alpha_{\text{CFST}}=7.1\%\sim28.3\%$）、钢管壁厚 $t=2\sim11\text{mm}$、核心混凝土强度 $f_{\text{cu,c}}=30\sim90\text{MPa}$、钢管屈服强度 $f_{\text{y}}=345\sim500\text{MPa}$、箍筋间距 $s=40\sim100\text{mm}$。参数分析考虑以下参数影响。

1. UHPC 钢纤维掺量（V_{f}）

图 3-4-7（a）展示了钢纤维掺量（V_{f}）对 UHPC 包覆钢管混凝土叠合柱力学性能的影响。与未加钢纤维的试件相比，加钢纤维的试件极限承载力显著提高，且试件的承载力随钢纤维掺量增加而增加。值得注意的是，钢纤维掺量的增加并不影响内部钢管混凝土对试件强度的贡献。

2. 钢管外径与柱截面尺寸比（D/B）

图 3-4-7（b）展示了钢管外径与柱截面尺寸比（D/B）对 UHPC 包覆钢管混凝土叠合柱力学性能的影响。当 D/B 小于 0.5（$\alpha_{\text{CFST}}=19.6\%$）时，变化 D/B 对试件强度影响较小。然而，当 D/B 增加到 0.6（$\alpha_{\text{CFST}}=28.3\%$）时，可观察到试件强度明显下降，表明如果 D/B（或含钢管混凝土率）超过一定限值，可能对试件强度产生不利影响。由图

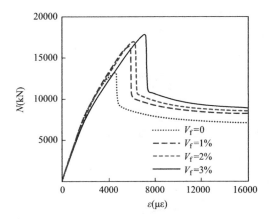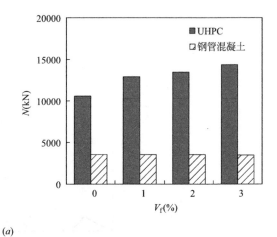

(a)

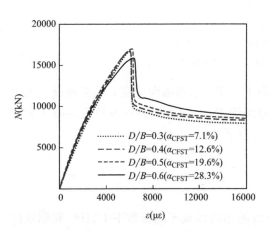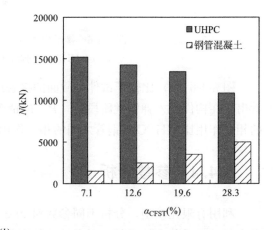

(b)

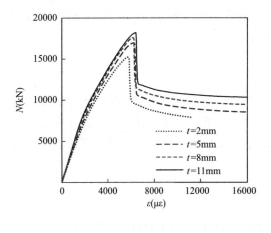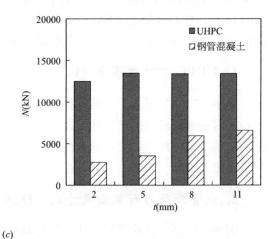

(c)

图 3-4-7 不同参数对 N-ε 曲线的影响以及 UHPC 和钢管混凝土的承载力贡献（一）

(a) V_{f}；(b) D/B；(c) t

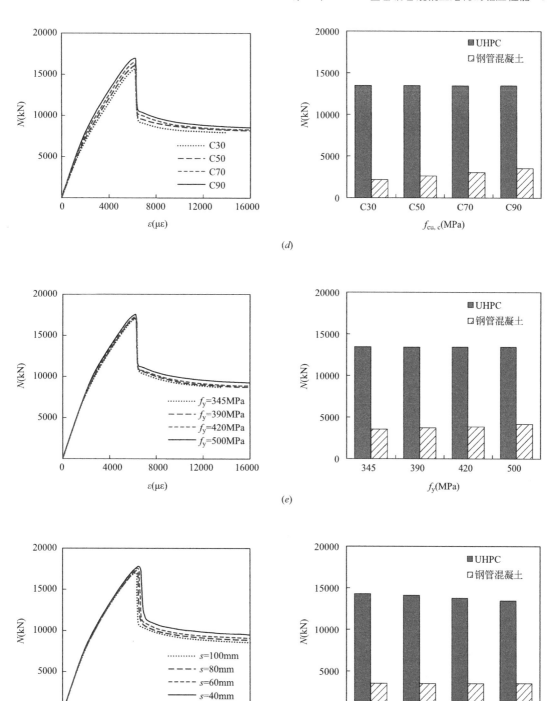

图 3-4-7　不同参数对 N-ε 曲线的影响以及 UHPC 和钢管混凝土的承载力贡献（二）

(d) $f_{cu,c}$；(e) f_y；(f) s

还可见，随着 D/B（或含钢管混凝土率）的增大，钢管混凝土的贡献增大，UHPC 的贡献相应减小。

3. 钢管厚度（t）

图 3-4-7（c）展示了钢管厚度（t）对 UHPC 包覆钢管混凝土叠合柱力学性能的影响。试验结果表明，随着钢管厚度的增加，试件的极限承载力和延性均有所提高，钢管混凝土对试件强度的贡献随钢管厚度的增加略有增加。

4. 核心混凝土抗压强度（$f_{cu,c}$）

图 3-4-7（d）展示了核心混凝土抗压强度（$f_{cu,c}$）对 UHPC 包覆钢管混凝土叠合柱力学性能的影响。在 UHPC 的强度不变的情况下，随着核心混凝土强度的提高，构件整体的刚度、极限承载力及峰值荷载后的后期承载力均有所提高。

5. 钢管屈服强度（f_y）

图 3-4-7（e）展示了钢管屈服强度（f_y）对 UHPC 包覆钢管混凝土叠合柱力学性能的影响。如图所示，钢管屈服强度对试件强度的影响很小，这是由于 UHPC 包覆钢管混凝土叠合柱的极限承载力主要由 UHPC 破坏控制。

6. 箍筋间距（s）

图 3-4-7（f）展示了箍筋间距（s）对 UHPC 包覆钢管混凝土叠合柱力学性能的影响。试件的整体强度随箍筋间距的增加而降低，因为较宽的间距通常会导致箍筋提供的约束效应降低，从而降低 UHPC 对试件强度的贡献。

3.5 实用计算方法

UHPC 包覆钢管混凝土叠合柱的轴压承载力由外部 UHPC（包括钢筋）和内部钢管混凝土共同贡献，如式（3-5-1）所示。

$$N_u = N_{UHPC} + N_{CFST} \tag{3-5-1}$$

式中，N_{UHPC} 和 N_{CFST} 分别是外部 UHPC 和内部钢管混凝土的承载力。当叠合柱达到极限强度时，UHPC 被压碎并达到其抗压强度，同时，纵向钢筋已经屈服。因此，UHPC 的承载力可以用式（3-5-2）表示。

$$N_{UHPC} = k_1 f_{ck,o} A_{co} + f_y' A_{ss} \tag{3-5-2}$$

式中，$f_{ck,o}$ 为 UHPC 轴心抗压强度标准值，A_{co} 和 A_{ss} 为 UHPC 和纵筋的横截面面积，f_y' 为纵筋的屈服强度，k_1 为 UHPC 轴心抗压强度标准值的修正系数，考虑了钢纤维掺量和 UHPC 与内部钢管混凝土相互作用等因素的影响。从本书 3.3.4 节的参数分析中发现，钢纤维掺量 V_f 和含钢管混凝土率 α_{CFST} 对 UHPC 的承载力有显著的影响。如图 3-5-1（a）所示，通过对参数分析结果进行回归分析，提出校正因子 k_1 为 V_f 和 α_{CFST} 的函数。k_1 可以用式（3-5-3）表示。

$$k_1 = 0.953 + 0.275V_f - 0.24\alpha_{CFST} \tag{3-5-3}$$

韩林海（2016）提出的钢管混凝土轴向承载力简化计算公式具有较好的精度，如式（3-5-4）所示。

$$N_{u,CFST} = (1.14 + 1.02\zeta)f_{ck,c}A_{cc} \tag{3-5-4}$$

式中，ζ 为约束效应系数，$f_{ck,c}$ 为核心混凝土轴心抗压强度标准值，A_{cc} 为核心混凝土的截面面积。

上文有限元分析结果表明，当叠合柱达到峰值强度时，内部钢管混凝土的轴向荷载高于相应的单个钢管混凝土的轴向强度。因此，为考虑 UHPC 对内部钢管混凝土强度的影响，本节提出了增强系数 k_2，如式（3-5-5）所示。参数分析结果显示，增强系数 k_2 与含钢管混凝土率的关系基本呈线性增长趋势，如图 3-5-1（b）所示，因此对数值计算结果进行线性拟合，得到 k_2 的表达式（3-5-5）。

$$k_2 = 1.136 + 0.191\alpha_{CFST} \tag{3-5-5}$$

在式（3-5-1）中的 N_{CFST} 可以由式（3-5-6）计算得到，由此 UHPC 包覆钢管混凝土叠合柱的轴压承载力可由式（3-5-1）～式（3-5-6）计算得到。

$$N_{CFST} = k_2(1.14 + 1.02\zeta)f_{ck,c}A_{cc} \tag{3-5-6}$$

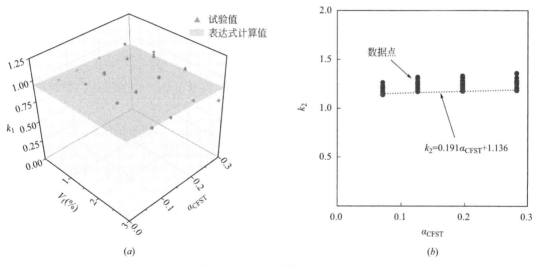

图 3-5-1　校正系数回归分析

(a) k_1；(b) k_2

如图 3-5-2 所示，将使用本章所提出公式计算的试件承载力与试验结果和数值分析结果进行了比较。从图中可以看出，所提出的公式在预测试件的承载力方面具有较好的精度。计算结果表明，与试验结果和数值分析相比，最大差值分别约在 3% 和 6% 以内。试验实测承载力与公式计算承载力的比值的平均值为 1.015，均方差为 0.020，有限元计算承载力与公式计算承载力的比值的平均值为 1.016，均方差为 0.024。

本节提出的 UHPC 包覆钢管混凝土叠合柱轴压承载力计算公式的参数范围为：①V_f 的范围为 0～3%；②$f_{cu,c}$ 的范围为 30～90MPa；③D/B 为 0.3～0.6；④α_{CFST} 的范围为 0.05～0.2；⑤f_y 的范围为 345～500MPa。

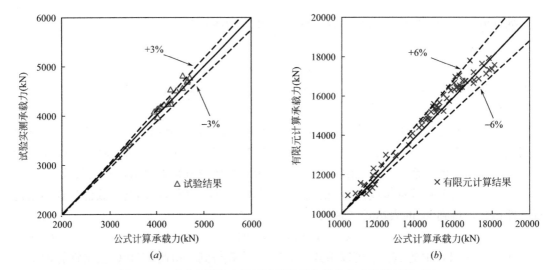

图 3-5-2　试验实测和有限元计算结果与简化公式计算结果对比

（a）试验实测结果与公式计算结果对比；（b）有限元计算结果与公式计算结果对比

3.6　本章小结

本章通过试验和数值模拟研究了 UHPC 包覆钢管混凝土叠合柱的轴压力学性能。基于试验和有限元分析结果，得出以下结论：

（1）UHPC 包覆钢管混凝土叠合柱具有良好的刚度和轴压承载力。试验结果表明，叠合柱的破坏形式为 UHPC 被压碎，内部钢筋明显屈曲，而钢管未出现明显的局部屈曲，核心混凝土保持完整。在荷载达到峰值后，内部钢管混凝土仍有潜力承担作用在叠合柱上的轴向荷载。

（2）轴压承载力随 UHPC 钢纤维掺量、钢管混凝土含钢率、核心混凝土抗压强度和钢管屈服强度的增大而增大。应特别注意 D/B 比，因为 D/B 比大于 0.5 可能对叠合柱承载力产生不利影响。与普通混凝土叠合柱相比，UHPC 叠合柱的极限承载力提高了 16%～62%。

（3）建立了模拟 UHPC 包覆钢管混凝土叠合柱轴压性能的有限元模型。工作机理分析表明，当叠合柱达到极限承载力时，外部 UHPC 承担约 75% 的轴向荷载，内部钢管混凝土承担约 25% 的轴向荷载。包覆 UHPC 的钢管混凝土的强度比单独钢管混凝土的强度高约 18%，因为 UHPC 提供的约束效应有效地缓解了钢管的局部屈曲。

（4）本章提出的实用计算公式能够较准确地预测 UHPC 包覆钢管混凝土叠合柱的轴压承载力，可以用于实际工程中的 UHPC 包覆钢管混凝土叠合柱设计。

第4章　UHPC叠合钢管混凝土结构的纯弯性能

4.1　引言

本章开展了 UHPC 包覆钢管混凝土叠合构件的纯弯试验，考察钢纤维掺量和含钢管混凝土率对组合构件的破坏模态、跨中弯矩-跨中挠度关系曲线、抗弯承载力和抗弯刚度的影响规律，并探讨了该组合构件抗弯刚度和抗弯承载力的简化计算方法，结果可为实际工程设计提供参考。

4.2　试验研究

4.2.1　试件设计

本章试验以外包 UHPC 钢纤维掺量（V_f）和含钢管混凝土率（α_s）为影响参数，研究在不同钢纤维掺量、含钢管混凝土率下对外包 UHPC 钢管混凝土叠合构件抗裂性能、极限承载力、破坏模式、延性性能及各组件应力的影响。共制作了 12 根外包 UHPC 钢管混凝土叠合构件，所有试件的截面宽度 $B=200$mm，长度 $L=2000$mm（计算长度为 1800mm）。试件的钢管选用 Q345B 无缝钢管，试件的两端设置两块厚 25mm 的端板，并将端板与钢管和纵筋依次焊接。支座距端板距离 100mm，纯弯段间距 600mm。试件几何尺寸示意图如图 4-2-1 所示，试件的参数信息如表 4-2-1 所示。

在表 4-2-1 中，CRU 表示外包 UHPC 钢管混凝土叠合构件；第一个数字表示钢纤维掺量，钢纤维的体积掺量 0、1%、2%、3%分别用 0、1、2、3 表示，第二个数字表示钢管的外径，1 表示钢管外径为 80mm 的截面，2 表示钢筋外径 100mm 的截面，3 表示钢筋外径 120mm 的截面，D 表示钢管的外径，t 表示钢管的壁厚，α_s [$\alpha_s = (A_s + A_{cc})/A$] 为含钢管混凝土率，分别使用 A_s 和 A_{cc} 表示钢管和核心混凝土的截面面积，A 表示试件截面总面积，f_y 为钢管的屈服强度，V_f（$V_f = V_{钢纤维}/V_{UHPC}$，其中 $V_{钢纤维}$ 和 V_{UHPC} 分别为钢纤维和 UHPC 的体积）为钢纤维体积掺量，$f_{cu,c}$ 和 $f_{cu,o}$ 分别为核心混凝土和外包

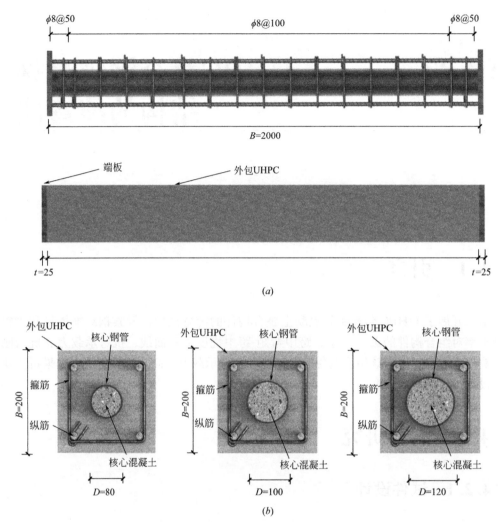

图 4-2-1　试件几何尺寸示意图（单位：mm）

（a）试件几何尺寸；（b）试件截面尺寸

试件信息表　　　　　　　　　　　　　　　　　　　　　　表 4-2-1

序号	试件编号	$B \times L$ (mm)	$D \times t$ (mm)	α_s (%)	f_y (MPa)	$f_{cu,c}$ (MPa)	$f_{cu,o}$ (MPa)	V_f (%)	ξ
1	CRU0-1	200×2000	80×4	12.6	378.1	95.0	112.0	0	0.95
2	CRU0-2	200×2000	100×4	19.6	376.5	95.0	112.0	0	1.20
3	CRU0-3	200×2000	120×4	28.27	365.3	95.0	112.0	0	1.40
4	CRU1-1	200×2000	80×4	12.6	378.1	95.0	140.8	1	0.95
5	CRU1-2	200×2000	100×4	19.6	376.5	95.0	140.8	1	1.20
6	CRU1-3	200×2000	120×4	28.3	365.3	95.0	140.8	1	1.40
7	CRU2-1	200×2000	80×4	12.6	378.1	95.0	155.7	2	0.95
8	CRU2-2	200×2000	100×4	19.6	376.5	95.0	155.7	2	1.20

序号	试件编号	$B \times L$ (mm)	$D \times t$ (mm)	α_s (%)	f_y (MPa)	$f_{cu,c}$ (MPa)	$f_{cu,o}$ (MPa)	V_f (%)	ξ
9	CRU2-3	200×2000	120×4	28.3	365.3	95.0	155.7	2	1.40
10	CRU3-1	200×2000	80×4	12.6	378.1	95.0	165.0	3	0.95
11	CRU3-2	200×2000	100×4	19.6	376.5	95.0	165.0	3	1.20
12	CRU3-3	200×2000	120×4	28.3	365.3	95.0	165.0	3	1.40

UHPC 的立方体抗压强度，ξ（$\xi = A_s f_y / A_{cc} f_{ck,c}$，其中 $f_{ck,c}$ 为核心混凝土轴心抗压强度标准值）为钢管混凝土约束效应系数。试件选用的钢筋为：HRB345 纵筋，直径为 12mm；HRB335 箍筋，直径为 8mm，箍筋间距 100mm。

4.2.2　试件制作

试件制作的主要步骤有：

（1）定制 Q345B 无缝钢管和 25mm 厚 Q235 钢板，将钢管切割成 12 根 2000mm 长钢管，并用钢板切割出 24 块 200mm×200mm 端板。将钢管底部截面几何中心与端板表面几何中心对齐，将端板和钢管焊接在一起。

（2）垂直放置已焊接好的下端板钢管，采用分层浇筑法将核心混凝土分为五层从钢管顶部倒入，每次灌入混凝土后使用直径为 35mm 的振动棒伸入管内振捣密实。

（3）核心混凝土浇筑 7d 后，通过对高出钢管顶部的混凝土进行打磨，使其与钢管顶面齐平，从而方便焊接上端板。打磨与待贴应变片相应位置的钢管表面，打磨完毕后进行贴片、焊线，蜡封应变片后用涂有环氧树脂的纱布包裹应变片部位，以防止浇筑外包UHPC 时应变片进水或破坏。整理核心钢管混凝土彩排线，防止后续工序造成引出线损坏或断裂，如图 4-2-2 所示。

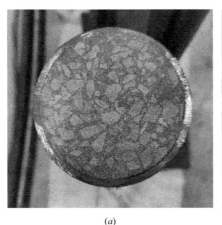 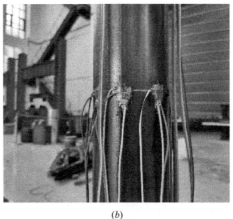

（a）　　　　　　　　　　　　　　（b）

图 4-2-2　核心钢管混凝土打磨、贴片、焊线、保护及理线（一）

（a）打磨核心混凝土；（b）核心钢管打磨、贴片、焊线

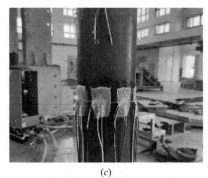

(c)　　　　　　　　　　　　　　　　(d)

图 4-2-2　核心钢管混凝土打磨、贴片、焊线、保护及理线（二）

(c) 环氧树脂保护 (1)；(d) 环氧树脂保护 (2)

（4）将预先制备好的钢筋骨架套在核心钢管混凝土上，并使用焊接的方式将四根纵向钢筋与下端板连接，以固定钢筋骨架。并将纵筋的另一端与端板焊接，同时保证两个端板对齐，如图 4-2-3 所示。

图 4-2-3　焊好钢筋骨架和上端板的试件

（5）打磨钢筋骨架的纵筋和箍筋，然后进行贴片并焊线，为防止浇筑过程中应变片破坏，在应变片处用涂有环氧树脂的纱布包裹。根据试件尺寸制作木模板，在模板侧向设置加筋条支撑来保证木模侧面不发生变形。

（6）将装入木模的试件水平放在振动台上进行外包 UHPC 浇筑，保证 UHPC 浇筑密实，如图 4-2-4 所示。

(a)　　　　　　　　　　　　　　　　(b)

图 4-2-4　外包 UHPC 浇筑及养护

(a) 外包 UHPC 浇筑场地；(b) 浇筑完成并养护

（7）用土工布覆盖试件，定期洒水和室内常温养护，试件养护 14d 后，进行拆模工作并将浇筑面打磨至与端板齐平，室内常温养护 28d。

4.2.3　材料性能

试验共采用 3 种尺寸的 Q345 级无缝圆形钢管，钢管尺寸分别为外径 80mm，壁厚 4mm；外径 100mm，壁厚 4mm；外径 120mm，壁厚 4mm。按照《金属材料　拉伸试验》GB/T 228.1～GB/T 228.4 设计材性试件并进行钢材的金属拉伸试验，试验测得钢材的各项材料性能指标见表 4-2-2 和表 4-2-3。其中，t 表示钢管的壁厚，D 表示钢管的外径，f_u 表示钢材的极限强度，f_y 表示钢材的屈服强度，d 表示钢筋的直径，δ 为钢材的延伸率，E_s 为钢材的弹性模量，μ_s 为钢材的泊松比。

钢管材性指标　　　　　　　　　　　　　　　　　　　表 4-2-2

D(mm)	t(mm)	f_y(MPa)	f_u(MPa)	E_s(kN/mm^2)	μ_s	δ(%)
80	4.0	369.1	534.4	207800	0.294	23.7
100	4.0	384.0	551.6	208100	0.290	25.8
120	4.0	385.2	531.8	206500	0.302	25.7

钢筋材性指标　　　　　　　　　　　　　　　　　　　表 4-2-3

钢筋规格	d(mm)	f_y(MPa)	f_u(MPa)	E_s(kN/mm^2)	μ_s	δ(%)
HRB335,ϕ16mm	15.84	394.7	557.1	208700	0.303	23.9
HRB335,ϕ8mm	7.98	384.3	548.5	206800	0.300	22.4

试件钢管内部核心混凝土为 C90 高强混凝土，其选用高强低碱 P·O42.5 普通硅酸盐水泥；选用半加密微硅灰，SiO_2 含量大于 98%；选用二级粉煤灰，主要氧化物组成为：SiO_2、Al_2O_3、SO_2、Fe_2O_3、CaO 等；粗骨料采用 5～20mm 级配天然碎石；细骨料采用福州闽江清水细砂，细度模数为 1.9，砂率为 0.35；水为一般自来水；选用 TW-PS 聚羧酸减水剂，减水率在 25% 以上。试验 C90 混凝土配合比见表 4-2-4。

C90 核心混凝土配合比　　　　　　　　　　　　　　表 4-2-4

水泥	硅灰	粉煤灰	砂	石子	水	减水剂
450	50	100	700	1050	156	7.4

试件外围混凝土为 UHPC，其用料如下：硅灰的选用与核心混凝土一致；选用 P·O52.5 普通硅酸盐水泥；选用工业高温熔点玻璃粉；选用半透高硅石英砂，目数范围为 10～180 目；选用长度约为 13mm、长径比为 65 的直线型镀铜钢纤维；水为一般自来水；选用 PCA-Ⅰ通用型聚羧酸高性能减水剂，减水率达 37%。UHPC 的配合比见表 4-2-5。

UHPC 配合比   表 4-2-5

水泥	硅灰	玻璃粉	石英砂					水	减水剂	钢纤维
			120～180 目	70～120 目	40～70 目	20～40 目	10～20 目			
859.5	257.9	343.8	74.1	171.7	170.7	260.7	328.5	179	34.4	0
859.5	257.9	343.8	74.1	171.7	170.7	260.7	328.5	179	34.4	81.2
859.5	257.9	343.8	74.1	171.7	170.7	260.7	328.5	179	34.4	162.4
859.5	257.9	343.8	74.1	171.7	170.7	260.7	328.5	179	34.4	243.6

在浇筑核心混凝土时，同时浇筑 9 个 100mm×100mm×100mm 的混凝土立方体试块和 9 个 100mm×100mm×300mm 的混凝土棱柱体试块，在常温养护 28d 后，每种尺寸的试块各取 3 块，按照《混凝土物理力学性能试验方法标准》GB/T 50081—2019 测量其立方体和棱柱体抗压强度，每种尺寸的试块剩余 6 块，在纯弯试验开始前测量其抗压强度。每种钢纤维掺量的 UHPC 预留 9 个 100mm×100mm×100mm 的立方体试块。混凝土材料性能的试验在 200t 电液伺服压力机上进行。试验测得的混凝土的材料性能指标如表 4-2-6 所示。其中，UHPC 的轴心抗压强度依据《超高性能混凝土结构设计规程》T/CBMF 185—2022/T/CCPA 35—2022 计算，取 $f_{ck}=0.7f_{cu}$。

混凝土力学性能指标   表 4-2-6

混凝土类型	钢纤维掺量（%）	坍落度（mm）	扩展度（mm）	抗压强度 f_{cu}(MPa)		轴心抗压强度 f_{ck}（MPa）	弹性模量 E_c（MPa）	泊松比 γ_s
				28d	试验时			
UHPC	0	275	400	107.6	112.0	78.4	43751.1	0.202
	1	260	375	135.2	140.8	98.56	46785.2	0.205
	2	253	360	145.7	155.7	109.0	47231.9	0.202
	3	241	365	161.4	165.0	115.5	49778.7	0.203
C90	—	220	345	90.3	95.0	63.5.4	40185.3	0.201

4.2.4 试验方法

1. 纯弯试验加载装置

试验装置如图 4-2-5 所示。50t 千斤顶通过螺栓固定在反力梁上，千斤顶下端与一个 50t 压力传感器连接，分配梁通过法兰盘用螺栓与压力传感器连接。试验构件的边界条件为两端简支，一端为固定铰支座，另一端为滑动铰支座，两支座间的距离为 1800mm。试验的加载方式为四分点加载，分配梁上两个加载支座之间的间距为 600mm。

2. 测点布置

为准确测量试件内部各部件在纯弯试验中的应变变化规律，在核心钢管相应位置布置纵向应变片和环向应变片，在跨中上下纵筋、箍筋相应位置贴片，在跨中沿截面高度布置混凝土应变片。其中，核心钢管、纵筋和箍筋表面布置钢材应变片，外包 UHPC 表面布

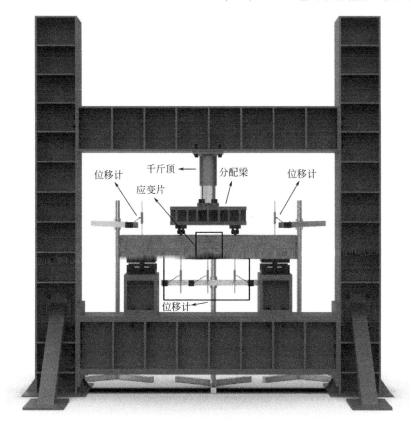

图 4-2-5　试验装置图

置混凝土应变片。为了测量试件在竖直方向的挠度，在试件的加载点下方和中央位置，各安装一台量程为 100mm 的位移计以测量试件在竖直方向的挠度。此外，在支座正上方分别设置两台量程为 50mm 的位移计，用于测量支座的下沉变形。试件应变片测点布置示意图如图 4-2-6 所示。

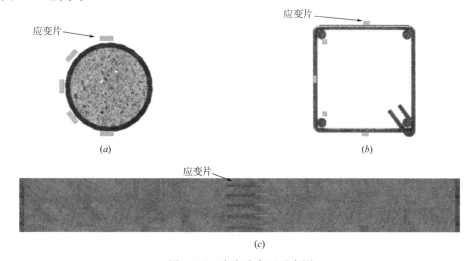

图 4-2-6　应变片布置示意图

(a) 跨中钢管截面；(b) 跨中钢筋骨架截面；(c) 外包 UHPC 侧面

3. 加载制度

试验的加载制度分为预加载和正式加载两个部分，预加载以每级 5kN 的速率加载至 1/20 极限承载力，其中试件的极限承载力由后文有限元模型计算所得。预加载是为了确保试件和加载装置之间充分接触，进入正常工作状态，并检查所有试验装置的可靠性以及测试仪器仪表的正常工作情况，以便为正式加载做好充分准备。完成预加载后，需要卸掉预加载力，然后进行正式加载。按照《混凝土结构试验方法标准》GB/T 50152—2012 规定采用分级加载制度，每级荷载约为预估承载力的 1/10，每级荷载的持荷时间为 5min，当试验构件整体刚度明显下降，呈现出挠度迅速增大的趋势时，为了防止试验构件挠度增速过快，在之后的加载中适当增加级数，每级以预估承载力的 1/20 继续加载。当试验构件出现明显破坏现象或承载力急剧下降时结束试验。

4.2.5 试验结果与分析

1. 典型破坏特征

外包 UHPC 钢管混凝土叠合构件纯弯试验实测的跨中弯矩-跨中挠度关系曲线总体上可划分为五个阶段：弹性阶段（O—A）、裂缝扩展阶段（A—B）、屈服阶段（B—C）、破坏阶段（C—D）和持荷阶段（D—E），如图 4-2-7 所示。

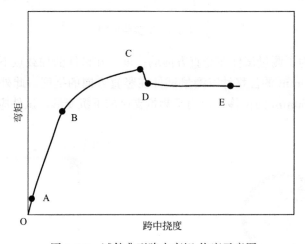

图 4-2-7　试件典型跨中弯矩-挠度示意图

弹性阶段（O—A）：在该阶段，试件的跨中挠度、钢筋应变、钢管应变和混凝土应变均随着荷载的增加而线性增大，试件表现出较大的刚度。

裂缝扩展阶段（A—B）：随着荷载的逐渐增加，试件在跨中纯弯段或加载点处开始出现裂缝。这些裂缝通常细小，标志着试件已进入裂缝扩展阶段。与此同时，试件的整体刚度会轻微降低。如果荷载继续增加，将会在不同的加载点之间形成新的裂缝，并沿着试件截面高度方向逐渐向上扩展。在这个阶段，通常会形成 2～3 条主要裂缝，可观察到钢纤维不断从 UHPC 基体中被拉出。

屈服阶段（B—C）：在此阶段，试件的整体刚度逐渐减小，跨中弯矩-挠度曲线中会出现明显的拐点，荷载的增加速率变缓，试件的跨中挠度迅速增长。同时，受拉纵筋和钢管底部的应变变化速度也加快，随着纵筋屈服，试件进入屈服阶段。在此过程中，跨中截面附近裂缝中的 UHPC 粉末不断脱落。随着荷载的增加，裂缝持续扩展，跨中挠度的增长进一步加速。

破坏阶段（C—D）：当侧面主要裂缝扩展到试件高度的 5/6 位置时，受压区 UHPC 表面开始轻微凸起。随着荷载的持续增加，试验构件受压区 UHPC 表面发出压碎声，最终受压区 UHPC 被压碎，荷载达到峰值，试件进入持荷破坏阶段。当达到极限荷载后，跨中挠度持续增加，荷载下降至 0.85 倍极限承载力以下。

持荷阶段（D—E）：在此阶段，试验构件仍能承受较大的后期弯矩，在荷载基本保持稳定的条件下试件挠度增长迅速，钢管的应变也随之发展更加迅速。

2. 破坏模态

试件的典型破坏模态如图 4-2-8 所示。未掺入钢纤维的 UHPC 试件（图 4-2-8a），在受压区混凝土发生压碎和崩裂，破坏时裂缝数量多而宽度小。而掺入钢纤维的 UHPC 试件（图 4-2-8b、c、d），受压区混凝土仅发生轻微鼓胀翘起，但仍保持较好的完整性，这是由于钢纤维的桥接作用。普通混凝土受压区一旦开裂则迅速扩展贯穿，出现爆裂脆性破坏。而 UHPC 中钢纤维能够阻止裂缝扩展，使 UHPC 表现出延性破坏特征。随着 UHPC 中钢纤维掺量的增加，混凝土裂缝形态发生明显改变。钢纤维量少时，混凝土裂缝数量多而分布分散；钢纤维量越大，混凝土裂缝数量越少，主要裂缝宽度也越大。这是因为钢纤维的增加，增强了 UHPC 的连续性和韧性，在裂缝处形成有效的桥接，抑制裂缝扩展，使主要裂缝缓慢扩大。包覆在 UHPC 内的钢管混凝土，其核心混凝土受钢管的强约束作用，其破坏形态与无约束混凝土有明显区别。试验结果显示，钢管内核心混凝土虽出现一些裂缝，但仍保持较好的完整性，未出现破碎或脆性破坏。这主要归因于外部 UHPC 和内钢管的双重约束作用，使内核混凝土能够发生较大塑性变形。最后，含钢管混凝土率对试件的破坏形态影响不大。

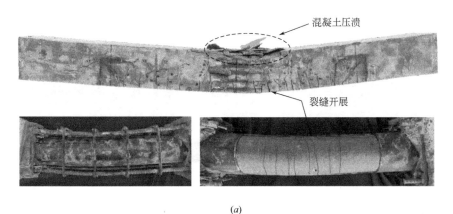

(a)

图 4-2-8　试件典型破坏模态（一）

（a）钢纤维掺量 0（CRU0-1）

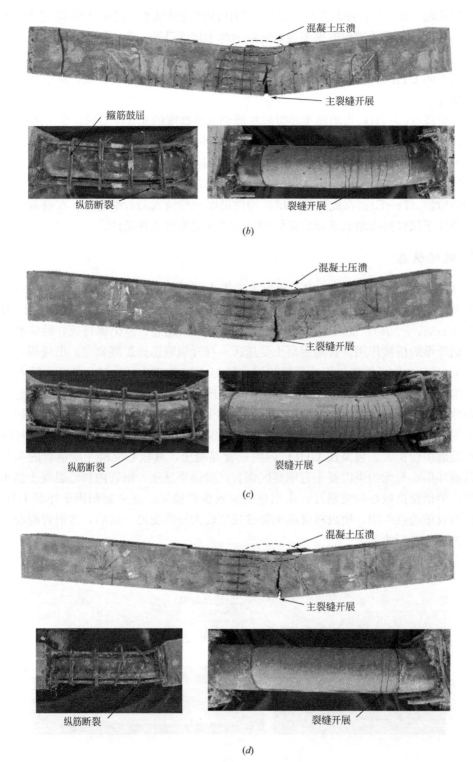

图 4-2-8 试件典型破坏模态（二）

(*b*) 钢纤维掺量 1% (CRU1-1)；(*c*) 钢纤维掺量 2% (CRU2-1)；(*d*) 钢纤维掺量 3% (CRU3-1)

图 4-2-9 所示为所有外包 UHPC 钢管混凝土叠合构件纯弯试件试验后的破坏形态。不同含钢管混凝土率 α_s 下的试件破坏形态基本相似。

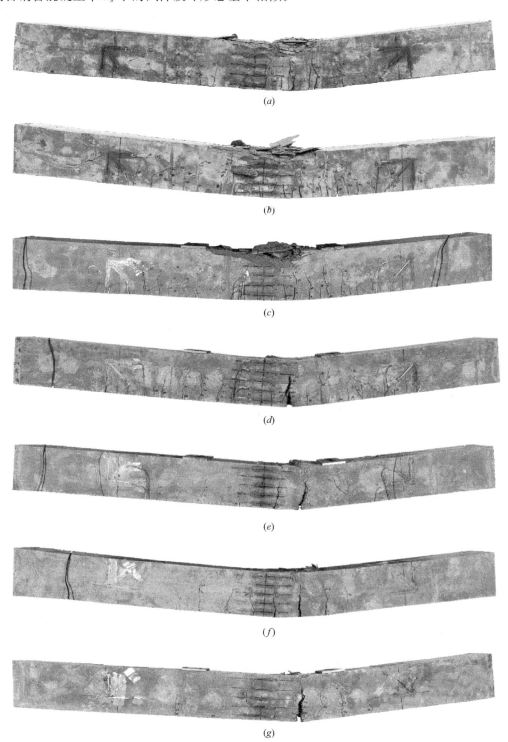

(a)

(b)

(c)

(d)

(e)

(f)

(g)

图 4-2-9　试件整体破坏形态（一）

(a) CRU0-1；(b) CRU0-2；(c) CRU0-3；(d) CRU1-1；(e) CRU1-2；(f) CRU1-3；(g) CRU2-1

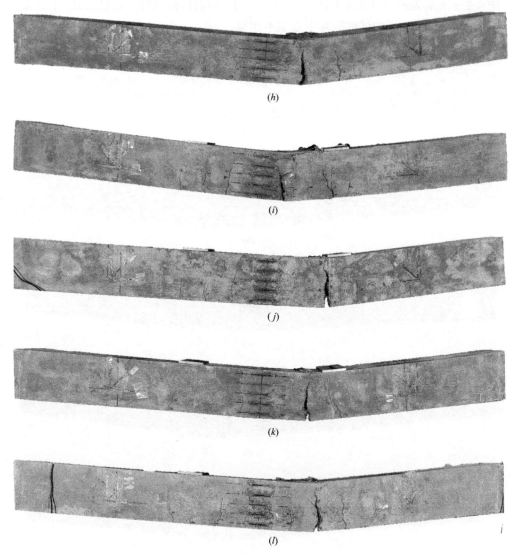

图 4-2-9　试件整体破坏形态（二）

(*h*) CRU2-2；(*i*) CRU2-3；(*j*) CRU3-1；(*k*) CRU3-2；(*l*) CRU3-3

以试件 CRU0-2 为例，无钢纤维试件的典型破坏形态如图 4-2-10 所示。外包 UHPC 出现典型的弯曲裂缝并均匀扩展，在受压区观察到 UHPC 被压溃。此外，在试件破坏时，核心混凝土中也出现了微裂缝。总体而言，试件的破坏是由于外部 UHPC 的开裂和压碎、钢筋和内部钢管的屈服共同导致。

以试件 CRU2-2 为例，掺钢纤维试件的典型破坏形态如图 4-2-11 所示。与没有掺钢纤维的试件相比，在受压区观察到轻微的 UHPC 压碎。这可能是因为钢纤维在一定程度上控制了裂缝的发展。钢纤维与混凝土基体良好的结合防止了钢纤维拔出，并使得 UHPC 中出现多个微裂缝。在峰值荷载前，受拉区出现细微弯曲裂缝并均匀发展。在峰值荷载下，由于纵向钢筋断裂，试件横截面出现一条主裂缝，此时由于内部钢管混凝土的存在，使试件具有较好的延性。如图 4-2-11（*e*）和（*f*）所示，内钢管并未发生局部屈曲，核心

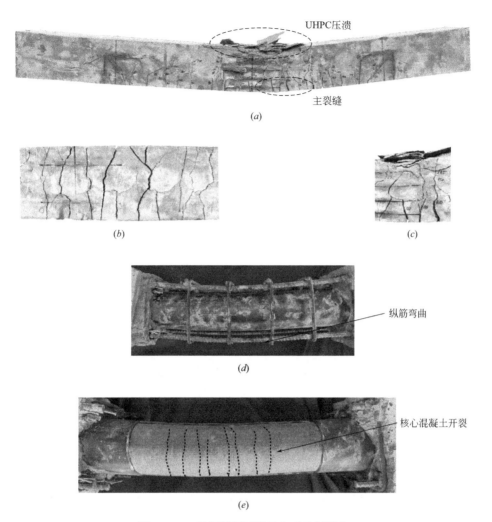

图 4-2-10　无钢纤维试件的典型破坏形态
（a）试件 CRU0-2 破坏形态；（b）底部受拉区裂缝；（c）主裂缝发展；
（d）钢筋和钢管混凝土弯曲；（e）核心混凝土开裂

混凝土保持完整，只有轻微开裂现象。这主要是因为外部 UHPC 可以为内部钢管混凝土提供强约束，避免钢管发生局部屈曲，从而对核心混凝土提供更强的约束效应。

试件的所有主要裂缝都出现在右侧的加载点附近。这是由于滑动铰支座为适应试件的弯曲变形而滑动造成的。

3. 弯矩（M）-挠度（u_m）曲线

试件的荷载由千斤顶下的压力传感器采集，跨中挠度由跨中处位移计采集。通过系统实测的荷载和跨中挠度对 UHPC 包覆钢管混凝土叠合构件整体抗弯性能进行分析。12 根 UHPC 包覆钢管混凝土叠合构件纯弯试验实测的跨中弯矩（M）-挠度（μ_m）关系曲线如图 4-2-12 所示，可以看出试件的 M-μ_m 曲线主要分为四个阶段：弹性阶段、裂缝扩展阶段、屈服阶段和破坏阶段。

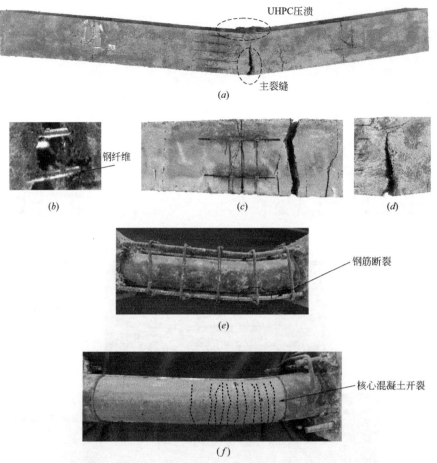

图 4-2-11 掺钢纤维试件的典型破坏形态

（a）试件 CRU2-2 整体破坏形态；（b）裂缝处的钢纤维；（c）底部受拉区裂缝；
（d）主裂缝；（e）钢筋和钢管混凝土弯曲；（f）核心混凝土开裂

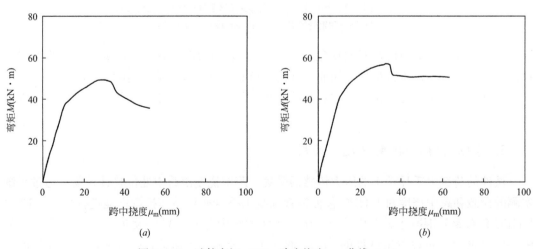

图 4-2-12 试件弯矩（M）-跨中挠度 μ_m 曲线（一）

（a）CRU0-1；（b）CRU0-2

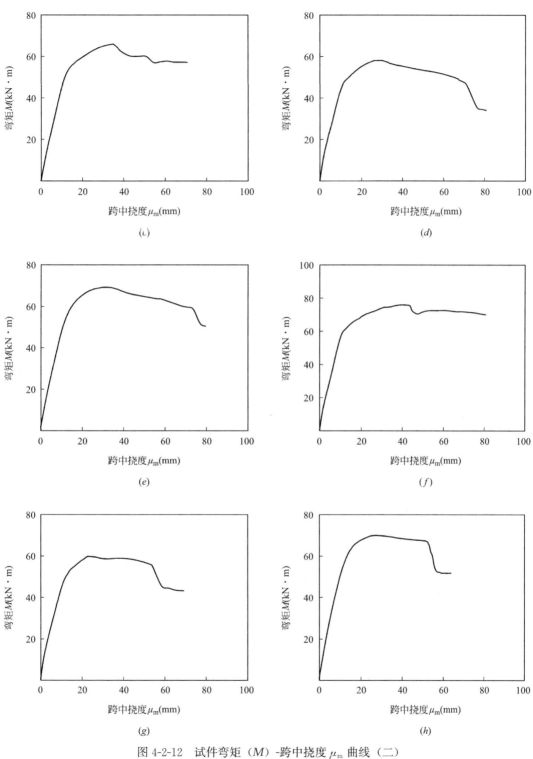

图 4-2-12　试件弯矩（*M*）-跨中挠度 μ_m 曲线（二）

（*c*）CRU0-3；（*d*）CRU1-1；（*e*）CRU1-2；（*f*）CRU1-3；（*g*）CRU2-1；（*h*）CRU2-2

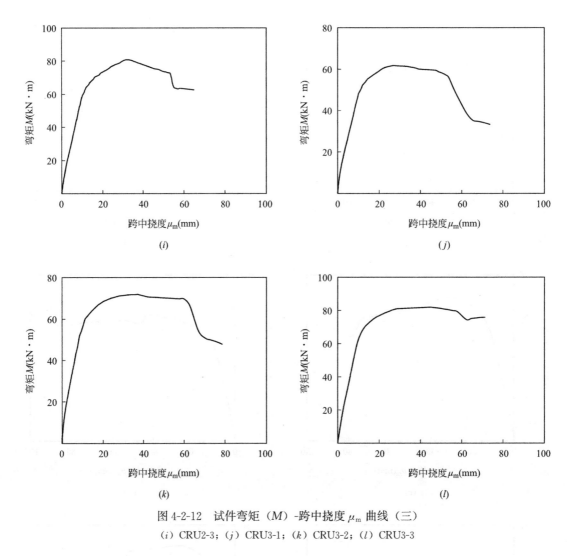

图 4-2-12　试件弯矩（M）-跨中挠度 μ_{m} 曲线（三）

（*i*）CRU2-3；（*j*）CRU3-1；（*k*）CRU3-2；（*l*）CRU3-3

　　为了直观地分析各试验参数对试件 M-μ_{m} 曲线的影响规律，图 4-2-13 和图 4-2-14 分别给出了钢管管径和外包 UHPC 钢纤维体积掺量变化下典型试件的跨中弯矩（M）-挠度（μ_{m}）曲线。不同核心钢管直径下试件的 M-μ_{m} 曲线如图 4-2-13 所示。从图 4-2-13 中可以看出，钢管截面直径是影响试件的 M-μ_{m} 曲线的重要因素。随着核心钢管直径的增大，试件的极限荷载和抗弯刚度也随着增大，这是由于钢管直径增大有效提高了试件的截面抗弯模量。对比不同钢管管径的叠合构件的 M-μ_{m} 曲线，可以看出钢管管径越大的试件在到达极限抗弯承载力后承载力下降越小，因为增大钢管管径提高了核心钢管混凝土的抗弯承载力，而试件受拉区 UHPC 裂缝发展过大或受压区 UHPC 被压溃后，内部的钢管混凝土开始承担主要荷载。

　　图 4-2-14 比较了 V_{f} 对试件 M-μ_{m} 曲线的影响。如图所示，当 V_{f} 从 0 增加到 1% 时，试件的极限抗弯承载力、破坏时的跨中挠度和初始抗弯刚度都大大增加。这是因为钢纤维的存在提供了有效的抗拉性能并控制了裂缝发展，从而显著提高了外部 UHPC 的抗拉强

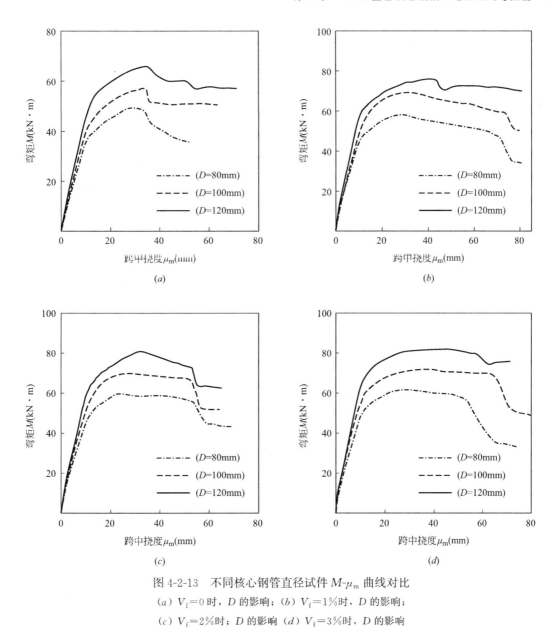

图 4-2-13　不同核心钢管直径试件 M-μ_m 曲线对比

（a）$V_f=0$ 时，D 的影响；（b）$V_f=1\%$ 时，D 的影响；

（c）$V_f=2\%$；D 的影响（d）$V_f=3\%$，D 的影响

度。V_f 从 1% 增加到 3% 时，试件的极限抗弯承载力和破坏时的跨中挠度继续增加，但与 V_f 从 0 增加到 1% 相比，其增加幅度较小。因此，钢纤维含量的增加在一定程度上延缓了试件的破坏，添加钢纤维可以有效地提高试件的 M_{ue}，但当 V_f 大于 1% 时，其效果较为有限。

4. 抗弯承载力

对 12 根外包 UHPC 钢管混凝土叠合构件抗弯试验结果进行分析，研究了外包 UHPC 钢管混凝土叠合试件抗弯承载力随外包 UHPC 钢纤维掺量和钢管直径变化的影响规律。试验实测的极限抗弯承载力如表 4-2-7 所示。

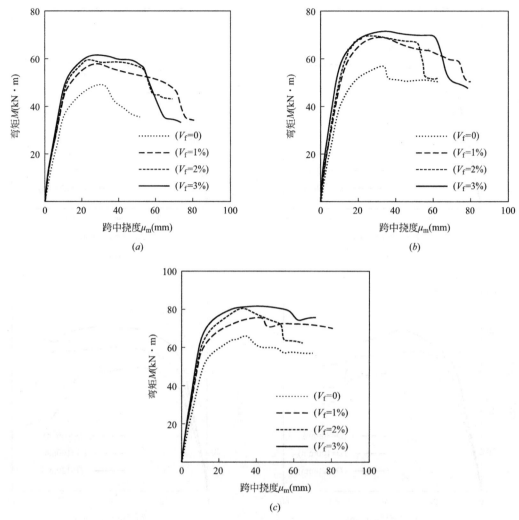

图 4-2-14　不同钢纤维掺量试件 M-μ_m 曲线对比

（a）$D=80$mm 时，V_f 的影响；（b）$D=100$mm 时，V_f 的影响；（c）$D=120$mm 时，V_f 的影响

试件实测参数表　　　　　　　　　　　　　　　　　　　　　表 4-2-7

序号	试件编号	$D \times t$ (mm)	α_s (%)	$f_{cu,c}$ (MPa)	$f_{cu,o}$ (MPa)	M_{ue} (kN · m)
1	CRU0-1	80×4	12.6	96.0	112.0	49.27
2	CRU0-2	100×4	19.6	96.0	112.0	57.19
3	CRU0-3	120×4	28.27	96.0	112.0	66.02
4	CRU1-1	80×4	12.6	96.0	140.8	58.07
5	CRU1-2	100×4	19.6	96.0	140.8	69.22
6	CRU1-3	120×4	28.3	96.0	140.8	75.96
7	CRU2-1	80×4	12.6	96.0	155.7	59.76
8	CRU2-2	100×4	19.6	96.0	155.7	69.88

序号	试件编号	$D \times t$ (mm)	α_s (%)	$f_{cu,c}$ (MPa)	$f_{cu,o}$ (MPa)	M_{ue} (kN·m)
9	CRU2-3	120×4	28.3	96.0	155.7	80.81
10	CRU3-1	80×4	12.6	96.0	165.0	61.65
11	CRU3-2	100×4	19.6	96.0	165.0	71.83
12	CRU3-3	120×4	28.3	96.0	165.0	81.94

　　V_f 和 α_s 对 M_{ue} 的影响如图 4-2-15（a）所示。可见，V_f 越高，M_{ue} 随之提高。当 V_f 从 0 增加到 1% 时，α_s 为 12.6%、19.6% 和 28.3% 的试件的 M_{ue} 分别增加了 18%、21% 和 14%。当 V_f 从 1% 增加到 3% 时，α_s 为 12.6%、19.6% 和 28.3% 的试件的 M_{ue} 分别只增加了 6%、4% 和 8%，这表明 M_{ue} 的增加量与 V_f 的增加量不成比例。添加钢纤维可以有效地提高试件的 M_{ue}，但当 V_f 大于 1% 时，其效果较为有限。对于 α_s 的影响，随着 α_s 提高，UHPC 包覆钢管混凝土梁试件的 M_{ue} 随之增大。这是由于内钢管混凝土的比例越大，不仅可以扩大钢管的截面面积，而且可以增加钢管约束核心混凝土的比例。

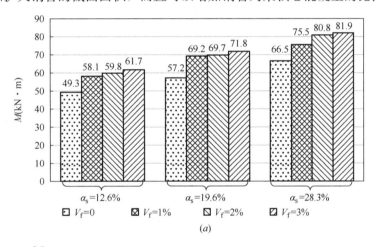

(a)

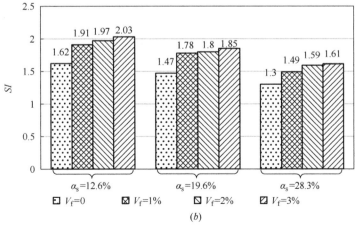

(b)

图 4-2-15　不同参数下 M_{ue} 与 SI 的比较

（a）M_{ue} 的比较；（b）SI 的比较

图 4-2-15（b）比较了所有试件的强度指数（SI）。SI 取为 M_{ue} 与 $M_{UHPC+CFST}$ 的比值，如式（4-2-1）所示。其中，$M_{UHPC+CFST}$ 为内部 CFST 和外部 UHPC 的弯矩的叠加。如图 4-2-15（b）所示，所有试件的 SI 均大于 1 且 SI 的最高值为 2.03，M_{ue} 最大可达到 $M_{UHPC+CFST}$ 的两倍。这表明内部 CFST 和外部 UHPC 的共同作用可提高试件的抗弯强度，这种"混合作用"效应使构件的整体抗弯强度超过了其各个部件抗弯强度的叠加。

$$SI = \frac{M_{ue}}{M_{UHPC+CFST}} \tag{4-2-1}$$

5. 抗弯刚度

试件的抗弯刚度 K 可由式（4-2-2）计算获得，其中，试件的初始抗弯刚度（K_i）根据 $P=0.2P_u$ 时的割线刚度计算得到，试件的使用阶段抗弯刚度（K_e）根据 $P=0.6P_u$ 时的割线刚度计算得到。P_u 为极限侧向荷载。

$$K = \frac{6.81PL^3}{384f} \tag{4-2-2}$$

式中　K——试件的抗弯刚度；

$\quad\quad f$——试件的跨中挠度；

$\quad\quad P$——试件的荷载；

$\quad\quad L$——试件的长度。

为了更好地了解 V_f 和 α_s 对试件抗弯刚度的影响，分别计算了所有试件的初始抗弯刚度（K_i）和使用阶段抗弯刚度（K_e），并在图 4-2-16（a）和（b）中进行了比较。如图 4-2-16（a）和（b）所示，无论 V_f 的值为多少，K_i 和 K_e 都随着 α_s 的增加而增加。α_s 从 12.6％增加到 28.3％时，K_i 和 K_e 分别平均增加 22％ 和 29％。当 V_f 从 0 增加到 3％

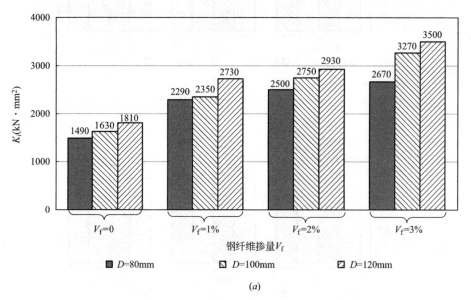

(a)

图 4-2-16　试件的抗弯刚度（一）

（a）试件的初始抗弯刚度 K_i 对比

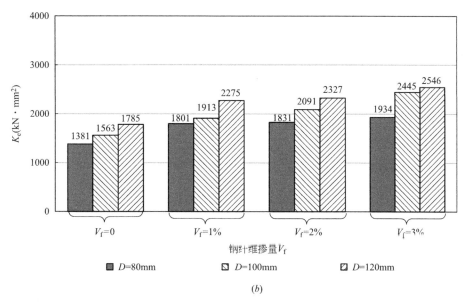

(b)

图 4-2-16 试件的抗弯刚度（二）

（b）试件的使用阶段抗弯刚度 K_e 对比

时，K_i 平均增加 91%，这是因为钢纤维的加入大大提高了 UHPC 的强度、刚度和弹性模量。由于 UHPC 和核心混凝土的开裂，与 K_i 相比，K_e 的增幅要小得多，平均增加了 46%。总的来说，添加钢纤维比增加内钢管直径更能有效地提高 UHPC 包覆 CFST 试件的整体抗弯刚度，主要是由于 UHPC 位于截面的外层，因此对叠合构件抗弯刚度的贡献更大。

根据中国标准化协会标准 T/CECS 188—2019、欧洲规范 Eurocode 4 和美国规范 AISC 360 的规定分别对 K_i 和 K_e 进行计算，如式（4-2-3）和表 4-2-8 所示，结果见表 4-2-9。表中 K_{ic} 和 K_{ec} 分别为 K_i 和 K_e 对应的计算值。式中，k_0 为折减系数，m、n、s 分别为钢材、核心混凝土和外包超高性能混凝土的分项系数，E_{co}、E_o 分别为核心混凝土和外包超高性能混凝土的弹性模量，I_s、I_{co}、I_o 分别为钢管、核心混凝土和外包超高性能混凝土的截面惯性矩。

$$K = k_0(mE_s I_s + nE_{co} I_{co} + sE_o I_o) \tag{4-2-3}$$

式（4-2-3）中对应各规范的混凝土弹性模量和材料系数见表 4-2-8。

抗弯刚度计算系数　　　　　　　　　　　　表 4-2-8

规范	式(4-2-3)中对应的各项系数					
	k_0	m	n	s	E_{co}	E_o
T/CECS 188—2019	1	1	1	1	实测值	实测值
欧洲规范 Eurocode4	0.9	1	1	0.5	$E_{co}=2200(f'_{cco}/10)0.3$	实测值
美国 AISC 360	1	1	$0.6+2A_s/(A_s+A_c)$	$0.1+2A_s/(A_s+A_o)$	$Eco=4700\sqrt{f'_{cco}}$	实测值

注：A_o 表示外包混凝土截面面积，A_c 表示核心混凝土截面面积，A_s 表示钢管截面面积，f'_{cco} 表示核心混凝土圆柱体抗压强度。

如表 4-2-9 所示，T/CECS 188—2019 和 Eurocode 4 对 K_i 和 K_e 的计算结果都偏于保守，而 AISC 360 对 K_i 的计算结果高估了 K_i 的值。对于 K_e 来说，各规范的计算结果都是偏于保守的，AISC 360 的计算结果与试验结果更加吻合。

规范计算的抗弯刚度比较 表 4-2-9

试件编号	T/CECS 188—2019		Eurocode4（2005）		AISC（2016）	
	K_i/K_{ic}	K_e/K_{ec}	K_i/K_{ic}	K_e/K_{ec}	K_i/K_{ic}	K_e/K_{ec}
CRU0-1	0.26	0.24	0.48	0.45	0.77	0.72
CRU0-2	0.28	0.27	0.51	0.49	0.77	0.74
CRU0-3	0.30	0.30	0.53	0.52	0.75	0.74
CRU1-1	0.40	0.31	0.72	0.56	1.14	0.90
CRU1-2	0.36	0.32	0.65	0.57	0.98	0.87
CRU1-3	0.45	0.37	0.77	0.64	1.09	0.91
CRU2-1	0.42	0.31	0.77	0.56	1.22	0.90
CRU2-2	0.38	0.35	0.68	0.62	1.04	0.94
CRU2-3	0.43	0.38	0.73	0.65	1.04	0.92
CRU3-1	0.44	0.32	0.81	0.58	1.29	0.93
CRU3-2	0.53	0.40	0.95	0.71	1.46	1.09
CRU3-3	0.56	0.40	0.97	0.70	1.37	1.00
平均值	0.40	0.33	0.71	0.591	1.08	0.88
标准差	0.009	0.003	0.024	0.006	0.055	0.012

6. 延性分析

混凝土结构的延性指的是在承载能力明显下降的非线性状态下，构件或结构体系仍具有一定的变形能力，反映了它们的耗能能力。一般情况下，混凝土结构的延性通过位移延性系数、旋转延性系数或截面曲率延性来表示。在试验过程中，截面跨中挠度测量相对较容易，因此本文通过位移延性系数来量化叠合构件的延性。基于挠度的位移延性系数，用式（4-2-4）表示。

$$DI = \frac{\Delta_u}{\Delta_y} \tag{4-2-4}$$

式中 DI——延性系数；

Δ_u——荷载下降到 85% 极限承载力时对应的跨中挠度；

Δ_y——屈服荷载下的跨中挠度。

根据上述公式，所有试验梁的延性系数计算如表 4-2-10 所示，为了更直观地分析各参数对试件延性的影响，图 4-2-17 给出了试件位移延性系数对比。可见掺入钢纤维的试件延性显著提升，这是由于外包 UHPC 掺入钢纤维后延性显著提升，从而使得叠合构件整体延性得到提升。然而，钢纤维掺入量对试件的延性影响无明显规律，这可能是由于钢纤维在 UHPC 中分布状态的离散性较大所致。

试件延性系数计算结果　　　　　　　　　　　　表 4-2-10

序号	试件编号	$D \times t$ (mm)	Δ_u (mm)	Δ_y (mm)	DI
1	CRU0-1	80×4	34.51	12.71	2.72
2	CRU0-2	100×4	34.76	12.65	2.75
3	CRU0-3	120×4	36.27	13.72	2.64
4	CRU1-1	80×4	72.02	11.05	6.52
5	CRU1-2	100×4	73.68	12.73	5.79
6	CRU1-3	120×4	45.26	10.85	4.17
7	CRU2-1	80×4	54.6	11.3	4.83
8	CRU2-2	100×4	63.12	11.48	4.63
9	CRU2-3	120×4	53.2	9.6	5.54
10	CRU3-1	80×4	53.72	9.93	5.41
11	CRU3-2	100×4	62.8	8.61	7.29
12	CRU3-3	120×4	62.23	8.97	6.94

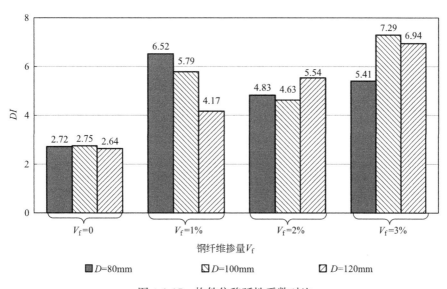

图 4-2-17　构件位移延性系数对比

7. 应变分析

试件的荷载、混凝土和内部钢材的应变由数据采集系统进行采集。以下弯矩-应变曲线采用应变片破坏前的实测应变，通过两个采集系统采集的数据对各部件的应变发展进行分析。

在试件跨中纯弯段沿高度方向布置混凝土应变片，如图 4-2-18 所示，图 4-2-19 给出

103

了各试件跨中截面 UHPC 应变，从图 4-2-19 中可以看出，在弹性阶段，试件的跨中截面应变分布基本上是线性的。在试件屈服前，各试验构件的中性轴位置基本保持不变。当试件达到屈服阶段后，试件的抗弯刚度开始下降，试件的挠度迅速增大，中和轴位置开始上升。

图 4-2-18　外包 UHPC 跨中应变片编号示意图

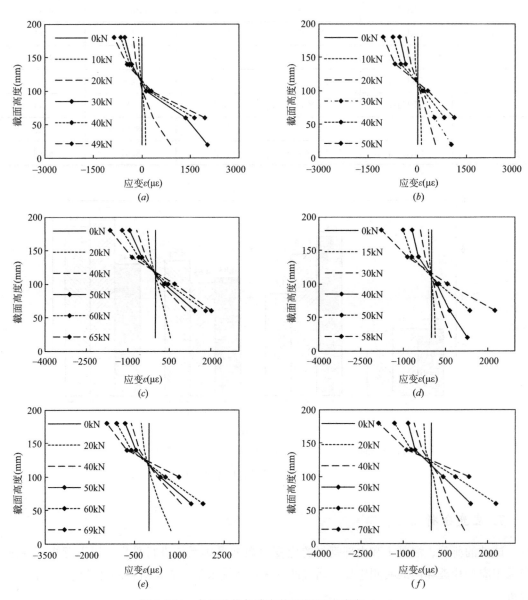

图 4-2-19　各试验构件跨中截面 UHPC 应变（一）

（a）CRU0-1；（b）CRU0-2；（c）CRU0-3；（d）CRU1-1；（e）CRU1-2；（f）CRU1-3

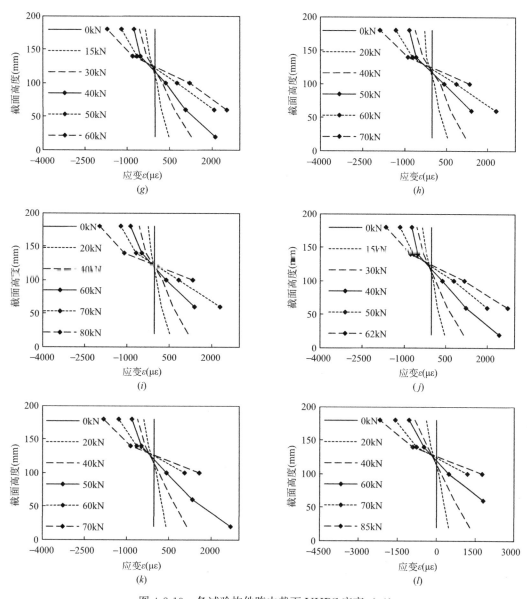

图 4-2-19　各试验构件跨中截面 UHPC 应变（二）

（g）CRU2-1；（h）CRU2-2；（i）CRU2-3；（j）CRU3-1；（k）CRU3-2；（l）CRU3-3

图 4-2-20 给出了试件跨中截面钢管、钢筋的纵向应变随弯矩发展的关系曲线。可见，在弹性阶段，钢管和钢筋的应变随荷载增大而线性增大；在裂缝扩展阶段，随着荷载的增加，当 UHPC 开裂后，受拉钢筋与钢管底部应变急剧发展，随着荷载的增大变化明显加快，荷载-应变曲线斜率减小。在此阶段，钢筋还未屈服，应变随荷载增加而线性增加。在试件屈服服之前，受拉纵筋与钢管底部受拉区应力应变发展规律基本相同，说明钢管和钢管在该阶段能够良好地协同工作。当试件进入屈服阶段后，各试验构件的钢筋与钢管底部受拉区应变达到 2000～2500με，钢筋和钢管进入屈服阶段，此时试件侧面已经形成宽度超过 0.5mm 的主裂缝，各试验构件的应变除了位置 3 处的应变片，其余位置应变增长速度显著增大，曲线逐渐趋近于水平。

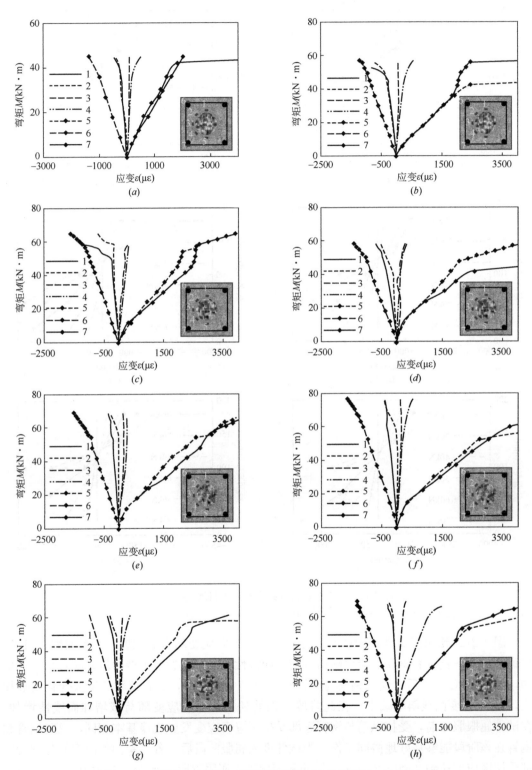

图 4-2-20　试件跨中钢管、钢筋截面弯矩 M-纵向应变 ε 曲线（一）

（a）CRU0-1；（b）CRU0-2；（c）CRU0-3；（d）CRU1-1；（e）CRU1-2；（f）CRU1-3；
（g）CRU2-1；（h）CRU2-2

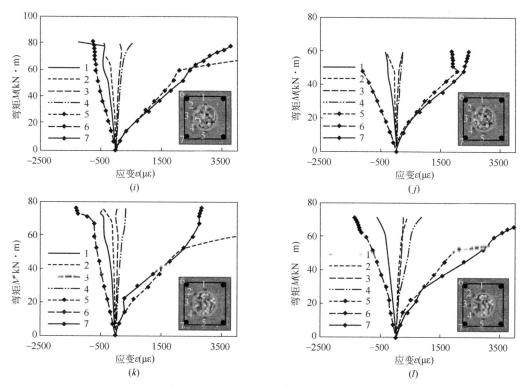

图 4-2-20　试件跨中钢管、钢筋截面弯矩 M-纵向应变 ε 曲线（二）

(i) CRU2-3；(j) CRU3-1；(k) CRU3-2；(l) CRU3-3

所有试件的混凝土应变分布基本相似。以 α_s 为 19.6% 的试件为例，试件跨中截面应变分布如图 4-2-21 所示，符合平面截面假定。当 M 超过 40kN·m 时，由于 UHPC 大面积开裂，一些试件在受拉区附近的应变片发生断裂。因此，这些应变数据没有在图中显示。由图 4-2-21 可知，试件截面中和轴在受拉区受混凝土开裂和钢筋屈服的影响，呈不断上移的趋势。

以 α_s 为 19.6% 的试件为例，钢筋和内钢管跨中应变发展如图 4-2-22 所示，其中达到钢筋屈服强度的弯矩（f_{ay}）和钢管屈服强度的弯矩（f_y）也在图中标注。图中拉伸应变表示为正，压缩应变表示为负。在弹性阶段，内部钢管和钢筋的应变随 M 的增大几乎呈线性增长，总体而言，钢筋应变发展速度快于钢管应变发展速度，因为钢筋位于离中和轴较远的位置，因此在弯矩作用下应变发展速度更快。钢筋在第 7 点和钢管在第 5 点的拉伸应变发展较为接近。由于钢筋的第 6 点靠近试件截面受压区的最外边缘，其压应变较其他点发展最迅速。

随着 V_f 的增大，应变在不同部件（钢筋、钢管表面等）之间的分布更加均匀。例如，无钢纤维的试样在先屈服的受拉钢筋中有应变集中，而当 V_f 为 3% 时，钢管底部与钢筋几乎同时屈服，表明掺入钢纤维能增强 UHPC 和钢管的协同工作性能。总体而言，钢纤维可以起到很好的分担荷载和协同工作的作用，从而在整个试件深度上实现更有效的应变分布。与传统钢筋混凝土相比，这种现象可以延缓试件的局部失效，使试件具有更好的延性。从图中还可以看出，除了位置 3 外，其他位置的应变都随着 M 的增加而相应发展。而位置 3 因为靠近试件的中和轴，应变并无太大变化。

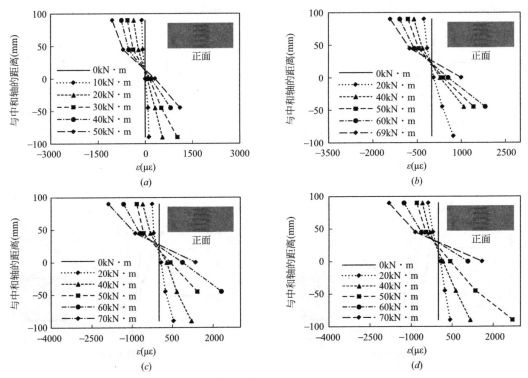

图 4-2-21　试件跨中截面应变

（a）$V_f=0$；（b）$V_f=1\%$；（c）$V_f=2\%$；（d）$V_f=3\%$

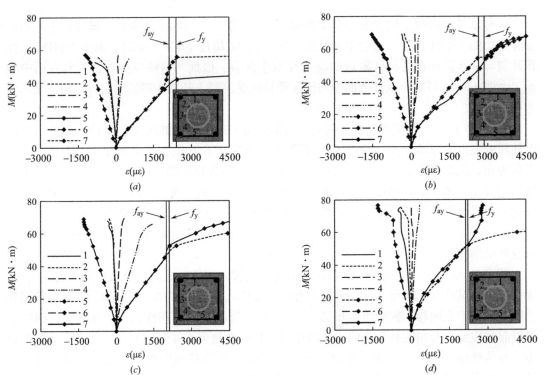

图 4-2-22　试件跨中钢管、钢筋截面应变

（a）$V_f=0$；（b）$V_f=1\%$；（c）$V_f=2\%$；（d）$V_f=3\%$

4.3　有限元模型

4.3.1　有限元模型的建立

本章 UHPC 包覆钢管混凝土叠合构件抗弯性能有限元模型的材料本构模型、单元选取、网格划分方法、接触关系等，与本书第 3 章轴压构件相同，在此不再赘述。

在网格划分上，本章先以尺寸较大的网格对模型进行初始分析，为了满足模型的精度要求，不断减小网格尺寸，并对比了各种网格尺寸模型对计算结果的影响，最终，在保证计算精度和计算效率的条件下，确定模型网格划分尺寸为 20mm。有限元模型的网格划分情况如图 4-3-1 所示。

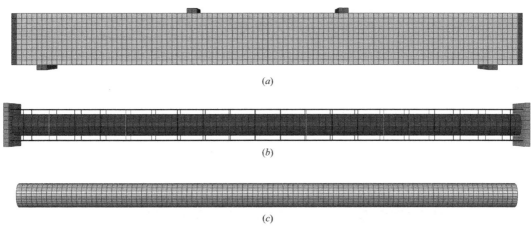

图 4-3-1　外包 UHPC 钢管混凝土叠合柱有限元模型网格划分示意图
（a）模型整体；（b）端板、钢管及钢筋；（c）核心混凝土

试验的竖向荷载分别作用于两个加载板上，约束构件左支座位移以及 X、Y 方向转角，约束右支座 Y、Z 方向位移以及 X、Y 方向转角。以此边界条件模拟四点加载方式。模型的边界条件及加载方式如图 4-3-2 所示。

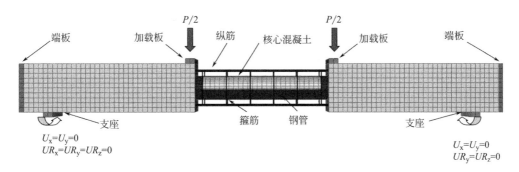

图 4-3-2　有限元模型的边界条件和加载方式

4.3.2　有限元模型的验证

为了评估有限元模型的适用性，将有限元模型的破坏形态与试验结果对比，如图 4-3-3 所示。可见，有限元模型模拟了 UHPC 与核心混凝土相似的裂缝发展趋势，对于试件变形和钢筋屈服，有限元模型与试验结果吻合较好。

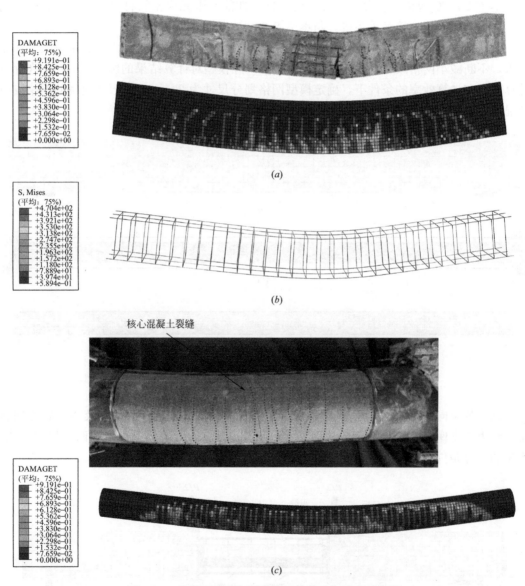

图 4-3-3　有限元模型与试验典型构件破坏形态对比图
(*a*) 外包 UHPC；(*b*) 钢筋骨架；(*c*) 核心混凝土

图 4-3-4 所示为有限元计算荷载-挠度关系曲线与本章试验实测曲线的对比图。邓宗才等（2020）提出 UHPC 轴压本构模型由于考虑了箍筋的约束作用，在构件达到极限抗弯承载力后，承载力呈缓慢下降趋势，模型计算吻合较好。

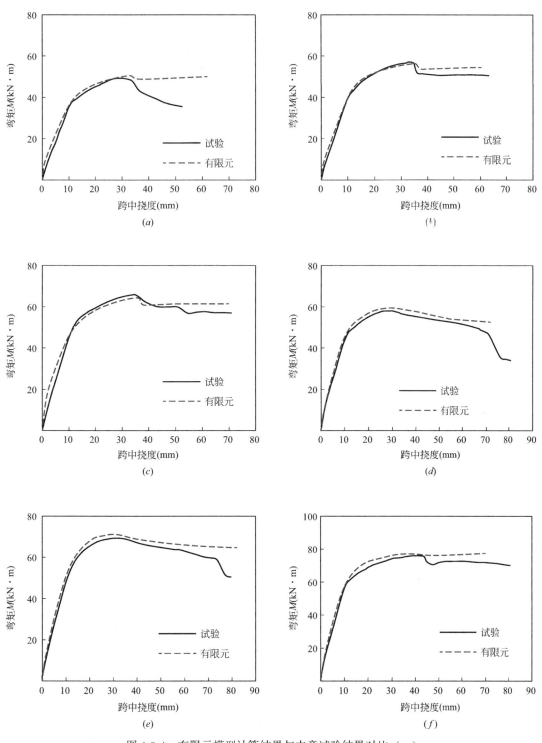

图 4-3-4　有限元模型计算结果与本章试验结果对比（一）

（a）CRU0-1；（b）CRU0-2；（c）CRU0-3；（d）CRU1-1；（e）CRU1-2；（f）CRU1-3；

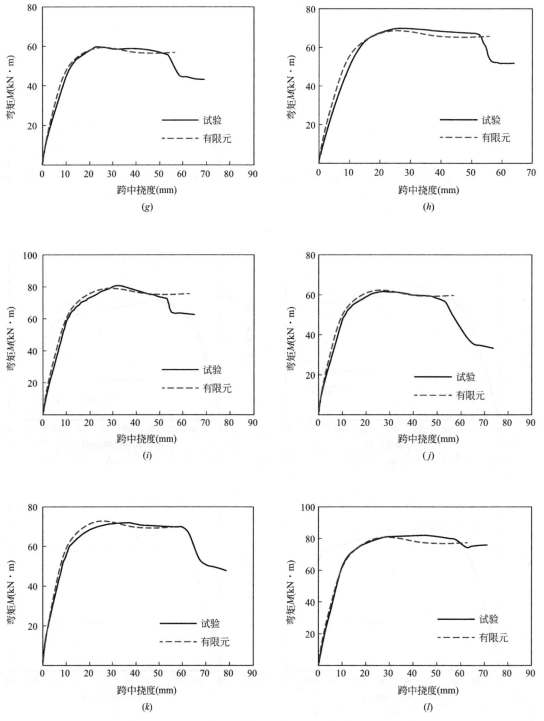

图 4-3-4　有限元模型计算结果与本章试验结果对比（二）

（g）CRU2-1；（h）CRU2-2；（i）CRU2-3；（j）CRU3-1；（k）CRU3-2；（l）CRU3-3

表 4-3-1 给出了有限元计算结果与其他文献（侯昌贵，2021）试验结果对比，表中包括叠合试件有限元计算的极限抗弯承载力 M_{uc} 和试验实测极限抗弯承载力 M_{ue} 的比值范围及其平均值 μ 和均方差 σ。由表可得，极限抗弯承载力计算中与试验实测值之比的平均值和均方差分别为 1.011 和 0.025。表明试验结果与有限元计算结果吻合较好，该模型可用于进一步工作机理分析和参数分析。

有限元计算的抗弯强度与试验结果对比　　　　　　　　　　表 4-3-1

序号	试件数量	M_{uc}/M_{ue}	μ	σ	数据来源
1	10	0.967~1.098	1.024	0.027	侯昌贵(2021)
2	12	0.979~1.025	0.999	0.024	本章
总计	22	0.967~1.098	1.011	0.025	—

4.4　工作机理分析

4.4.1　弯矩-挠度关系曲线全过程分析

为进一步分析外包 UHPC 钢管混凝土叠合构件的受弯性能，建立典型受弯构件模型，构件截面形式如图 4-4-1（a）所示，试件的跨中弯矩-挠度曲线如图 4-4-1（b）所示。

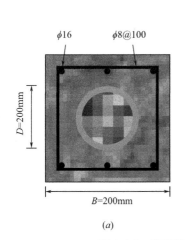

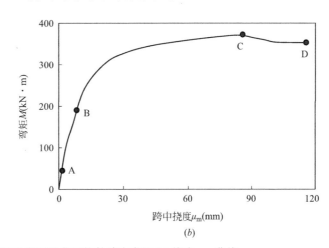

（a）　　　　　　　　　　　　　　　　　　（b）

图 4-4-1　典型构件截面示意图及典型构件跨中弯矩 M-挠度 μ_m 曲线

（a）典型构件截面示意图；（b）典型试件弯矩 M-跨中挠度 μ_m 曲线

如图 4-4-1（b）所示，典型构件跨中弯矩（M）-挠度（μ_m）曲线可大致分成四个阶段：

（1）弹性阶段（OA）：未出现裂缝，各个部件均处于弹性阶段，挠度随荷载线性增长。

（2）裂缝扩展阶段（AB）：试件开始出现裂缝，试件的整体刚度略微下降，内部钢管和钢筋开始出现塑性应变。

（3）屈服阶段（BC）：试件的整体刚度逐渐减小，曲线出现一个明显拐点，荷载开始缓慢增加，受拉纵筋和钢管进入屈服阶段。

（4）持荷破坏阶段 CD：受压区混凝土压溃，退出工作，荷载下降速度加快，跨中挠度增长速度加快。

4.4.2　荷载分配比例

采用有限元模型对典型 UHPC 包覆 CFST 梁的工作机理进行了分析，其参数为：L、B、D、t 分别取 3000mm、400mm、220mm、5.4mm。取核心混凝土抗压强度为 90MPa，钢管屈服强度为 345MPa。钢纤维在 UHPC（V_f）中的含量取 1%。纵筋采用 HRB335，直径 16mm；箍筋采用 HRB335，直径 8mm，间距 100mm。

典型试件 UHPC、钢筋、钢管、核心混凝土的荷载分布如图 4-4-2 所示。在弹性阶段

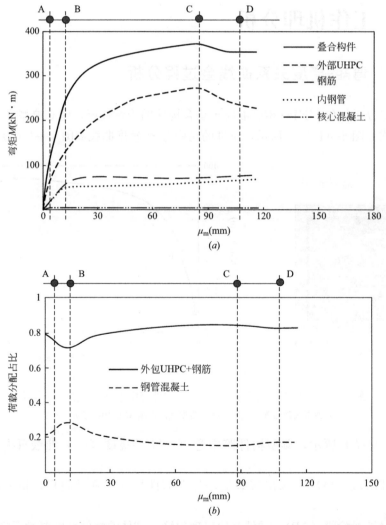

图 4-4-2　典型构件外包 UHPC 和内部钢管混凝土的荷载分配关系

（a）典型构件各部件的弯矩 M-跨中挠度 μ_m 曲线；（b）外包 UHPC 与钢管混凝土的荷载分配占比

（A 点之前），各部件弯矩随外加荷载的增加呈线性增加。当试件进入塑性阶段（B 点之后），钢管和纵向钢筋出现一个荷载平台段，表明材料屈服。同时，试件外荷载继续增大，试件的整体抗弯承载力也随之增大。从图 4-4-2（b）可以看出，与内部 CFST 相比，外部 UHPC 对试件抗弯承载力的贡献更大。外部 UHPC 贡献了总荷载的 80%，而内部 CFST 仅占 20%。需要注意的是，在塑性阶段（B 点之后），内部 CFST 的贡献达到了 28% 的最大值。在峰后阶段（C 点之后），UHPC 承担的荷载由于开裂和压碎而突然下降，但试件的整体抗弯强度基本保持不变，这是因为最初由 UHPC 承载的弯矩被重新分配给钢管和钢筋。由于核心混凝土靠近中和轴，其对抗弯承载力的贡献很小。上述荷载分布分析表明，UHPC 包覆 CFST 构件通过各部件之间的协同作用实现的"混合作用"使其保持了较高的抗弯承载能力。

4.4.3　跨中截面应力分析

图 4-4-3 给出了试件跨中截面钢管和纵筋的应力分布。由图可知，在弹性阶段，即 A 点之前，钢材各部位应力均随挠度增长而线性增长。随着挠度持续增大，钢管受拉区 4 和 5 及受拉纵筋 2 首先达到屈服，B 点之后，由于钢管受拉区 4 和 5 及受拉纵筋 2 屈服，试件整体进入屈服阶段。该阶段试件挠度增长速度加快，随着挠度的不断增加，钢管受拉区 2 和 3、钢管受压区 1 及受压纵筋 1 也达到屈服。C 点之后，试件跨中截面钢材纵向应力发展缓慢，挠度增长速度显著加快。

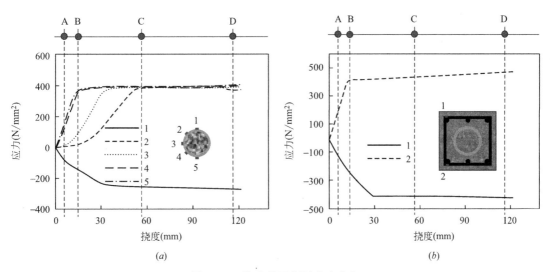

(a)　　　　　　　　　　　　　(b)

图 4-4-3　跨中截面钢材应力分布

（a）跨中钢管纵向应力；（b）跨中纵筋纵向应力

由图 4-4-3 可以看出，受拉区钢管在点 2、3、4 和 5 的纵向应力 σ_1 比钢材屈服强度大，而受压区钢管在点 1 的纵向应力 σ_1 比钢材屈服强度小。这是由于钢管和核心混凝土的相互作用，导致钢管存在受拉环向应力（σ_2）。而 σ_{Mises} 按照式（4-4-1）计算，当达到屈服时，σ_{Mises} 即为屈服强度并且保持不变，而 σ_2 为拉应力时，与之相对应的纵向拉应力 σ_1 大于屈服强度，而纵向压应力 σ_1 小于屈服强度。

$$\sigma_{\text{Mises}} = \sqrt{\frac{(\sigma_2 - \sigma_1)^2 + \sigma_2^2 + \sigma_1^2}{2}} \tag{4-4-1}$$

4.4.4 应力发展

图 4-4-4 所示为各加载阶段典型试件跨中截面纵向应力（S11）、钢管 Mises 应力和钢筋应力。在弹性阶段，如图 4-4-4（a）所示，试件中和轴位于截面的中间。当试件进入塑性阶段时，如图 4-4-4（b）所示，中和轴向受压区移动。这主要是由于 UHPC 的开裂，减少了试件截面的有效面积。达到峰值荷载时，如图 4-4-4（c）所示，受拉区钢管和钢筋均达到屈服，受压区 UHPC 达到抗压强度，受拉区混凝土达到开裂强度。可以看出，此时几乎整个内部钢管混凝土都处于中和轴以下的受拉区。由于受拉区钢管和钢筋的屈服导致试件截面受力重新分布，中和轴继续向上移动，试件截面大部分区域处于受拉状态。达到峰值荷载后，如图 4-4-4（d）所示，钢管和钢筋发生应变强化，再次引起钢材部件（钢管和钢筋）和混凝土部件（UHPC 和核心混凝土）之间的内力重分布。因此，中和轴又向下移动。从图 4-4-4（c）和图 4-4-4（d）还可以看出，峰值荷载过后，跨中箍筋的应力显著增大，表明箍筋对外围 UHPC 的约束作用增强。

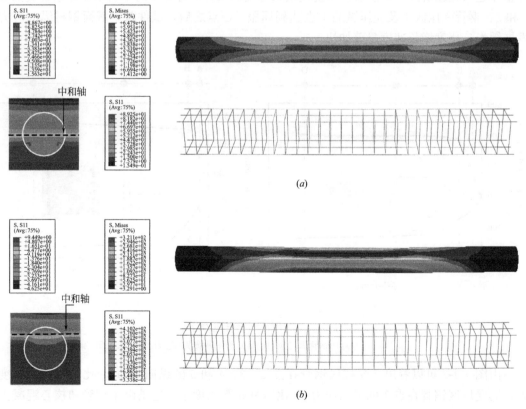

(a)

(b)

图 4-4-4 典型试件的应变发展（一）
(a) A 点；(b) B 点

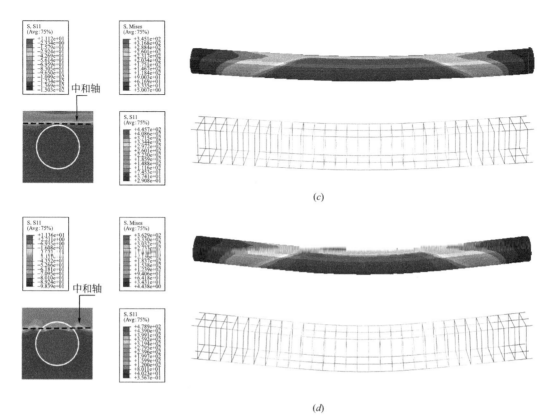

图 4-4-4　典型试件的应变发展（二）

(c) C 点；(d) D 点

试件纵向应力分布在恒定弯矩区和剪跨区段表现出明显的特征，如图 4-4-5 所示。从图 4-4-5（a）和（b）可以看出，在纯弯区，外围 UHPC 和核心混凝土在顶面都受到最大的压应力。同时，在剪跨区段，混凝土在加载点与支座之间的连线上也存在压力线。如图 4-4-5（c）和（d）所示，钢管和钢筋底部受拉，顶部受压。因此，对于 UHPC 包覆钢管混凝土叠合受弯构件可以建立如图 4-4-5（e）所示的拉压杆模型。压杆 BE 由外围 UHPC、顶部纵筋和钢管构成；拉杆 DF 由底部受拉钢筋和钢管构成；剪跨区的斜压杆 AC 和 BD 由 UHPC 和核心混凝土构成。

4.4.5　钢管与混凝土接触应力

跨中核心混凝土与钢管的接触应力如图 4-4-6 所示。在弹性阶段，接触应力为零。由于钢管比混凝土具有更高的泊松比，因此钢管的整体变形速度比核心混凝土快。弹性阶段后，核心混凝土由于大面积开裂，泊松比超过钢管，二者产生接触。试件受拉区（位置 4、5）附近的接触应力远高于受压区（位置 1、2）附近的接触应力。这说明由于混凝土开裂，核心混凝土在受拉区附近的体积应变变化比在受压区附近的体积应变变化更快。由于外围 UHPC 抑制了钢管的局部屈曲，钢管对核心混凝土起到了有效的约束作用，在整个加载过程中接触应力逐渐增大。

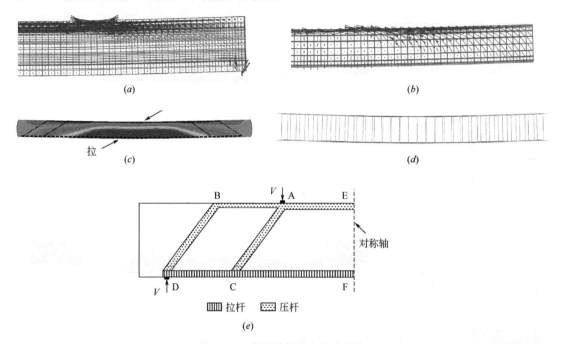

图 4-4-5　典型试件纵向应力分布

（a）UHPC 中的最大压缩应力；（b）核心混凝土中的最大压缩应力；

（c）钢管纵向应力；（d）钢筋应力；（e）拉压杆模型

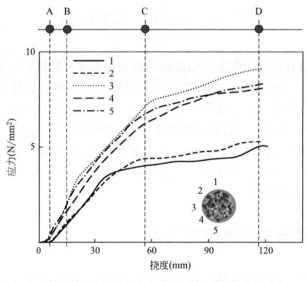

图 4-4-6　跨中 p_1-μ_m 关系曲线

4.5　参数分析

利用有限元模型，对 UHPC 强度、核心混凝土强度、含钢管混凝土率、钢材强度和箍筋间距等参数对 UHPC 包覆钢管混凝土叠合构件纯弯力学性能的影响开展参数分析。

4.5.1　外围 UHPC 的钢纤维掺量

图 4-5-1 给出了钢纤维掺量 V_f 对叠合柱构件的纯弯力学性能影响规律。V_f 的增加意味着 UHPC 强度的提高。可以看出，V_f 对典型试件的承载力和峰值应变有显著影响。当 $V_f=0$ 时，弯矩-挠度曲线在峰值荷载后出现明显的荷载下降。当 V_f 从 0 增加到 3% 时，峰值荷载下跨中挠度逐渐增大，这是由于 V_f 越高，峰值应变越大。同时，试件的初始刚度提高了 17.8%，使用阶段刚度提高了 4.1%。从图 4-5-1 也可以看出，极限抗弯承载力随着 V_f 的增大而逐渐提高，当 V_f 从 0 增大到 1% 时，极限抗弯承载力增加幅度最大。

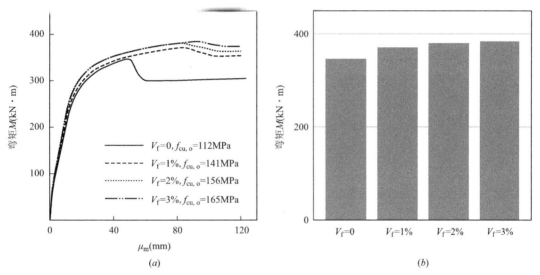

图 4-5-1　外包 UHPC 钢纤维掺量对构件承载力的影响

（a）典型构件的 M-μ_m 曲线；（b）典型构件的抗弯承载力

4.5.2　含钢管混凝土率

图 4-5-2 给出了含钢管混凝土率（α_s）对 UHPC 包覆钢管混凝土叠合柱构件抗弯性能的影响规律，其中 α_s 分别为 23%、31%、40% 和 50%。当 α_s 从 23% 增加到 50%，试件的初始刚度和抗弯承载力均显著提高。由图 4-5-2（b）可知，α_s 越大，钢管截面积越大，核心混凝土受约束程度越高，因此刚度和抗弯承载力也随之提高。当含钢管混凝土率（α_s）由 23% 增大至 50% 时，极限抗弯承载力增长了 19.4%。

综上，提高构件含钢管混凝土率（α_s）能够提高试件抗弯承载及抗弯刚度，使用阶段抗弯刚度提升尤为显著。因此，在工程应用中可以通过合理提高构件的含钢管混凝土率来改善构件的力学性能。

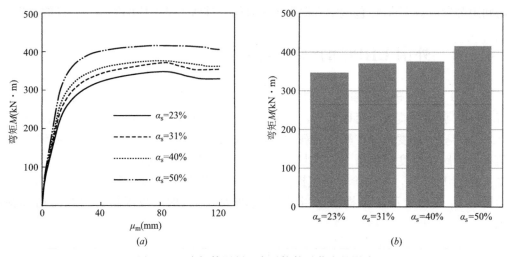

图 4-5-2　含钢管混凝土率对构件承载力的影响

（a）典型构件的 M-μ_{m} 曲线；（b）典型构件的抗弯承载力

4.5.3　钢筋屈服强度

图 4-5-3 给出了钢筋屈服强度（f_{y}）对外包 UHPC 钢管混凝土叠合构件纯弯力学性能的影响规律。如图 4-5-3 所示，当 f_{y} 从 290MPa 增加到 500MPa 时，梁的抗弯承载力增加 9%，但对弯矩-挠度关系曲线形状的影响不大。随着钢筋屈服强度的提升，受拉区纵筋对叠合构件抗弯强度的贡献有所增大。

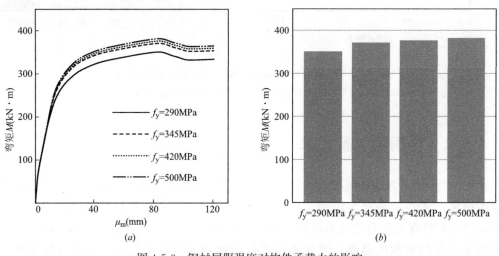

图 4-5-3　钢材屈服强度对构件承载力的影响

（a）典型构件的 M-μ_{m} 曲线；（b）典型构件的抗弯承载力

4.5.4　核心混凝土强度

图 4-5-4 展示了核心混凝土抗压强度（f_{cc}）对 UHPC 包覆钢管混凝土叠合构件纯弯

力学性能的影响规律。由图 4-5-4（a）可得，相较于外包 UHPC 强度，核心混凝土强度
对构件弯矩（M)-跨中挠度 μ_m 曲线的影响程度较小，外包 UHPC 钢管混凝土叠合构件的
抗弯承载力随着核心混凝土强度提高有所提高，但提升程度不明显，核心混凝土强度
（f_{cc}）由 30MPa 增至 120MPa，构件抗弯承载力仅提升了 1.6%。这主要是由于核心混凝
土的位置靠近构件截面中轴，因此其对抗弯承载力的贡献很小。

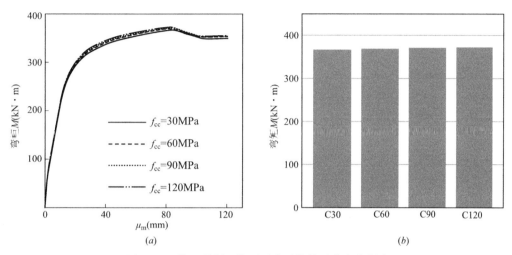

图 4-5-4　核心混凝土抗压强度对构件承载力的影响
（a）典型构件的 M-μ_m 曲线；（b）典型构件的抗弯承载力

4.5.5　箍筋间距

图 4-5-5 给出了箍筋间距对 UHPC 包覆钢管混凝土叠合构件纯弯力学性能的影响规
律。如图 4-5-5 所示，外包 UHPC 钢管混凝土叠合构件的极限抗弯承载力受箍筋间距影响
较小，减小箍筋间距从 120mm 到 60mm 时，构件的极限抗弯承载力仅增加了 1.1%。箍

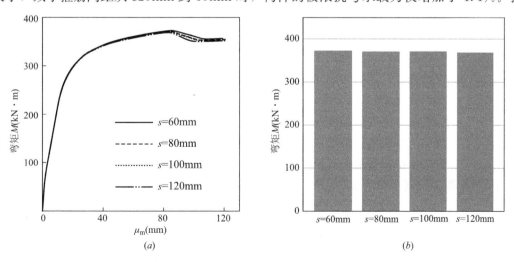

图 4-5-5　箍筋间距对构件承载力的影响
（a）典型构件的 M-μ_m 曲线；（b）典型构件的抗弯承载力

筋间距越大，构件达到峰值荷载后承载力下降越快，这是因为箍筋间距越小，箍筋对外包 UHPC 的约束作用越强，能够延缓受压区混凝土被压溃，从而延缓试件承载力下降。

4.6 实用计算方法

钢管混凝土叠合构件的极限抗弯承载力可用叠加法和极限平衡法计算，本文采用叠加法和极限平衡法对外包 UHPC 钢管混凝土叠合构件的极限抗弯承载力进行计算，并探讨两种计算方法的适用性。

4.6.1 叠加法

在计算钢管混凝土叠合构件的抗弯承载力时，可以使用直观、简单的叠加法。因为钢管混凝土叠合构件由核心钢管混凝土和外部钢管混凝土两部分组成，所以可以分别计算它们的抗弯承载力，然后将两部分的抗弯承载力相加得到总的抗弯承载力。计算公式如式（4-6-1）所示。

$$M_u = M_{u,rc} + M_{u,cfst} \tag{4-6-1}$$

式中 $M_{u,rc}$——单独计算钢筋混凝土组件的抗弯承载力；

$M_{u,cfst}$——单独计算钢管混凝土组件的抗弯承载力。

其中，钢筋混凝土按照《混凝土结构设计标准》GB 50010—2010 进行计算，如式（4-6-2）、式（4-6-3）所示。

$$\alpha_1 f_c b x + f'_y A'_s = f_y A_s \tag{4-6-2}$$

$$M_{u,rc} = \alpha_1 f_c b x \left(h_0 - \frac{x}{2} \right) + f'_y A'_s (h_0 - \alpha'_s) \tag{4-6-3}$$

式中 x——截面受压区高度；

h_0——截面有效高度；

A_s——受拉纵筋合力点到截面边缘的距离；

A'_s——受拉钢筋合力点到截面边缘的距离；

α_1——混凝土受压区等效矩形应力图系数，按规范取值；

b——截面宽度；

f_y——纵筋抗拉强度设计值；

f'_y——纵筋抗压强度设计值；

f_c——混凝土抗压强度设计值。

钢管混凝土抗弯承载力 $M_{u,cfst}$ 按《钢管混凝土结构技术规范》DBJ/T 13-15—2020 进行计算，如式（4-6-4）所示。

$$M_{u,cfst} = r_m W_{sc} f_{sc} \tag{4-6-4}$$

其中，$r_m = 1.1 + 0.48\ln(\xi + 0.1)$，$\xi$ 为钢管约束效应系数；$W_{sc} = \dfrac{\pi D^3}{32}$；

$f_{sc} = (1.14 + 1.02\xi) f_{ck,core}$。

采用叠加法计算外包 UHPC 钢管混凝土叠合构件的抗弯承载力结果如表 4-6-1 所示。

叠加法计算抗弯承载力对比　　　　　　　表 4-6-1

编号	$D \times t$ (mm)	$f_{cu,c}$ (MPa)	$f_{cu,o}$ (MPa)	V_f (%)	$M_{u,cfst}$ (kN·m)	$M_{u,rc}$ (kN·m)	M_{ue} (kN·m)	M_{uc} (kN·m)	M_{ue}/M_{uc}
CRU0-1	80×4	96.0	112.0	0	9.86	20.53	30.39	49.27	0.62
CRU0-2	100×4	96.0	112.0	0	18.30	20.53	38.83	57.19	0.68
CRU0-3	120×4	96.0	112.0	0	30.41	20.53	50.94	66.02	0.77
CRU1-1	80×4	96.0	140.8	1	9.86	20.53	30.39	58.07	0.52
CRU1-2	100×4	96.0	140.8	1	18.30	20.53	38.83	69.22	0.56
CRU1-3	120×4	96.0	140.8	1	30.41	20.53	50.94	75.96	0.67
CRU2-1	80×4	96.0	155.7	2	9.86	20.53	30.39	70.76	0.51
CRU2-2	100×4	96.0	155.7	2	18.30	20.53	38.83	69.88	0.56
CRU2-3	120×4	96.0	155.7	2	30.41	20.53	50.94	80.81	0.63
CRU3-1	80×4	96.0	165.0	3	9.86	20.53	30.39	61.65	0.49
CRU3-2	100×4	96.0	165.0	3	18.30	20.53	38.83	71.83	0.54
CRU3-3	120×4	96.0	165.0	3	30.41	20.53	50.94	81.94	0.62

由表 4-6-1 可见叠加法计算较为保守，M_{ue}/M_{uc} 平均值为 0.60。从表 4-6-1 计算结果可以看出所有试件外围钢筋混凝土抗弯承载力相同，这是由于应用式（4-6-2）、式（4-6-3）必须满足适用条件 $x \leqslant \xi_b h_0$，$x \geqslant 2a_s'$。ξ_b 为界限相对受压区高度，外围钢筋混凝土采用对称配筋形式，$x = 0$，近似取 $x = 2a_s'$，则外包钢筋混凝土抗弯承载力按式（4-6-5）计算。

$$M_u = f_y A_s (h_0 - a_s') \tag{4-6-5}$$

该计算方法忽略了混凝土对构件抗弯强度的贡献，只考虑了钢筋产生的弯矩，因此计算结果与试验结果相比偏低。

4.6.2　极限平衡法

前几节的试验结果和数值分析表明，当试件达到抗弯强度时，外层 UHPC 和受拉区核心混凝土均出现大面积开裂。同时，可以观察到钢管和钢筋的屈服。如图 4-6-1 所示，本节采用极限平衡法进行分析，探讨其在钢管混凝土叠合构件极限抗弯承载力计算中的适用性。该方法基于以下几个基本假定：

（1）试件达到极限抗弯承载力时，钢材均屈服，混凝土达到轴心抗压强度。

（2）不考虑受拉区无钢纤维混凝土的贡献。

（3）采用矩形来描述混凝土受压区的应力图。

（4）忽略钢筋和钢管屈服后的材料强化。

（5）假设钢管与混凝土之间处于完全粘结状态，无相对滑移。

中和轴在核心混凝土内时，试件跨中截面力的平衡示意图如图 4-6-1 所示。根据跨中

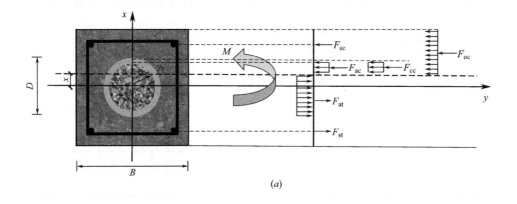

(a)

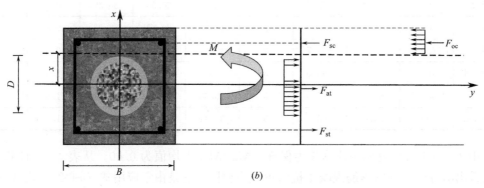

(b)

图 4-6-1　跨中截面的内力平衡示意图

(a)　$x \leqslant D/2$；(b)　$x > D/2$

截面力的平衡可以建立下列计算公式：

$$\gamma_0 = \arcsin\left(\frac{x}{r_i}\right) \tag{4-6-6}$$

$$F_{oc} = f_{oc}\left[\left(\frac{H}{2} - x\right) \times B - r_i^2\left(\frac{\pi}{2} - \gamma_0 - 0.5\sin2\gamma_0\right) - tr_m(\pi - 2\gamma_0)\right] \tag{4-6-7}$$

$$F_{cc} = f_{cc}r_i^2\left(\frac{\pi}{2} - \gamma_0 - 0.5\sin2\gamma_0\right) \tag{4-6-8}$$

$$F_{ac} = f_{ay}tr_m(\pi - 2\gamma_0) \tag{4-6-9}$$

$$F_{at} = f_{ay}tr_m(\pi + 2\gamma_0) \tag{4-6-10}$$

$$r_m = (r_i + r_0)/2 \tag{4-6-11}$$

$$F_{sc} = f_y'A_s' \tag{4-6-12}$$

$$F_{st} = f_yA_s \tag{4-6-13}$$

式中　x——形心到中和轴的距离；

　　　r_i——核心混凝土的半径；

　　　r_0——钢管混凝土的外径；

　　　t——钢管壁厚；

　　　B——钢管混凝土叠合构件截面宽度；

H——钢管混凝土叠合构件截面高度；

f_{oc}——钢管外混凝土轴心抗压强度标准值；

F_{oc}——外包混凝土压力；

f_{cc}——钢管内混凝土轴心抗压强度标准值；

f_{ay}——钢管实测屈服强度；

F_{cc}——核心混凝土的合力；

F_{ac}——受压区钢管合力；

F_{at}——受拉区钢管合力；

F_{sc}——钢筋受压区合力；

F_{st}——钢筋受拉区合力。

根据试件跨中截面处的受力平衡，可建立式（4-6-14）来计算 x，将 x 带入式（4-6-16）可计算 UHPC 包覆 CFST 试件的抗弯强度。式中，M_{cc}、M_{ac}、M_{at}、M_{oc}、M_{sc}、M_{st} 分别为 F_{cc}、F_{ac}、F_{at}、F_{oc}、F_{sc}、F_{st} 对应产生的弯矩。

$$F_{at} + F_{st} = F_{cc} + F_{oc} + F_{ac} + F_{sc} \tag{4-6-14}$$

$$M_{uc} = M_{cc} + M_{ac} + M_{at} + M_{oc} + M_{sc} + M_{st} \tag{4-6-15}$$

式中：

$$M_{cc} = \frac{2}{3} f_c r_i^3 \cos^3 \gamma_0 \tag{4-6-16}$$

$$M_{ac} = M_{at} = 2 f_{ay} r_m^2 t \cos\gamma_0 \tag{4-6-17}$$

$$M_{oc} = f_{oc} \left\{ \left(\frac{H}{2} - x\right) \times B \times \left[\left(\frac{H}{2} - x\right) / 2 + x \right] - \frac{2}{3} r_i^3 \cos^3 \gamma_0 - 2 r_m^2 t \cos\gamma_0 \right\} \tag{4-6-18}$$

$$M_{sc} = f_y' A_s' \left(\frac{H}{2} - a_0\right), \ a_0 \text{ 为混凝土保护层厚度} \tag{4-6-19}$$

$$M_{st} = f_y A_s \left(\frac{H}{2} - a_0\right) \tag{4-6-20}$$

当中和轴位于钢管受压区上方时，试件跨中截面力的平衡示意图如图 4-6-1（b）所示，根据跨中截面力的平衡可以建立下列计算公式：

$$F_{at} + F_{st} = F_{oc} + F_{sc} \tag{4-6-21}$$

$$M_{uc} = M_{oc} + M_{sc} + M_{st} \tag{4-6-22}$$

式中：

$$F_{oc} = f_{oc} \times \left(\frac{H}{2} - x\right) \times B \tag{4-6-23}$$

$$F_{at} = f_{ay} \times 2\pi \times t \times r_m \tag{4-6-24}$$

$$F_{sc} = f_y' A_s' \tag{4-6-25}$$

$$F_{st} = f_y A_s \tag{4-6-26}$$

$$M_{oc} = f_{oc} \times \left(\frac{H}{2} - x\right) \times B \times \left(\frac{H + x}{2}\right) \tag{4-6-27}$$

$$M_{sc} = f_y' A_s' \left(\frac{H}{2} - a_0\right) \tag{4-6-28}$$

$$M_{st} = f_y A_s \left(\frac{H}{2} - a_0\right) \tag{4-6-29}$$

由图 4-2-9 和图 4-4-4 可以看出，在本研究中，在试件破坏时（C 点），中和轴一般在内部 CFST 的受压区附近或远高于受压区。因此，使用式（4-6-21）和式（4-6-22）计算试件的抗弯承载力是合理的。将抗弯承载力计算值（M_{up}）与试验结果进行比较，见表 4-6-2。对于不含钢纤维的 UHPC 包覆 CFST 试件，极限平衡法能较好地计算其抗弯承载力。对于掺钢纤维试件，极限平衡法对其抗弯承载力平均低估幅度为 23%。其原因可能是钢纤维可以延缓构件的破坏，提高试件的抗弯承载力。因此，上述计算方法低估了钢纤维对抗弯承载力的贡献。为了提高计算精度，提出一个修正系数 k 来修正外包 UHPC 对抗弯承载力的贡献，k 基于参数分析结果回归得到，k 的取值如表 4-6-3 所示。当 V_f 为 1%、2% 和 3% 时，k 的平均值分别为 1.26、1.31 和 1.34。将式（4-6-14）、式（4-6-15）和式（4-6-21）、式（4-6-22）中的 F_{oc} 和 M_{oc} 修正为 kF_{oc} 和 kM_{oc}，即可得到考虑钢纤维掺量影响的 UHPC 包覆钢管混凝土叠合构件的抗弯承载力。

极限平衡法计算抗弯承载力对比　　　　　　　　　　表 4-6-2

试件编号	M_{ue}/M_{up}	试件编号	M_{ue}/M_{up}	试件编号	M_{ue}/M_{up}	试件编号	M_{ue}/M_{up}
CRU0-1	1.03	CRU1-1	1.20	CRU2-1	1.23	CRU3-1	1.26
CRU0-2	1.02	CRU1-2	1.21	CRU2-2	1.22	CRU3-2	1.25
CRU0-3	1.04	CRU1-3	1.18	CRU2-3	1.24	CRU3-3	1.25

修正系数 k　　　　　　　　　　表 4-6-3

试件编号	k	试件编号	k	试件编号	k
CRU1-1	1.27	CRU2-1	1.32	CRU3-1	1.37
CRU1-2	1.29	CRU2-2	1.30	CRU3-2	1.34
CRU1-3	1.23	CRU2-3	1.31	CRU3-3	1.32
平均值	1.26	—	1.31	—	1.34
标准差	0.0005		0.0002		0.0004

4.7　本章小结

本章以 UHPC 钢纤维掺量和钢管直径为试验参数，开展了 12 根 UHPC 包覆钢管混凝土叠合构件的纯弯力学性能试验研究，基于试验和有限元分析结果，得出以下结论：

（1）试件表现出延性破坏特征，UHPC 中钢纤维能够阻止裂缝扩展，钢纤维掺量越大，受拉区 UHPC 裂缝数量越少。受外围 UHPC 和内钢管的双重约束，钢管内的核心混凝土保持了较好的完整性，未出现破碎或碎裂现象。

（2）当钢纤维掺量为 1%、2% 和 3% 时，试件抗弯承载力相较于无钢纤维试件分别提高了 17.85%、21.29% 和 25.12%。外包 UHPC 钢管混凝土叠合构件具有较高的抗弯刚度，钢纤维掺量为 1%～3% 时，试件的初始抗弯刚度提高 54%～79%，使用阶段刚度提高了 30%～39%。

（3）中国标准 T/CECS 188—2019、欧洲规范 Eurocode4 以及美国 AISC 推荐的叠加

法计算 UHPC 包覆钢管混凝土叠合构件抗弯承载力结果偏于安全。对于抗弯刚度，T/ CECS 188—2019 和 Eurocode4 计算结果偏于安全；AISC 高估了弹性阶段刚度，其计算使用阶段刚度和试验结果吻合较好。

（4）推导了极限平衡法计算 UHPC 包覆钢管混凝土叠合构件抗弯承载力的简化模型，提出了考虑钢纤维掺量的承载力修正系数，计算结果和试验数据相比吻合较好且偏于安全，可为实际工程设计提供参考和依据。

第5章　UHPC叠合钢管混凝土结构的偏压性能

5.1　引言

本章开展了 UHPC 包覆钢管混凝土叠合柱偏压力学性能试验研究，主要研究了偏心率、纵筋配筋率和长细比对构件力学性能的影响。建立了 UHPC 包覆钢管混凝土叠合柱偏压力学性能有限元分析模型，对构件受荷全过程中的工作机理进行了剖析，揭示了外围 UHPC 和内部钢管混凝土的协同工作机制，基于参数分析，提出了 UHPC 包覆钢管混凝土叠合柱偏压承载力的简化计算方法。

5.2　试验研究

5.2.1　试件设计

本章共完成 9 根 UHPC 包覆钢管混凝土叠合偏压力学性能试验研究，主要试验参数为偏心距（e）、纵筋配筋率（p_r）和长细比（λ_e）。UHPC 包覆钢管混凝土叠合柱的截面形式均为方形，其截面尺寸为 200mm×380mm。柱高分别为 $L=800$、1600、2400mm。试件的钢管选用 Q345B 无缝钢管，试件两端分别设置两块厚度为 25mm 的端板，端板与钢管和钢筋焊接。为了避免试件在端头破坏，在其两端设置了加强牛腿，试件几何尺寸和参数分别详见图 5-2-1 所示。试件的参数如表 5-2-1 所示。

5.2.2　材料性能

1. 核心混凝土

试件的核心混凝土采用自密实混凝土，以下为自密实混凝土相关参数：

（1）混凝土的组分为：52.5 级普通硅酸盐水泥；半加密微硅灰；Ⅱ级粉煤灰；清水细砂；天然碎石，最大粒径 20mm；普通自来水；TW-PS 早强高效减水剂。

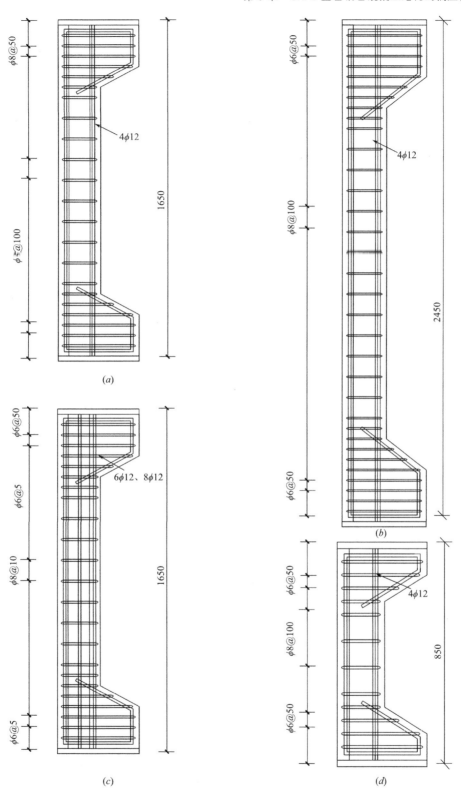

图 5-2-1　试件几何尺寸和配筋图（一）

(a) $\lambda_e=27.7$，$\rho_r=0.66\%$；(b) $\lambda_e=46.1$，$\rho_r=0.66\%$；(c) $\lambda_e=27.7$，$\rho_r=0.99\%$、1.33%；(d) $\lambda_e=13.8$，$\rho_r=0.66\%$

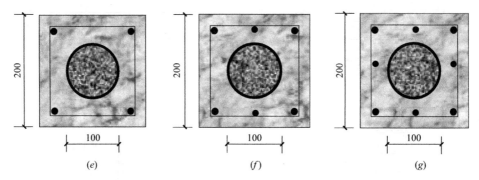

图 5-2-1　试件几何尺寸和配筋图（二）

（e）纵筋 4ϕ12mm 截面图；（f）纵筋 6ϕ12mm 截面图；（g）纵筋 8ϕ12mm 截面图

表 5-2-1

试件参数表

序号	试件编号	$B \times L$ (mm)	$D \times t$ (mm)	e (mm)	λ_e	f_y (MPa)	$f_{cu,c}$ (MPa)	$f_{cu,o}$ (MPa)	纵筋	ρ_r (%)
1	Y1	200×1600	100×4	0	27.7	384	95	140.8	4ϕ12mm	0.66
2	Y2	200×1600	100×4	40	27.7	384	95	140.8	4ϕ12mm	0.66
3	Y3	200×1600	100×4	80	27.7	384	95	140.8	4ϕ12mm	0.66
4	Y4	200×1600	100×4	120	27.7	384	95	140.8	4ϕ12mm	0.66
5	Y5	200×1600	100×4	160	27.7	384	95	140.8	4ϕ12mm	0.66
6	Y6	200×1600	100×4	80	27.7	384	95	140.8	6ϕ12mm	0.99
7	Y7	200×1600	100×4	80	27.7	384	95	140.8	8ϕ12mm	1.33
8	Y8	200×800	100×4	80	13.8	384	95	140.8	4ϕ12mm	0.66
9	Y9	200×2400	100×4	80	41.6	384	95	140.8	4ϕ12mm	0.66

注：B 为试件截面边长（不加入牛腿长度），L 为试件长度，D 为钢管外径，t 为钢管壁厚，e 为试验加载偏心率，λ_e 为构件长细比，f_y 为钢管屈服强度，$f_{cu,c}$ 为核心混凝土立方体抗压强度，$f_{cu,o}$ 为外包 UHPC 的立方体抗压强度，ρ_r（$\rho_r = A_r/A_{co}$，其中 A_r 代表纵筋面积，A_{co} 代表钢管外混凝土面积）为试件纵筋配筋率，试件选用的钢筋为：HRB400 纵筋分别为 4ϕ12mm、6ϕ12mm 和 8ϕ12mm，靠近试件跨中为 HRB400 箍筋 ϕ8mm@100mm，靠近柱端为 HRB400 箍筋 ϕ8mm@50mm。

（2）每立方米混凝土的材料用量：水泥：硅灰：粉煤灰：砂：石：水：减水剂＝450kg：50kg：100kg：700kg：1050kg：156kg：7.4kg。

（3）试验时，实测混凝土坍落度为 220mm；混凝土拌合后温度为 28℃；平均扩展度为 345mm；依据《混凝土物理力学性能试验方法标准》GB/T 50081—2019，测得混凝土 28d 立方体抗压强度 f_{cu} 为 90.3MPa，弹性模量 E_c 为 40185.3MPa。试验时混凝土立方体抗压强度 f_{cu} 为 95.0MPa。

2. 外包 UHPC

以下为 UHPC 相关参数：

（1）UHPC 的组分为：52.5 级普通硅酸盐水泥；半加密微硅灰；优质低温玻璃粉；石英砂；普通自来水；PCA-Ⅰ通用型聚羧酸高性能减水剂；镀铜高强钢纤维。

（2）每立方米混凝土的材料用量：水泥：硅灰：玻璃粉：石英砂：水：减水剂：钢纤维＝859.5kg：257.9kg：343.8kg：1005.7kg：179kg：34.4kg：81.2kg。

（3）钢纤维掺量为 1%。试验时，实测混凝土坍落度为 260mm；混凝土拌合后温度为 28℃；平均扩展度为 375mm；依据《混凝土物理力学性能试验方法标准》GB/T 50081—2019，测得 UHPC28d 立方体抗压强度 f_{cu} 为 135.2MPa，弹性模量 E_c 为 46785.2MPa。试验时 UHPC 立方体抗压强度 f_{cu} 为 140.8MPa。

3. 钢材

为了确定所用钢材的材性，首先将试件所用的钢板加工成每组三个的标准试件，按国家标准《金属材料　拉伸试验》GB/T 228.1~GB/T 228.4 的有关规定进行拉伸试验。试验得到钢材的性能指标如表 5-2-2 所示。

钢材性能指标　　　　　　　　　　　　表 5-2-2

钢材类型/尺寸(mm)	D(mm)	t(mm)	d(mm)	f_y (MPa)	f_u (MPa)	E_s (MPa)	δ(%)	μ_s
Q345	100	4.0	—	384.0	551.6	208100	25.8	0.290
HRB400,ϕ12	—	—	11.56	394.7	557.1	208700	23.9	0.303
HRB400,ϕ8	—	—	7.98	384.3	548.5	206800	22.4	0.300

注：D 为钢管外径，t 为钢管壁厚，d 为钢筋直径，f_y 和 f_u 分别为钢材屈服强度和极限强度，E_s 和 μ_s 分别为钢材弹性模量和泊松比，δ 为钢材延伸率。

5.2.3　试验装置和量测设备

试验采用的加载装置为 500t 电液伺服万能压力机，图 5-2-2 所示为偏压试验装置图。

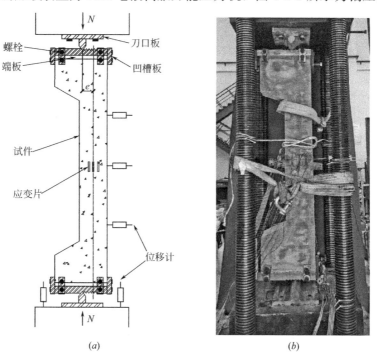

图 5-2-2　偏压试验装置图

（a）试件加载示意图；（b）试件加载图

偏心压力通过在叠合柱上下两端安装刀铰施加，上端刀口板与压力机加载板通过螺栓连接，下端刀口板与底座采用焊接连接，目的是保证接触紧固，避免试件在试验过程中产生滑移。

为测量钢管的应变数据，在钢管外壁各面的跨中位置处粘贴一对横纵应变片，共 8 个应变片。为测得钢筋的应变数据，在纵筋中部位置及中部箍筋各边中心粘贴一个应变片。为测得外围混凝土的应变数据，在混凝土外壁各面的跨中位置处粘贴 3 个纵向应变片和 1 个横向应变片，共 16 个应变片。试件的应变片布置如图 5-2-3 所示。为测得试件的跨中挠度数据，沿柱高跨中及上下四分之一点各设置一个位移传感器，共 3 个位移传感器。为测得试件的纵向位移数据，在压力机底座上设置两个位移传感器。

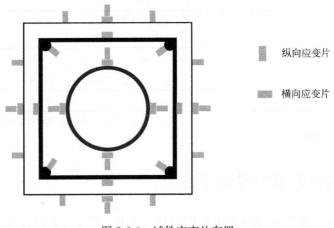

纵向应变片

横向应变片

图 5-2-3　试件应变片布置

5.2.4　破坏模态

本次试验的试件破坏过程较为相似，如图 5-2-4 所示，其典型轴向荷载-轴向位移曲线可划分为三个阶段：弹性阶段（O—A）、屈服阶段（A—B）和下降阶段（B—C）。

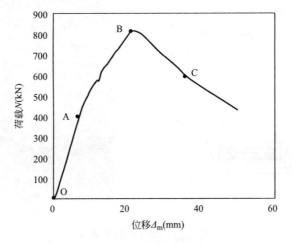

图 5-2-4　典型轴向荷载-轴向位移曲线

弹性阶段（O—A）：该阶段试件钢筋应变、钢管应变和混凝土应变均匀增加，荷载与位移呈线性关系，轴向位移随着荷载的增大而呈近似线性增大。

弹塑性阶段（A—B）：随着荷载的增大，试件在跨中位置处出现细微裂缝。此时，试件的刚度和荷载增长速率有所降低，而跨中位移发展加快，荷载-位移曲线进入弹塑性阶段，斜率逐渐变小。随着荷载继续增加，跨中截面 UHPC 主裂缝继续延伸且在附近出现新裂缝，钢纤维不断从 UHPC 基体拔出，同时内部钢管和纵筋在这一阶段均发生屈服。

荷载下降阶段（B—C）：试件荷载达到 B 点峰值，UHPC 包覆表面裂缝贯通，跨中截面 UHPC 保护层不断碎裂。之后，荷载-变形关系曲线进入下降阶段，外荷载主要由内部钢管混凝土承担。随着轴向位移的增大，试件侧向变形也逐渐增大，随后曲线趋于平缓，表明在外包覆 UHPC 失效后，内部钢管混凝土能够继续提供承载力，使试件具有较好的变形性能。

1. $e=0\text{mm}$ 的轴压构件 Y1

图 5-2-5 所示为轴心受压试件 Y1 破坏模态，结合图 5-2-4，在试验试件开始加载的初期（O—A 段），试件处于弹性阶段，外包 UHPC、钢管和钢筋的变形协调发展，此时未出现裂缝。在荷载达到约极限荷载的 70％时（即 A 点时），试件侧面柱高 3/4 处角部附近出现第一条微小的裂缝，内部钢管混凝土开始膨胀，表面出现 UHPC 混凝土碎块掉落的现象，试件的刚度略微降低。当荷载达到极限荷载的 85％～90％时，试件表面主裂缝宽度不断扩大并沿试件高度斜向发展，试件正面牛腿处出现新裂缝，同时可以听见试件内部纤维的断裂声，此时试件进入弹塑性阶段，轴向荷载-轴向位移关系曲线开始进入弹塑性阶段，斜率开始减小。随着荷载不断增加，试件侧面和正面柱高 3/4 处均形成了不断向下延

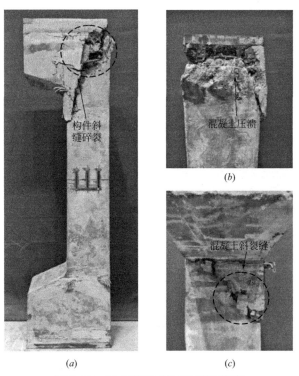

图 5-2-5　轴心受压试件 Y1 破坏模态
（a）Y1 试件整体破坏模态；（b）背面局部破坏；（c）正面局部破坏

伸的一条斜裂缝,且试件背面顶部开始出现横向裂缝。当试件达到极限荷载时(即 B 点时),试件侧面和背面上方混凝土发生斜缝碎裂,伴随着表面大块混凝土块掉落,裂缝相互贯通,此时试件进入裂缝扩展阶段。当荷载下降至极限荷载的 80% 时(即 C 点时),试件主裂缝随着轴向位移的增加而继续加大加宽,表面混凝土碎裂。当试件破坏时,可以观察到约 6 条裂缝,其中最大裂缝宽度为约 2.5mm。由图 5-2-5 可得,主裂缝位置主要集中在牛腿处,方向与柱呈 45°,表现出明显的剪切破坏特征。

2. $e=40mm$ 的小偏心构件 Y2

图 5-2-6 给出了典型小偏心试件的最终破坏模态。在试验初期,随着荷载的增加,试件的轴向位移呈线性增长趋势,但在此阶段内没有观察到裂缝的出现。当荷载达到极限荷载的 65% 时,受压区混凝土跨中位置出现第一道微小裂缝,裂缝宽度最大可达到 0.08mm,并从角部向中截面发展,而受拉区混凝土跨中位置也出现横向微裂缝。随着荷载的增大,受压区混凝土跨中位置出现了更多的斜向裂缝并沿角部向中心延伸,试件的刚度逐渐减小,此时试件进入到弹塑性阶段。当荷载达到极限荷载的 80%~90% 时,伴随着裂缝发出"吱吱"的声响,受拉区主裂缝延伸越过了中轴线,通过裂缝宽度观测仪测量到裂缝宽度增大至 1.22mm,而受压区混凝土轻微鼓起,且在主裂缝中观测到有纵向钢纤维露出。当荷载达到峰值荷载时,试件伴随着"咚"一声而破坏,且承载力迅速下降,受压区混凝土裂缝贯通并向外鼓曲,破坏面开裂明显;受拉区裂缝也已贯通并沿着侧面向受压侧延伸。随着裂缝宽度和深度进一步加大,试件有明显的侧向弯曲变形。此时,试件共产生 16 条裂缝,最大裂缝宽度 16.4mm,跨中挠度为 10.7mm。当荷载降至极限荷载的

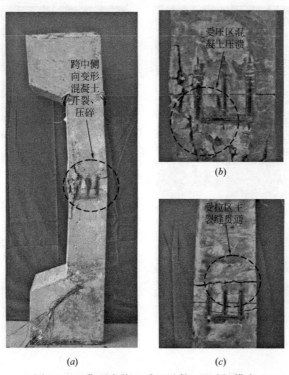

图 5-2-6 典型小偏心受压试件 Y2 破坏模态

(a) Y2 试件整体破坏模态;(b) 受压面破坏;(c) 受拉面破坏

80%时，承载力下降趋缓，受压区表面混凝土呈小块状拔起，但由于钢纤维的存在，并未出现大面积 UHPC 剥落，而试件侧向变形进一步加大。由图 5-2-6 可见，主裂缝位置主要集中在受压区与受拉区混凝土跨中位置，同时可以发现轴心受压试件和偏心受压试件的破坏形态有明显区别，对于偏心试件，其受力的截面变化基本呈现一边受压一边受拉的状态，最终表现出试件中部侧向弯曲的变形形态。

3. $e = 160\mathrm{mm}$ 的大偏心构件 Y5

图 5-2-7 给出了典型大偏心试件的最终破坏模态。在试验初期，随着荷载逐渐增加，试件的纵向位移均呈线性增长，从试验开始加载到约为极限荷载的 40%时，在受拉区混凝土跨中区域开始出现第一道微小的横向裂缝，采用裂缝宽度观测仪测量其最大裂缝，宽度为 0.076mm。当荷载达到极限荷载的 60%时，受压区混凝土仍然没有产生裂缝，受拉区混凝土产生的裂缝不断向两侧延伸，其中主裂缝逐渐越过中轴线，用裂缝宽度观测仪观测到裂缝宽度增大至 1.64mm，试件的抗弯刚度开始显著降低。此时，试件开始进入弹塑性阶段。随着荷载的增大，受拉区裂缝持续加宽、延伸，并在荷载达到峰值前贯通，开始沿着侧面向受压区延伸。在荷载达到极限荷载的 75%时，受压区开始出现第一条斜裂缝，受拉区出现两条主裂缝，裂缝处有轻微纤维拔出的声音，同时伴随着混凝土粉末剥落。当荷载达到极限荷载的 80%～90%时，裂缝宽度和高度发展较迅速，可以明显听到裂缝桥联纤维拔出的声音，有钢纤维露出、粉体不断剥落，受压区发出噼啪声。当荷载达到峰值后，试件进入裂缝扩展阶段，承载力迅速下降，受压区混凝土压溃，斜裂缝贯通；但由于钢纤

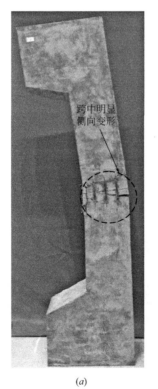

(a)　　　　　　　　　　　(c)

图 5-2-7　典型大偏心受压试件 Y5 破坏模态

(a) Y5 试件整体破坏模态；(b) 受压面破坏；(c) 受拉面破坏

维的存在，受压区 UHPC 仅轻微压碎翘起，并未崩裂，压碎的混凝土仍较为完整，同时受拉区混凝土主裂缝延伸至侧面。当荷载降至极限荷载的 90% 时，承载力下降速率开始减缓，受压区混凝土破坏面较小，表面仍比较完整，受拉区裂缝开展较显著。加载过程中试件共产生 13 条裂缝，裂缝最大宽度为 19.65mm。由图 5-2-7 可见其破坏形态及裂缝位置与小偏心受压试件相似，而大偏心试件的侧向挠曲程度更大，压弯现象更为明显。

图 5-2-8 所示为所有 UHPC 包覆钢管混凝土叠合柱偏压试验试件最终破坏形态。可见，偏心距 $e=0$ 的轴压试件其破坏位置主要在端部，表现为牛腿处的混凝土斜向裂缝贯通，呈现端部剪切破坏特征。对于偏心距 $e=80mm$ 和 $160mm$ 的偏压试件，其破坏时整体侧向挠度较为明显，试件破坏位置主要发生在跨中区域，受拉区 UHPC 水平裂缝贯通，同时受压区 UHPC 被压碎，表现出明显的弯曲破坏特征。随着偏心距的增加，受压区混凝土破坏面积变小，中和轴向受压区一侧移动，受拉区裂缝数量逐渐增加，且裂缝宽度和

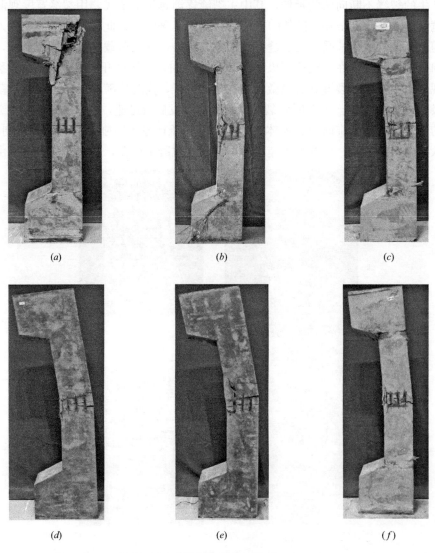

(a)　　　　　　　　　　(b)　　　　　　　　　　(c)

(d)　　　　　　　　　　(e)　　　　　　　　　　(f)

图 5-2-8　试件整体破坏形态（一）
(a) Y1；(b) Y2；(c) Y3；(d) Y4；(e) Y5；(f) Y6

(g)　　　　　　　　(h)　　　　　　　　(i)

图 5-2-8　试件整体破坏形态（二）

（g）Y7；（h）Y8；（i）Y9

深度有所增大，试件跨中挠度也随之增大，压弯破坏现象更为明显。随着长细比的增加，试件混凝土破坏程度越轻，局部破坏特征越不明显，这是因为长细比增大会加剧二阶效应，导致试件的稳定破坏特征较强度破坏特征更加显著。

由于内钢管混凝土的存在，试件破坏时仍保持了较好的整体性，总体表现为延性破坏特征。相较于普通混凝土包覆钢管混凝土叠合柱，钢纤维的存在不仅提升了外包覆 UHPC的抗拉强度，限制了裂缝的发展，使裂缝开展从普通混凝土的多且小而密转为单一主裂缝，也有效缓解了 UHPC 的脆性碎裂，使试件混凝土局部破坏程度有所减轻。

5.2.5　轴向荷载-轴向位移关系曲线

图 5-2-9 给出了本章进行的 9 根 UHPC 包覆钢管混凝土叠合柱试件的轴向荷载-轴向位移关系曲线。

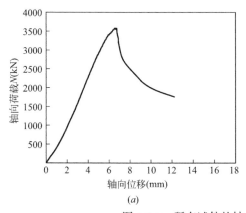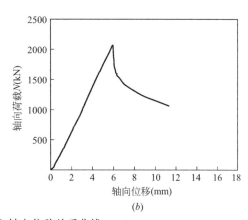

(a)　　　　　　　　　　　　　　　　(b)

图 5-2-9　所有试件的轴向荷载-轴向位移关系曲线（一）

（a）试件 Y1（$e=0$mm，$\lambda_e=27.7$，$\rho_r=0.66\%$）；（b）试件 Y2（$e=40$mm，$\lambda_e=27.7$，$\rho_r=0.66\%$）

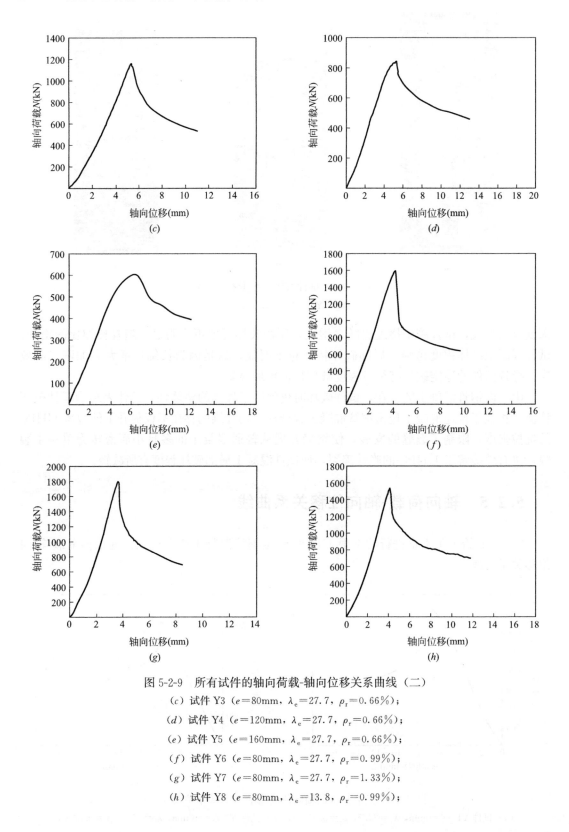

图 5-2-9 所有试件的轴向荷载-轴向位移关系曲线（二）

（c）试件 Y3（$e=80$mm，$\lambda_e=27.7$，$\rho_r=0.66\%$）；

（d）试件 Y4（$e=120$mm，$\lambda_e=27.7$，$\rho_r=0.66\%$）；

（e）试件 Y5（$e=160$mm，$\lambda_e=27.7$，$\rho_r=0.66\%$）；

（f）试件 Y6（$e=80$mm，$\lambda_e=27.7$，$\rho_r=0.99\%$）；

（g）试件 Y7（$e=80$mm，$\lambda_e=27.7$，$\rho_r=1.33\%$）；

（h）试件 Y8（$e=80$mm，$\lambda_e=13.8$，$\rho_r=0.99\%$）；

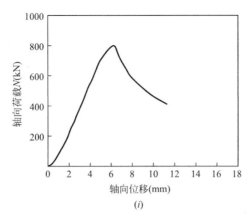

图 5-2-9　所有试件的轴向荷载-轴向位移关系曲线（三）

（i）试件 Y9（$e=80\text{mm}$，$\lambda_e=46.1$，$\rho_r=1.33\%$）

为了更为直观地分析各个试验参数对试件荷载-纵向位移曲线的影响规律，图 5-2-10
给出了 UHPC 包覆钢管混凝土叠合柱在不同偏心距、纵筋配筋率和长细比下的轴向荷载-
轴向位移关系曲线比较。从图 5-2-10 中可以看出，随着偏心距的增大，试件的极限承载力
随之降低，荷载-位移曲线在弹性和弹塑性阶段的刚度也随之降低。偏心距的增大也减缓
了加载后期试件承载力的下降幅度，提升了试件的延性。在其他参数条件相同的情况下，
随着纵筋配筋率的提高，试件的极限承载力有所提高，荷载-位移曲线在弹性阶段的刚度
也随之增大。随着长细比的增大，试件极限承载力和刚度均逐渐降低，原因是在偏心荷载
作用下长细比越大的试件，越容易发生结构侧移和纵向弯曲，而侧向挠度的增大会使轴向
压力产生二阶效应，从而引起附加弯矩。因此，长细比越大，其附加挠度也越大，承载力
随之降低。

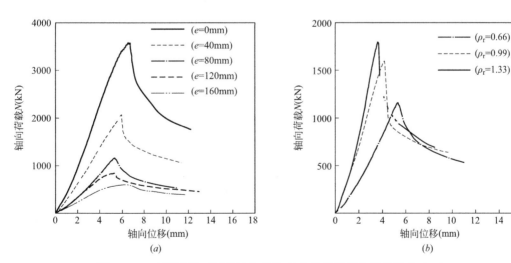

图 5-2-10　不同参数对试件轴向荷载-轴向位移关系曲线的影响（一）

（a）偏心距；（b）配筋率

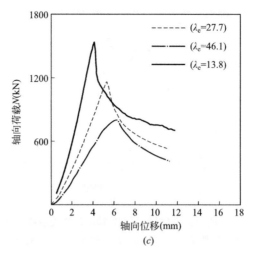

图 5-2-10　不同参数对试件轴向荷载-轴向位移关系曲线的影响（二）

（c）长细比

5.2.6　偏压承载力分析

对 9 根 UHPC 包覆钢管混凝土叠合柱偏压试验结果进行分析，研究了 UHPC 包覆钢管混凝土叠合柱偏压承载力随偏心距、纵筋配筋率和长细比变化的影响规律。试验实测的极限偏压承载力如表 5-2-3 所示。

试件实测承载力表　　　　　　　　　　　　　　表 5-2-3

序号	试件编号	$B \times L$(mm)	e	λ_e	ρ_r	N_{ue}(kN)
1	Y1	200×1600	0	27.7	0.66	3582
2	Y2	200×1600	0.2	27.7	0.66	2067
3	Y3	200×1600	0.4	27.7	0.66	1160
4	Y4	200×1600	0.6	27.7	0.66	843
5	Y5	200×1600	0.8	27.7	0.66	616
6	Y6	200×1600	0.4	27.7	0.99	1594
7	Y7	200×1600	0.4	27.7	1.33	1797
8	Y8	200×800	0.4	13.8	0.66	1540
9	Y9	200×2400	0.4	41.6	0.66	815

不同参数对试件偏压承载力 N 的影响如图 5-2-11 所示。随着偏心距增加，试件偏压承载力逐渐下降，偏心距为 80mm 和 160mm 时的承载力较轴心受压分别降低了 67％和 82％，其中偏心距从 0 增加到 80mm 时对承载力影响更为显著。随着长细比增加，试件偏压承载力也呈降低趋势，最大降低幅度达 29％。可见，UHPC 包覆钢管混凝土叠合柱的偏压承载力与长细比成反比关系，主要原因是偏心距和长细比的增大多会增大二阶效应的影响，从而降低构件的整体极限承载力。

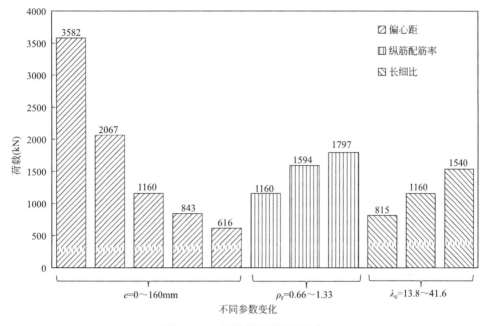

图 5-2-11　试件偏压承载力比较

5.2.7　轴向荷载-钢材应变关系曲线

试件轴向荷载（N）-钢材应变（ε）关系曲线如图 5-2-12 所示。如图 5-2-12（a）所示，偏心距为 0 时，试件 Y1 纵向应变在屈服前基本呈直线，受压区钢筋和受拉区钢筋分别在荷载加载至 2324kN 和 3045kN 时达到屈服。如图 5-2-12（b）所示，偏心距为 80mm 时，试件 Y3 受压区钢管和钢筋分别在荷载加载至 1033kN 和 688kN 时达到屈服，随后受拉区钢管和钢筋分别在荷载加载至 1117kN 和 916kN 时达到屈服。如图 5-2-12（c）所示，当达到极限荷载时，试件的钢管和钢筋均已进入屈服状态。偏心距为 160mm 时，试件 Y5 受拉区钢筋和钢管分别在荷载加载至 330kN 和 432kN 时达到屈服，但受压区钢筋和钢管尚未屈服。试件的破坏主要归因于外部 UHPC 开裂伴随受拉侧钢管、钢筋屈服。如图 5-2-12（d）所示，当长细比增大到 46.1 时，试件 Y9 在受拉区和受压区的钢筋在试件破坏时均已屈服，而此时钢管应变较小，未达到屈服状态，表明内部钢管混凝土的抗力未能充分发挥，试件的破坏主要因外部 UHPC 碎裂伴随钢筋屈服。

5.2.8　应变数据分析

根据 5.2.4 节 9 根试件破坏模态及 5.2.7 节荷载-应变曲线的分析，可知 UHPC 包覆钢管混凝土叠合柱在偏心荷载作用下的破坏先后经历了外围 UHPC 开裂、钢筋和钢管屈服、混凝土压碎等阶段，由于试件 Y1、Y7 破坏位置并未出现在跨中，因此跨中应变数据无法全面反映试件真实的变形状态。表 5-2-4 给出了各试件的破坏过程，表 5-2-5 汇总了 9 根试件的峰值荷载、峰值荷载时受压钢管、受拉钢管、受压钢筋、受拉钢筋的应变及破坏形态。

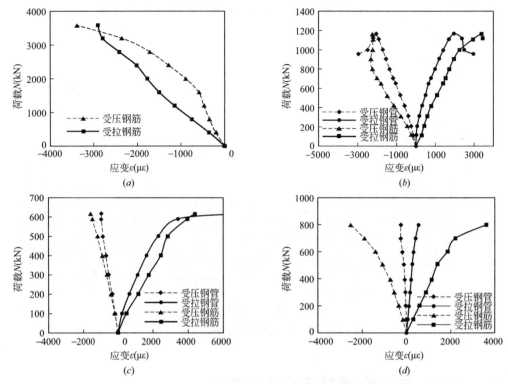

图 5-2-12　轴向荷载（N）-钢材应变（ε）关系曲线

（a）Y1（$e=0$，$\lambda_e=27.7$）；（b）Y3（$e=80mm$，$\lambda_e=27.7$）；

（c）Y5（$e=160mm$，$\lambda_e=27.7$）；（d）Y9（$e=80mm$，$\lambda_e=46.1$）

试件破坏过程　　　　　　　　　　　　　　　　　　　　　　　　表 5-2-4

试件编号	e(mm)	破坏过程
Y1	0	受压区纵筋屈服、受拉区纵筋屈服、试件破坏
Y2	40	受压纵筋和受压钢管同时屈服、受拉钢管屈服、受拉纵筋屈服、混凝土压碎
Y3	80	受压纵筋屈服、受拉纵筋屈服、受压钢筋屈服、受拉钢管屈服、混凝土压碎
Y4	120	受拉纵筋屈服、受拉钢管屈服、受压钢管屈服、混凝土压碎
Y5	160	受拉纵筋屈服、受拉钢管屈服、混凝土压碎
Y6	80	受拉纵筋屈服、受压纵筋屈服、受压钢管屈服、受拉钢管屈服、混凝土压碎
Y7	80	受压纵筋和受压钢管同时屈服、受拉纵筋屈服、混凝土压碎
Y8	80	受压纵筋屈服、受拉纵筋屈服、受拉钢管屈服、混凝土压碎
Y9	80	受拉纵筋屈服、受压纵筋屈服、混凝土压碎

试件特征应变值　　　　　　　　　　　　　　　　　　　　　　　表 5-2-5

试件编号	峰值荷载 （kN）	峰值荷载受压 钢管应变（με）	峰值荷载受压 钢筋应变（με）	峰值荷载受拉 钢管应变（με）	峰值荷载受拉 钢筋应变（με）	破坏方式
Y1	3581	−19607	−3392	—	−2896	牛腿劈裂破坏
Y2	2067	−2953	−3239	29	208	小偏心受压破坏

试件编号	峰值荷载 (kN)	峰值荷载受压 钢管应变($\mu\varepsilon$)	峰值荷载受压 钢筋应变($\mu\varepsilon$)	峰值荷载受拉 钢管应变($\mu\varepsilon$)	峰值荷载受拉 钢筋应变($\mu\varepsilon$)	破坏方式
Y3	1160	−2037	−2225	1964	3398	大偏心受压破坏
Y4	843	−1165	−2093	4811	3372	大偏心受压破坏
Y5	616	−929	−1593	6946	4400	大偏心受压破坏
Y6	1594	−2198	−2800	2255	3200	大偏心受压破坏
Y7	1797	−2004	−2236	192	2133	大偏心受压破坏
Y8	1536	−1758	−5215	1805	2472	大偏心受压破坏
Y9	804	−266	−2548	555	3686	大偏心受压破坏

5.2.9　轴向荷载-跨中挠度关系曲线

UHPC 包覆钢管混凝土叠合柱的跨中挠度由布置在偏压试件跨中位置的位移计测得，图 5-2-13 给出了 9 根 UHPC 包覆钢管混凝土叠合柱试件的轴向荷载-跨中挠度关系曲线。

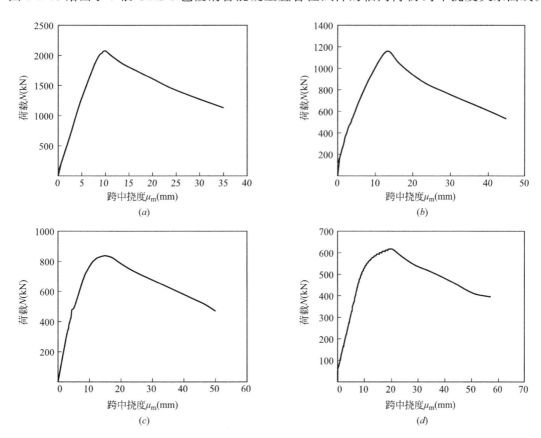

图 5-2-13　所有试件轴向荷载-跨中挠度关系曲线（一）

（a）试件 Y2（$e=0$，$\lambda_e=27.7$，$\rho_r=0.66\%$）；（b）试件 Y3（$e=40\mathrm{mm}$，$\lambda_e=27.7$，$\rho_r=0.66\%$）；（c）试件 Y4（$e=80\mathrm{mm}$，$\lambda_e=27.7$，$\rho_r=0.66\%$）；（d）试件 Y5（$e=120\mathrm{mm}$，$\lambda_e=27.7$，$\rho_r=0.66\%$）

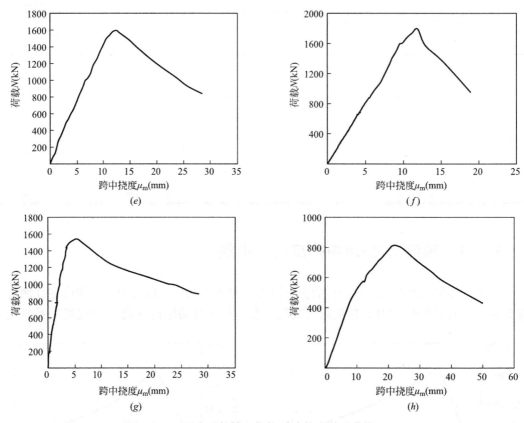

图 5-2-13　所有试件轴向荷载-跨中挠度关系曲线（二）

（e）试件 Y6（$e=160$mm，$\lambda_e=27.7$，$\rho_r=0.66\%$）；（f）试件 Y7（$e=80$mm，$\lambda_e=27.7$，$\rho_r=1.33\%$）；

（g）试件 Y8（$e=80$mm，$\lambda_e=13.8$，$\rho_r=0.99\%$）；（h）试件 Y9（$e=80$mm，$\lambda_e=46.1$，$\rho_r=1.33\%$）

可见，所有试件的 N-u_m 曲线的发展趋势基本一致。为了更为直观地分析各个试验参数对试件 N-u_m 曲线的影响规律，图 5-2-14 给出了 UHPC 包覆钢管混凝土叠合柱在不同偏心距、纵筋配筋率和长细比下的轴向荷载-跨中挠度曲线。可见，在不同偏心距下，各试件的轴向荷载-跨中挠度曲线在加载前期基本呈直线发展，其斜率随着偏心距的增大而线性增大；当试件出现裂缝后，曲线刚度开始平缓退化，其发展趋势与轴向荷载-位移曲线类似。另外，通过观察可以发现，试件跨中挠度的发展速度随着偏心距的增大而增加，这是因为偏心距的增加会使试件所受弯矩增加，导致抗弯刚度下降，加剧其二阶效应，从而使试件的跨中挠度增大。在不同纵筋配筋率变化下，随着荷载的增加，配筋率较大的试件比配筋率小的试件的刚度下降慢，而试件 Y3 和 Y6 的跨中挠度相差不大，这是因为竖向纵筋的截面面积在整个混凝土的有效截面所占的比重较小，因此提高配筋率一定程度上可以减小挠度，但影响程度不显著。在不同长细比下，随着试件长细比的增加，短柱试件达到极限荷载时其跨中挠度发展速度比长柱试件小，试件的截面跨中水平挠度值逐渐增大，这是因为试件长细比越大试件所受附加弯矩增大，二阶效应越明显，因此试件弯曲变形越明显。

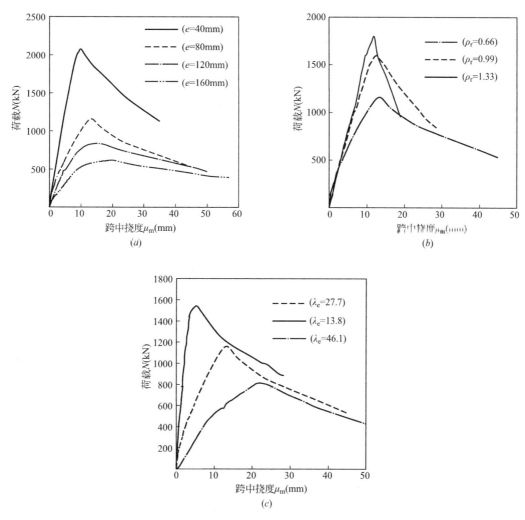

图 5-2-14　不同参数对试件的轴向荷载-跨中挠度关系曲线的影响

（a）偏心距；（b）配筋率；（c）长细比

5.2.10　侧向挠度沿试件高度分布

试件的侧向挠度由布置在其受拉侧四分点的 3 个位移计测得。图 5-2-15 给出了在各级荷载作用阶段 UHPC 包覆钢管混凝土叠合柱的侧向挠度沿试件高度分布曲线图，其中纵坐标 u_m 表示各级荷载作用下试件的侧向挠度，横坐标 h 为试件各挠度测量点距试件底端的距离，虚线表示标准正弦半波曲线。从图中可以看出，在大部分试件侧向挠度曲线的上下挠度基本对称，最大侧向挠度位于试件的跨中位置，这与试件破坏模态大致相同，总体上符合正弦半波曲线假设。此外，随着偏心距和长细比的增加，试件在相同荷载水平下侧向挠度更大。

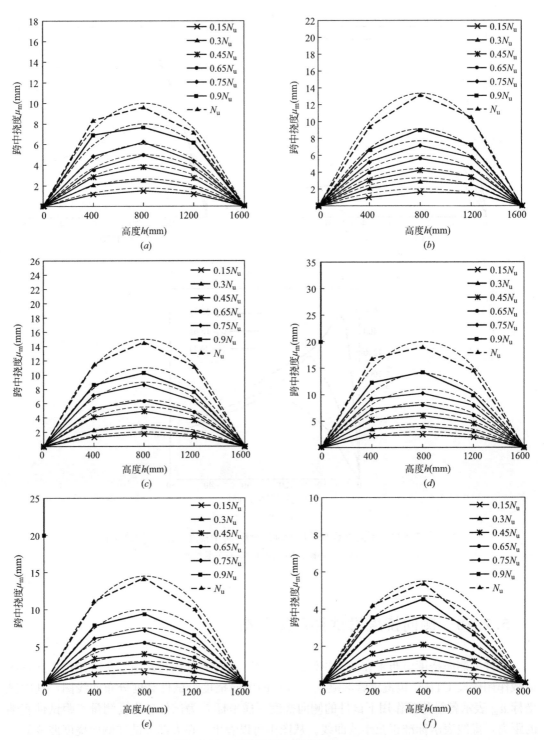

图 5-2-15　试件的侧向挠度分布（一）

（a）试件 Y2（$e=40\mathrm{mm}$，$\lambda_\mathrm{e}=27.7$，$\rho_\mathrm{r}=0.66\%$）；（b）试件 Y3（$e=80\mathrm{mm}$，$\lambda_\mathrm{e}=27.7$，$\rho_\mathrm{r}=0.66\%$）；

（c）试件 Y4（$e=120\mathrm{mm}$，$\lambda_\mathrm{e}=27.7$，$\rho_\mathrm{r}=0.66\%$）；（d）试件 Y5（$e=160\mathrm{mm}$，$\lambda_\mathrm{e}=27.7$，$\rho_\mathrm{r}=0.66\%$）；

（e）试件 Y6（$e=80\mathrm{mm}$，$\lambda_\mathrm{e}=27.7$，$\rho_\mathrm{r}=0.99\%$）；（f）试件 Y8（$e=80\mathrm{mm}$，$\lambda_\mathrm{e}=13.8$，$\rho_\mathrm{r}=0.99\%$）

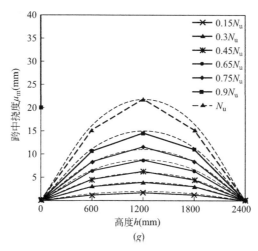

图 5-2-15　试件的侧向挠度分布（二）

（g）试件 Y9（$e=80$mm，$\lambda_e=46.1$，$\rho_r=1.33\%$）

5.2.11　跨中截面纵向应变分析

平截面假定是指原先垂直于杆件轴线的截面在拉、压、弯等变形后，此截面仍保持平面，而没有发生相对位移。为了验证 UHPC 包覆钢管混凝土叠合柱在偏心荷载作用下是否满足平截面假定，在沿混凝土跨中截面高度粘贴应变片，观察试件破坏时跨中混凝土截面的纵向应变分布。图 5-2-16 给出了不同荷载阶段时两个典型偏压试件中沿截面高度 1/2 处混凝土的应变分布图，其偏心距分别为 40mm 和 120mm。从图中可以看出，试件从小偏心距转为大偏心距时，截面中和轴向受压区移动，相对受压区高度也随着偏心距的增大而减小，试件跨中混凝土截面应变分布基本呈直线，总体上符合平截面假定。

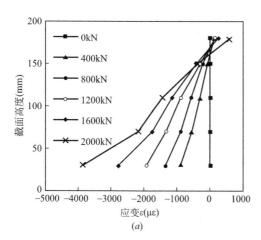
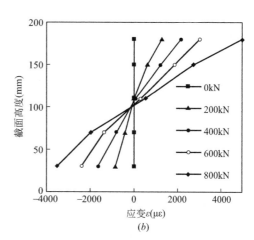

图 5-2-16　典型试件的跨中截面混凝土应变发展

（a）试件 Y2；（b）试件 Y4

5.2.12 二阶效应分析

本章试验的试件最小长细比为 27.7，因此需考虑二阶效应的影响。表 5-2-6 给出了试件 Y2～Y6、Y9 的二阶效应弯矩实测值。其中，Δ_{max} 为试件达到极限承载力 N_u 时的截面跨中挠度最大值，M_e 为偏心距在试件上产生的初始弯矩，M_Δ 为二阶效应在试件上产生的附加弯矩，M_{max} 表示试件总弯矩。计算公式如式（5-2-1）～式（5-2-3）所示。

$$M_e = N_u \times e \tag{5-2-1}$$

$$M_\Delta = N_u \times \Delta_{m\text{-}max} \tag{5-2-2}$$

$$M_{max} = M_e + M_\Delta \tag{5-2-3}$$

式中，$\Delta_{m\text{-}max}$ 为试件达到 N_u 时跨中最大挠度。

典型试件的二阶效应弯矩　　　　表 5-2-6

序号	试件编号	u_{mu} (mm)	N_u (kN)	M_e (kN·m)	M_Δ (kN·m)	M_{max} (kN·m)	M_e/M_{max}	M_Δ/M_{max}
1	Y2	9.61	2067	82.81	19.69	102.5	80.79%	19.21%
2	Y3	13.23	1160	86.11	21.99	108.1	79.65%	20.35%
3	Y4	14.62	843	77.7	22.80	100.5	78.19%	22.81%
4	Y5	18.91	616	71.11	24.09	95.2	74.69%	25.31%
5	Y6	12.53	1594	99.59	25.91	125.5	79.35%	20.65%
6	Y7	11.1	1797	106.65	28.95	135.6	78.65%	21.35%
7	Y9	21.89	804	52.08	29.82	81.9	63.5%	36.5%

从表中可见，M_e 在总弯矩中所占比重较大，M_Δ 对试件压弯作用影响较大。试件 Y2、Y3、Y4、Y5 的 M_Δ 分别为 19.69、21.99、22.8、24.09kN·m，所占试件总弯矩的比重为 19.21%、20.35%、22.81%、25.31%。偏心距从 40mm 增加至 160mm，M_Δ/M_{max} 依次增加了 1.14%、2.46%、2.5%。试件 Y3、Y6 的 M_Δ 分别为 21.99、25.91、28.95kN·m，所占试件总弯矩的比重为 19.21%、20.65%、21.35%。纵筋配筋率从 0.66 增加至 1.33，M_Δ/M_{max} 依次增加了 1.44%、0.7%。试件 Y3 和 Y9 的 M_Δ 分别为 21.99 和 29.82kN·m，所占试件总弯矩的比重为 20.35% 和 36.5%。长细比从 27.7 增加至 41.6，M_Δ/M_{max} 增加了 16.15%。由此可见，二阶效应产生的弯矩随着偏心距、长细比和纵筋配筋率的增大而增大，M_Δ 占试件总弯矩的比重也随之增大，二阶效应对试件压弯作用的影响也更为显著。

5.3 有限元分析

5.3.1 有限元模型的建立

为分析偏心受压对 UHPC 包覆钢管混凝土叠合柱压弯力学性能的影响机理，建立了

UHPC 包覆钢管混凝土叠合柱构件的有限元模型。有限元模型的材料模型、网格划分、接触模型等均已在本书第 3 章中阐述，在此不再赘述。本节有限元模型示意图如图 5-3-1 所示，采用三维实体单元（C3D8R）建模的两个刚性端板与钢管端部相连。加载采用力控制模式。允许该模型在其顶部施加轴向位移于 U_3 方向，并围绕着 Z 轴进行转动，同时施加线荷载于此端，以引起试件在 U_3 方向产生轴向位移。

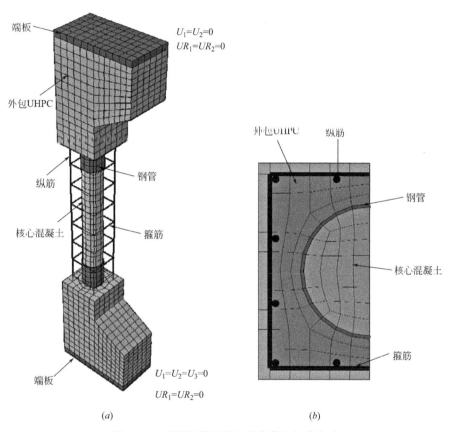

图 5-3-1　有限元模型的边界条件和加载方式
（a）整体建模示意图；（b）横截面图

在有限元建模中，网格划分是一个重要的模块，网格划分品质的好坏不仅能够影响模拟数据分析结论的合理性，更能决定相对运算时间和计算效率，因此需要对网格划分密度进行验证，首先以较大的网格尺寸对模型进行了初始分析，为了满足精度要求，逐次减小网格尺寸，并对比各种网格尺寸对模型最终计算结果的影响，本章最终确定模型网格划分尺寸为 30mm，有限元模型的网格划分情况如图 5-3-2 所示。

5.3.2　有限元模型的验证

为了验证所建有限元模型的可靠性，采用王犇（2011）报道的钢管混凝土叠合柱偏压试验研究成果进行验证，并收集文献的相关试验数据，建立与试验构件一致的有限元模型，试件信息如表 5-3-1 所示。将模拟所得的计算结果与王犇（2011）中的试验结果进行

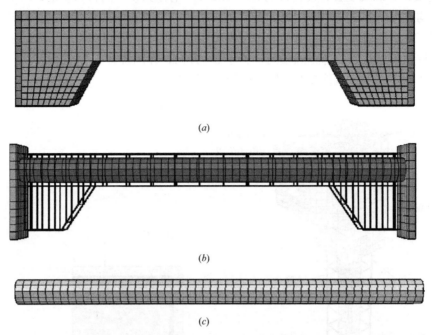

图 5-3-2　外包 UHPC 钢管混凝土叠合柱有限元模型网格划分示意图
（a）模型整体；（b）端板、钢管及钢筋；（c）核心混凝土

对比分析，验证模型的可靠性。其中 f_{ys} 和 f_{yl} 分别为纵筋箍筋的屈服强度，$f_{cu,c}$ 和 $f_{cu,o}$ 分别为核心混凝土和外围混凝土的抗压强度。

模拟的钢管混凝土叠合构件参数表（王犇，2011）　　　表 5-3-1

构件编号	$B \times L$ (mm)	$D \times t$ (mm)	f_{ys} (MPa)	f_{yl} (MPa)	$f_{cu,c}$ (MPa)	$f_{cu,o}$ (MPa)	e (mm)	N_{ue} (kN)
Z2	300×1400	133×4.5	339	290	46.8	40.7	50	2210
Z3	300×1400	133×4.5	339	290	46.8	40.7	130	1427
Z4	300×1400	133×4.5	339	290	46.8	40.7	150	1111
Z5	300×1400	133×4.5	339	290	46.8	40.7	190	921
Z6	300×1400	133×4.5	339	290	46.8	40.7	190	601
Z10	300×1400	168×3.5	339	290	46.8	40.7	190	611

　　图 5-3-3 和图 5-3-4 分别为有限元计算典型试件荷载-钢管纵向应变曲线和荷载-纵向位移曲线与王犇（2011）试验结果的对比。可见，有限元模型计算结果和试验结果吻合较好，证明该模型有较高的可靠性。

　　图 5-3-5 为有限元计算荷载-跨中挠度关系曲线与本章试验实测曲线的对比。可见，有限元计算结果和试验曲线吻合较好，进一步证明了建立的有限元模型的可靠性。

　　表 5-3-2 给出了有限元计算的极限承载力与试验结果对比，包括有限元模拟得到的试件极限荷载值 N_{uc} 与试件实测荷载值的比值范围及其平均值 μ 和均方差 σ。可见，试件极

限承载力模拟值与实测值之比的平均值与均方差分别为 1.016 和 0.021，二者吻合较好。可利用模型对试件工作机理和参数分析开展进一步分析。

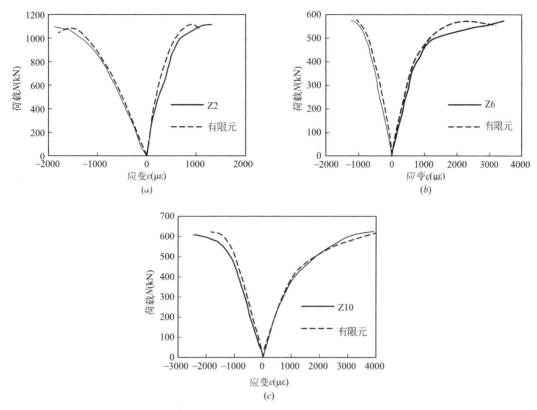

图 5-3-3　有限元模型曲线与文献的荷载-钢管纵向应变曲线对比
（a）试件 Z2；（b）试件 Z6；（c）试件 Z10

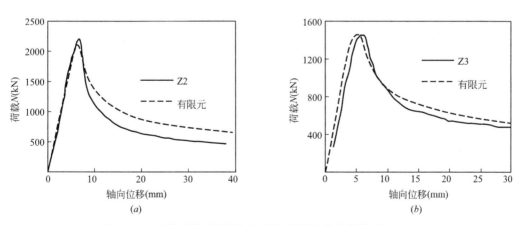

图 5-3-4　有限元模型曲线与文献荷载-纵向位移曲线对比（一）
（a）试件 Z2；（b）试件 Z3

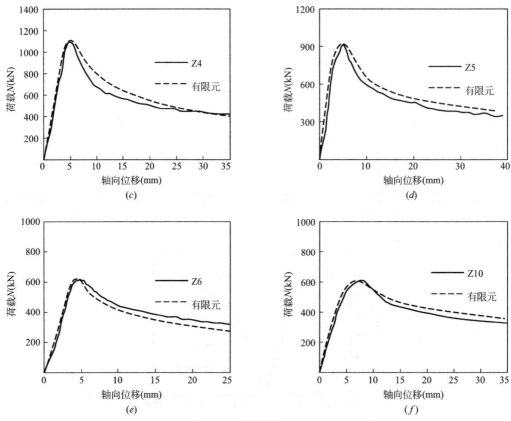

图 5-3-4 有限元模型曲线与文献荷载-纵向位移曲线对比（二）

（c）试件 Z4；（d）试件 Z5；（e）试件 Z6；（f）试件 Z10

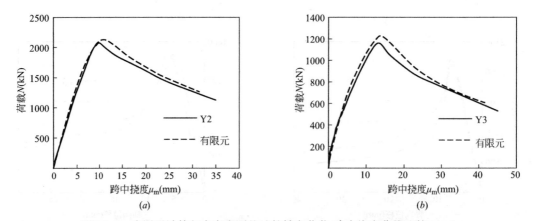

图 5-3-5 有限元计算与本章实测的试件轴向荷载-跨中挠度曲线比较（一）

（a）试件 Y2（$e=40$mm，$\lambda_e=27.7$，$\rho_r=0.66\%$）；（b）试件 Y3（$e=80$mm，$\lambda_e=27.7$，$\rho_r=0.66\%$）

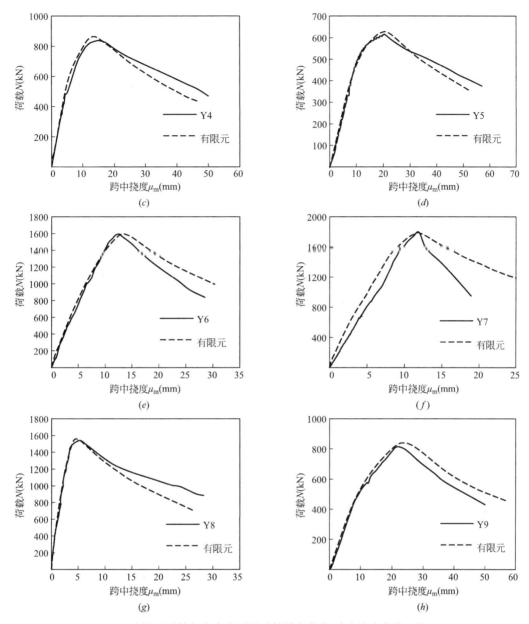

图 5-3-5　有限元计算与本章实测的试件轴向荷载-跨中挠度曲线比较（二）

（c）试件 Y4（$e=120mm$，$\lambda_e=27.7$，$\rho_r=0.66\%$）；（d）试件 Y5（$e=160mm$，$\lambda_e=27.7$，$\rho_r=0.66\%$）；

（e）试件 Y6（$e=80mm$，$\lambda_e=27.7$，$\rho_r=0.99\%$）；（f）试件 Y7（$e=80mm$，$\lambda_e=13.8$，$\rho_r=1.33\%$）；

（g）试件 Y8（$e=80mm$，$\lambda_e=13.8$，$\rho_r=0.99\%$）；（h）试件 Y9（$e=80mm$，$\lambda_e=46.1$，$\rho_r=1.33\%$）

有限元计算的极限承载力与试验结果对比　　　　表 5-3-2

序号	试件数量	N_{uc}/N_{ue}	μ	σ	数据来源
1	6	1.012～1.068	1.018	0.019	王蕔（2011）
2	8	0.975～1.075	1.013	0.023	本章
总计	14	0.994～1.072	1.016	0.021	—

5.4　工作机理分析

5.4.1　轴向荷载-跨中挠度关系曲线分析

图 5-4-1 给出了有限元计算的典型试件轴向荷载-跨中挠度关系曲线。根据上述对破坏形态的判断可知，对于小偏心试件和大偏心试件，两种破坏特征差异在于小偏心破坏时主裂缝产生于受压区，混凝土压溃面积较大，且裂缝区段延伸较长；大偏心破坏时主裂缝产生于受拉区，试件跨中挠曲程度更大，压弯现象更明显。随着偏心距 e 的增加，N_u 随之降低，其对应的跨中挠度 u_m 增加，延性得到提高。试件的受压区 UHPC 压碎、受拉区 UHPC 开裂及纵向钢筋屈服等破坏现象出现的先后顺序随 e 变化而不同。

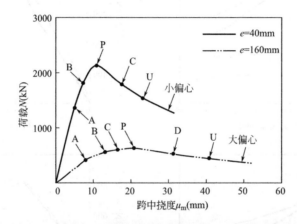

图 5-4-1　不同 e 时荷载（N)-跨中挠度（u_m）关系曲线

为便于分析，轴向荷载-跨中挠度关系曲线的特征点，对于小偏心试件（$e=50$mm），5 个特征点分别为：A 点，受压区边缘纵筋开始屈服；B 点，受压区钢管边缘开始屈服；P 点，构件达到极限承载力 N_u；C 点，受拉区边缘纵筋开始屈服；U 点，荷载下降至极限荷载的 80%。在 A 点之前，随着 N 的增加 u_m 基本呈比例增长，UHPC 包覆钢管混凝土叠合柱基本上表现为弹性，此后 u_m 的增长速度开始加快。接近 N_u 时受拉区外围 UHPC 开始出现微小水平裂缝，而受压区 UHPC 开始压碎。N_u 过后荷载逐渐下降，u_m 增长速度继续加快，跨中受拉区 UHPC 裂缝发展迅速。

对于大偏心试件（$e=160$mm），六个特征点分别为：A，受拉纵筋开始屈服；B，受压纵筋开始屈服；C，受拉钢管开始屈服；P，构件达到极限承载力 N_u；D，受压钢管开始屈服；U，荷载下降至极限荷载的 80%。点 A、点 B 和点 C 对应刚度降低，随着 N 的增加，u_m 增长加快，在达到 N_u 时受拉边缘纵筋及钢管受拉边缘纤维均已屈服，且受拉区边缘纵筋比受压区边缘纵筋更早屈服，P 点过后荷载相较于大偏心试件下降缓慢，而 u_m 迅速增加。从中可以看出，小偏心试件的 N_u 比大偏心试件大，但延性不如大偏心试件。

5.4.2　荷载分配比例

图 5-4-2 分别展示了 $e=40$mm 和 $e=160$mm 时的 UHPC 包覆钢管混凝土叠合柱中外包 UHPC 和钢管混凝土两个部件各自承担的轴向荷载随跨中挠度的变化曲线。从图 5-4-2（a）中可以看出，对于小偏心试件（$e=40$mm），当试件达到极限承载力 N_u 时，外包 UHPC 已经达到极限承载力并开始下降，而钢管混凝土接近极限承载力，并在达到极限承载力后缓慢下降，表现出良好的延性。从图 5-4-2（b）中可以看出，对于大偏心试件（$e=160$mm），钢管混凝土在加载阶段后期主要承受拉力和弯矩作用，外围 UHPC 在加载后期承担了绝大部分的轴力。

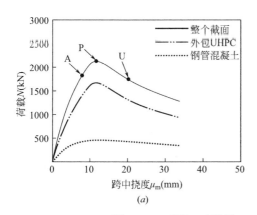
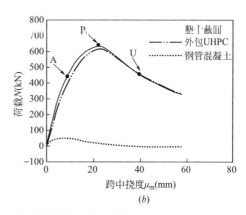

图 5-4-2　不同 e 时外围 UHPC 和内部钢管混凝土的荷载分配

（a）$e=40$mm；（b）$e=160$mm

对于叠合柱整体而言，构件开始加载至破坏结束过程中，外包 UHPC 主导了曲线的主要趋势，该部分承担了主要的轴向压力。如图 5-4-2（a）所示，对于小偏心试件（$e=40$mm），当达到 A 点时，钢管混凝土荷载占整个截面的 26.1%，随后钢管混凝土进入弹塑性阶段，其轴向荷载增长变缓，荷载分配占比随跨中挠度的增大而减小，反之外围 UHPC 荷载占比逐渐增大。当达到 P 点峰值荷载时，试件发生破坏，外围 UHPC 承担的荷载占比达到峰值，其贡献占整个截面承担荷载的 78.6%；随后 UHPC 承载力开始下降，其荷载占比下降至 72.9%。钢管混凝土在达到峰值荷载后，承载力也开始缓慢下降，但下降幅度并不明显，因此构件达到极限荷载后钢管混凝土的荷载分配占比逐渐增加，当达到 U 点时，其荷载占比为整个截面的 29.2%。

如图 5-4-2（b）所示，对于大偏心试件（$e=160$mm），当达到 A 点时，钢管混凝土已达到峰值荷载，其荷载占比仅为整个截面的 8.6%；此时外围 UHPC 荷载占比较大，并随着轴向荷载的增加而提高。当达到 P 点峰值荷载时，外围 UHPC 荷载占比为整个截面的 92.8%，而钢管混凝土承担的荷载则继续下降。在达到 U 点时钢管混凝土由受压状态转为受拉状态，此时 UHPC 承担了绝大部分的轴压荷载。

从图中可以得出，小偏心与大偏心破坏的荷载分配比例有明显的不同，这是因为小偏心受压更趋近于全截面受压，承载能力基本由受压区来承担，在受压过程中由于试件内部钢管混凝土受到外包 UHPC 的约束作用，限制了钢管内核心混凝土在受力过程中发生较大形变，从而增强了核心混凝土的承载能力。在外包 UHPC 压溃后，钢管混凝土仍具备一定的承载能力，荷载下降速度减缓，其荷载分配比例有所增大。大偏心受压时，由于偏心距较大，在试件受力阶段早期钢管局部已经屈服，而核心混凝土承受的弯矩较小，从而导致钢管混凝土部件的轴力较小，在弹塑性阶段承担小部分轴力后开始不断减小，对试件的轴力贡献也不断降低，使外围 UHPC 的内力分配比例迅速增大。

5.4.3　应力发展

1. 混凝土应力分析

图 5-4-3 给出了 $e=40$mm 和 $e=160$mm 时各特征点下 UHPC 包覆钢管混凝土叠合柱试件外包 UHPC 和管内核心混凝土中截面的纵向应力云图，图例中数值单位为 MPa，受拉为正，受压为负。从图中可见，对于 $e=40$mm 的构件（图 5-4-3a、b 和 c），在 A 点时构件处于全截面受压状态，构件中截面外包 UHPC 受压区和核心混凝土受压区所受纵向应力较大，图中明显可以看出构件截面 UHPC 受压区纵向压应力 S33 值最大。构件进入弹塑性阶段后，随着荷载的增加，构件截面 UHPC 受压区纵向压应力逐步向核心混凝土

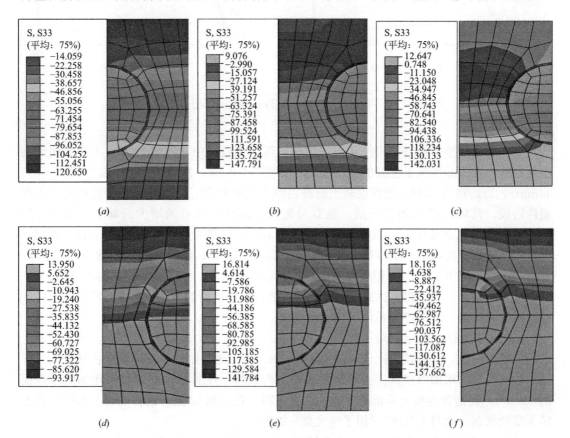

图 5-4-3　不同偏心距时试件跨中截面混凝土纵向应力云图

(a) 点 A，$e=40$mm；(b) 点 P，$e=40$mm；(c) 点 U，$e=40$mm；
(d) 点 A，$e=160$mm；(e) 点 P，$e=160$mm；(f) 点 U，$e=160$mm

受压区边缘扩大增长，核心混凝土所受纵向应力也逐渐变大。当构件达到峰值荷载 P 点时，截面受压区 UHPC 受到极大的纵向压应力，此时截面受拉区边缘 UHPC 处于受拉状态。受压区和受拉区核心混凝土纵向应力最大值分别为 95MPa 和 57MPa，且核心混凝土受压区边缘纵向应力最大值为无约束 UHPC 峰值应力的 0.75 倍。P 点过后，荷载下降趋于稳定，截面受压区 UHPC 纵向压应力明显降低，截面受拉区 UHPC 由于受到钢管约束作用所受到的纵向拉应力也随之增大。此时，管内核心混凝土的纵向压应力有所增长，中和轴随着跨中挠度增加而上移，并且在 U 点时移动至钢管混凝土受拉区边缘。对于 $e=$ 160mm 的构件（图 5-4-3d、e 和 f），在 A 点时构件中和轴就已经处于中心线以上位置，并随着荷载的增加逐渐上移。当构件达到峰值荷载 P 点时，受压区和受拉区核心混凝土纵向应力最大值分别为 70MPa 和 12MPa，核心混凝土受压区边缘纵向应力最大值为无约束 UHPC 峰值应力的 0.57 倍。P 点过后，中和轴上移，截面纵向应力增大，在 U 点时核心混凝土和外包 UHPC 大部分处于受拉状态。从上述分析可以发现，达到 N_u 时，截面中和轴随着 e/B 的增大而逐渐上移，受压区核心混凝土边缘最大应力也逐渐降低，且始终大于非约束 UHPC 峰值应力，受压区核心混凝土从受压状态向受拉状态转变。

2. 钢管应力分析

图 5-4-4 给出了 $e=40$mm 和 $e=160$mm 时各特征点下 UHPC 包覆钢管混凝土叠合柱构件钢管的 Mises 应力云图，图例中数值单位为 MPa。

从图 5-4-4 中可见，对于 $e=40$mm 的构件钢管（图 5-4-4a、b 和 c），其受压区及两端位置受到较大的应力，钢管受拉区 Mises 应力值较小，这是由于偏心距较小时，钢管对于核心混凝土的横向约束作用主要集中在受压区一侧，所以钢管 Mises 应力呈现出受压区大受拉区小的分布特征。达到 A 点时，钢管受压区的 Mises 应力值已达到 345MPa，说明此时受压钢管已发生屈服。随着荷载的增大，钢管受压区中部 Mises 应力值几乎保持不变。当到达 P 点时，试件发生小偏心破坏，其受压区破坏面逐渐向受拉区扩展，受拉区钢管并未屈服。对于 $e=160$mm 的构件钢管（图 5-4-4d、e 和 f），Mises 应力最大值集中在受拉一侧，受压区 Mises 应力值较小。当构件达到 A 点时，钢管受拉区的 Mises 应力值已达到 345MPa，说明此时受拉钢管已发生屈服。随着荷载的增加，受拉钢管的 Mises 应力最大值范围不断增大；当构件达到 U 点时，钢管的侧向变形明显增大，其 Mises 应力值有所增加，试件从加载到破坏整个过程，受压钢管并未屈服。

3. 钢筋应力分析

图 5-4-5 给出了 $e=40$mm 和 $e=160$mm 时各特征点下 UHPC 包覆钢管混凝土叠合柱构件钢筋 Mises 应力云图。从图中可见，对于 $e=40$mm 的构件钢筋（图 5-4-5a、b 和 c），在 A 点处，构件钢筋骨架的 Mises 应力云图呈现出受压区大受拉区小的分布特征，且受压纵筋 Mises 应力最大值达到了 500MPa，与钢管相同，已达到屈服强度。此时外围 UHPC 和内部钢管混凝土处于弹性阶段，并未发生明显的变形，受拉纵筋及箍筋对钢管混凝土和外包 UHPC 的约束较小。当构件达到 P 点峰值荷载时，受拉纵筋约束作用加强，其应力值增大至约为 292.7MPa，尚未进入屈服状态。试件发生破坏后，纵筋开始出现弯曲变形。当构件达到 U 点时，此时构件内部纵筋均已屈服，其 Mises 应力值略有增大。对于 $e=$

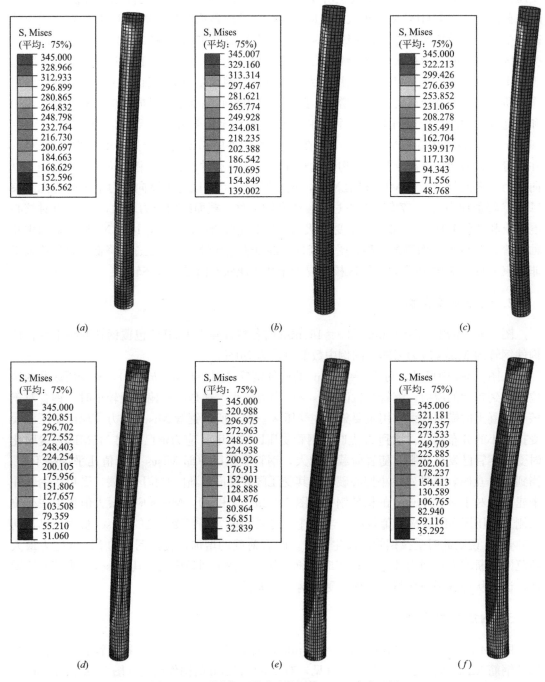

图 5-4-4　不同偏心距时试件钢管 Mises 应力云图

(a) 点 A，e＝40mm；(b) 点 P，e＝40mm；(c) 点 U，e＝40mm；

(d) 点 A，e＝160mm；(e) 点 P，e＝160mm；(f) 点 U，e＝160mm

160mm 的构件钢筋（图 5-4-5d、e 和 f），在 A 点处，构件内部拉压区纵筋均已屈服，构件钢筋骨架的 Mises 应力云图呈现出中部大两边小的分布特征，箍筋约束作用较小；当构件达到 P 点峰值荷载时，钢筋 Mises 应力值有所增大，箍筋的约束作用加强，其应力值增大至约为 310.7MPa，纵筋的侧向变形有所增加。当构件达到 U 点峰值荷载时，纵筋侧向变形进一步加大。

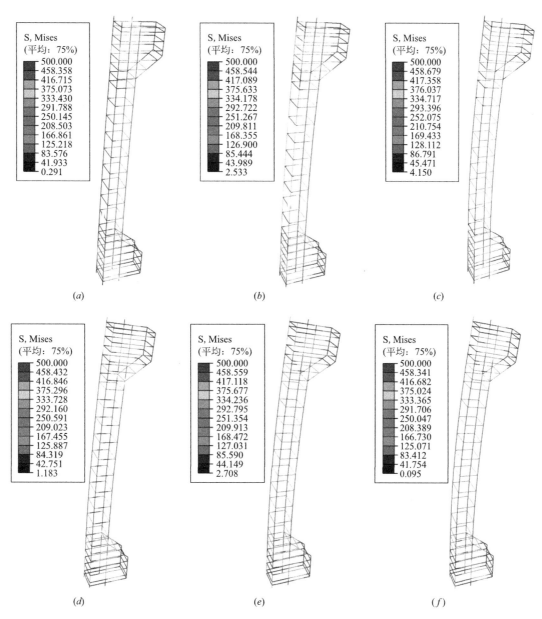

图 5-4-5　不同偏心距时试件钢筋 Mises 应力云图

(a) 点 A，e=40mm；(b) 点 P，e=40mm；(c) 点 U，e=40mm；
(d) 点 A，e=160mm；(e) 点 P，e=160mm；(f) 点 U，e=160mm

通过上述观察可知，e=40mm 的试件发生小偏心受压破坏，当试件达到极限承载力时，受压纵筋屈服，受拉纵筋未屈服，与试验较为吻合。e=160mm 的试件发生大偏心受压破坏，试件达到极限承载力时，受压纵筋、受拉纵筋均屈服，与试验现象较为吻合。

5.4.4　各组件相互作用

UHPC 包覆钢管混凝土叠合柱构件在偏压作用下各部件间协同工作使其发挥更好的力学性能，因此构件内部在偏压时存在相互作用影响，主要包括 UHPC 对钢管混凝土的约束作用以及钢管对核心混凝土的约束作用。图 5-4-6 为外包 UHPC 对钢管混凝土的接触应力 P_o 截面示意图，如图所示，选取构件中 A-A 截面钢管外侧中部外包 UHPC 与钢管的五个接触点进行分析，并记外围 UHPC 与钢管混凝土对各点的接触应力为 P_{o1}、P_{o2}、P_{o3}、P_{o4}、P_{o5}。

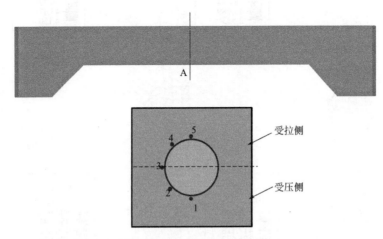

图 5-4-6　外包 UHPC 对钢管混凝土接触应力截面示意图

图 5-4-7 为钢管对核心混凝土的接触应力 P_c 截面示意图，如图所示，选取构件中 B-B 截面钢管对核心混凝土的五个接触点进行分析，并记钢管与核心混凝土对各点的接触应力为 P_{c1}、P_{c2}、P_{c3}、P_{c4}、P_{c5}。

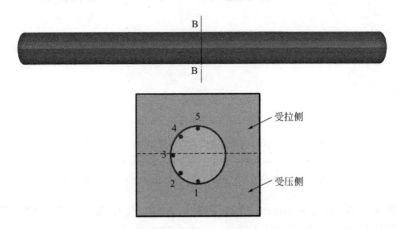

图 5-4-7　钢管对核心混凝土接触应力截面示意图

图 5-4-8 给出了不同 e 时钢管与核心混凝土之间的接触应力-跨中挠度关系曲线。从图 5-4-8（a）中可以看出，对于小偏心构件，在跨中挠度达到 17.6mm 之前，钢管与核心混

凝土之间未发生接触，当构件的跨中挠度达到 17.6mm 时，钢管与核心混凝土的 P_c 开始随着跨中挠度的增大而增大，且二者间 P_c 增长速率不断增大，随后平稳上升。同时，钢管与核心混凝土接触应力 P_c 随距受压边缘的距离减小而增加，原因是小偏心作用使受压区核心混凝土的压应力比受拉区大，侧向膨胀较大。钢管和核心混凝土之间的接触应力 P_c 源于核心混凝土的受压膨胀受到钢管和外围 UHPC 的双重约束作用，故受压区点 1 的 P_c 最大，同时大于受拉区。从图 5-4-8（b）中可以看出，外围 UHPC 与钢管间的接触应力 P_0 在加载初期开始增大，但此时二者接触不明显，最大接触应力仅为 0.6MPa，随后逐渐降低且趋近于 0（除了处于受压边缘的点 1），原因在于外围 UHPC 受压区的向外膨胀大于钢管，而受拉区外围 UHPC 的开裂导致钢管与外包 UHPC 的接触应力很小，因此受压边缘处点 1 产生相对较大的接触应力。

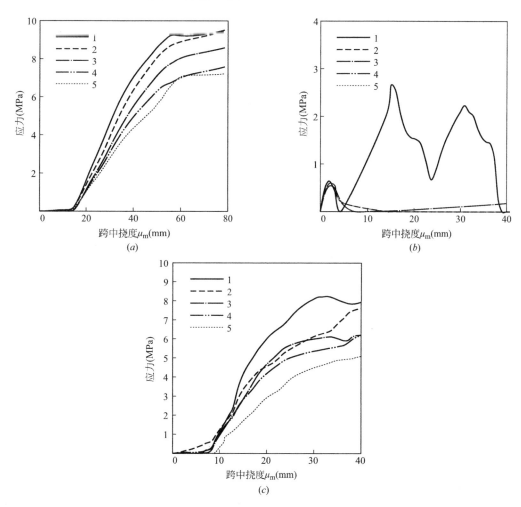

图 5-4-8　不同 e 时钢管与混凝土接触应力-跨中挠度关系曲线
（a）钢管与核心混凝土（e=40mm）；（b）钢管与外包 UHPC（e=40mm）；
（c）钢管与核心混凝土（e=160mm）

从图 5-4-8（c）中可以看出，对于大偏心构件，钢管与核心混凝土的 P_c 随着跨中挠度的增大而增大，其小偏心发展趋势相似。同时，受拉区点 1、2 以及受压边缘区点 5 的

P_c 大于中和轴附近点 2 和点 3，这是因为中和轴附近位置产生的体积形变小于产生裂缝的受拉及受压边缘，并且核心混凝土受拉部分体积应变比受压部分大，使得受压边缘处点 5 的 P_c 最大。此时，开裂的核心混凝土仍能有效地抵抗钢管向内凹陷。

从上述分析可知，小偏心构件的破坏过程经历了外围混凝土开裂、受压纵筋屈服、受压钢管屈服、受拉钢管屈服、受拉纵筋屈服以及钢管混凝土达到抗压强度。大偏心构件的破坏过程经历了外围混凝土开裂、受拉纵筋屈服、受拉钢管屈服、受压钢管屈服、受压纵筋屈服以及钢管混凝土达到抗压强度。

5.5 参数分析

以钢纤维掺量、核心混凝土抗压强度、长细比、偏心距、钢材强度和钢管壁厚等为参数，运用有限元数值模拟，建立典型算例模型进行参数分析，考察各参数对 UHPC 包覆钢管混凝土叠合柱在偏心受压作用下的力学性能影响规律。典型算例的基准参数为：构件截面边长 $B=400\text{mm}$，HRB500 纵筋为 $8\phi14\text{mm}$，HRB400 箍筋为 $\phi8@100\text{mm}$。选取的参数变化范围：UHPC 钢纤维掺量 V_f 取 $0\sim3\%$，核心混凝土强度 $f_{cu,c}$ 为 $30\sim110\text{MPa}$，试件长细比 λ_c 为 $21.2\sim53.8$，偏心率为 $0\sim1$，钢管屈服强度取 $345\sim500\text{MPa}$，钢管含钢率为 $4.1\%\sim29.1\%$。

5.5.1 外包 UHPC 钢纤维掺量

钢纤维掺量是影响 UHPC 抗压强度的重要因素，这是由于钢纤维掺入后基体内部呈三维乱向分布，构成了纤维网骨架且桥接混凝土中可能开裂的区域，从而限制了微裂缝的开展及宏观开裂，提高了 UHPC 的抗压强度。由于本章试件外包 UHPC 钢纤维掺量仅为 1% 一种，因此在此基础上拓展新的钢纤维掺量 0、2% 和 3%，考察不同钢纤维掺量对外包 UHPC 钢管混凝土叠合柱构件偏压力学性能的影响规律。图 5-5-1 所示为不同钢纤维掺量对试件的力学性能的影响规律，从图 5-5-1（a）中可以看出，各试件的荷载-跨中挠度曲线在弹性阶段差别不大，曲线基本吻合。相较于无钢纤维掺量，加入钢纤维对试件承载力的提升明显，并且在其他变量不变的情况下，随着钢纤维的不断增加，试件的极限承载力呈增大的趋势，即钢纤维掺量与极限承载力呈正相关。

从图 5-5-1（b）可以看出，当 V_f 从 0 增大到 3% 时，试件的极限承载力分别提升了 20.3%、13.8% 和 12.7%，延性系数 DI 降低幅度为 10.2%，这是因为随着 UHPC 抗压强度的提高，其性能也趋于更加脆性，导致组合试件的延性逐渐降低。

5.5.2 核心混凝土强度等级

本章试件核心混凝土抗压强度仅为 C90，在此基础上拓展新的核心混凝土抗压强度等级分别为 C30、C50、C70、C110。考察不同核心混凝土抗压强度等级对外包 UHPC 钢管混凝土叠合柱构件偏压力学性能的影响规律。图 5-5-2 所示为不同核心混凝土抗压强度对

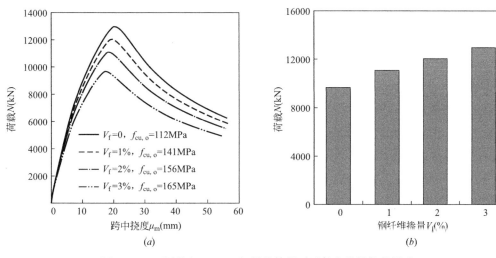

图 5-5-1　不同外包 UHPC 钢纤维掺量对试件力学性能的影响

（a）典型试件的荷载-跨中挠度曲线；（b）典型试件的极限承载力对比

试件的力学性能的影响。从图 5-5-2（a）可以看出，各试件的荷载-跨中挠度曲线在弹性阶段呈直线发展，当进入弹塑性阶段时，核心混凝土强度低的试件更早进入弹塑性状态，试件极限承载力明显更低。在其他变量不变的情况下，随着核心混凝土抗压强度的提高，试件的极限承载力逐渐增大，即核心混凝土抗压强度与极限承载力呈正相关，但相较于管外 UHPC 混凝土强度，核心混凝土抗压强度对荷载-跨中挠度曲线的影响程度小。从图 5-5-2（b）中可以看出，当 $f_{cu,c}$ 从 30MPa 增大到 110MPa 时，试件的极限承载力分别提升了 7.1%、6.8%、6.9% 和 6.5%，延性系数 DI 降低了 5.1%。综上可得：增大核心混凝土抗压强度虽然会增加叠合柱的承载能力，但同时也会削弱其延性。

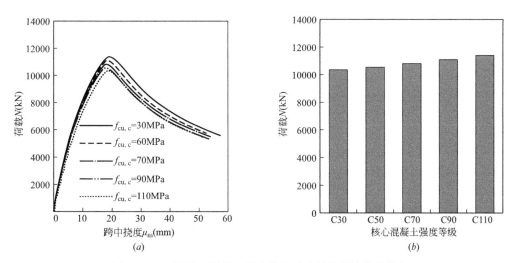

图 5-5-2　不同核心混凝土强度等级对试件力学性能的影响

（a）典型试件的荷载-跨中挠度曲线；（b）典型试件的极限承载力对比

5.5.3　长细比

长细比（$\lambda_e = l_0/i$，i 为回转半径）对于构件稳定承载力有较大影响。参数分析中取长细比的变化范围为 21.2～53.8，考察不同试件长细比对 UHPC 包覆钢管混凝土叠合柱构件偏压力学性能的影响规律。图 5-5-3 所示为不同长细比对构件的力学性能的影响。从图 5-5-3（a）中可以看出，随着长细比的增加，各试件的荷载-跨中挠度曲线的弹性刚度逐渐降低，极限荷载对应的位移增大，曲线在下降段的趋势趋于缓和。由此可见，试件的极限承载力随着长细比的提高逐渐降低，即长细比与试件极限承载力呈负相关。

从图 5-5-3（b）中可以看出，当 λ_e 从 21.2 增大到 53.8 时，试件的极限承载力分别降低了 20.1%、12.3%、13.2%、20.1% 和 11.5%，延性系数 DI 提升了 53.1%。由此可见，增大试件的长细比，可以提升其整体柔性，延性变好，但叠合柱的承载力及刚度降低明显，因此在实际工程应用中，应合理控制构件的长细比，防止出现长细比过大而导致的失稳破坏。

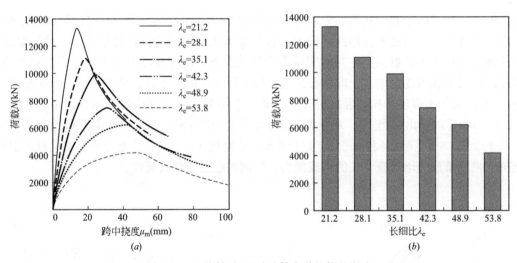

图 5-5-3　不同长细比对试件力学性能的影响

（a）典型试件的荷载-跨中挠度曲线；（b）典型试件的极限承载力对比

5.5.4　偏心率

本节取偏心率 e 变化范围为 0～1.0，考察不同偏心距对 UHPC 包覆钢管混凝土叠合柱构件偏压力学性能的影响规律。图 5-5-4 所示为不同偏心率对构件力学性能的影响。从图 5-5-4（a）中可以看出，随着偏心率的提高，各试件的荷载-跨中挠度曲线的弹性刚度呈下降的趋势，并且曲线在下降段的趋势趋于缓和。其他变量不变的情况下，试件的极限承载力随着偏心率的提高逐渐降低，降低幅度逐渐减小，即偏心距与试件极限承载力呈负相关。

从图 5-5-4（b）中可以看出，当 e 从 0 增大到 1.0 时，试件的极限承载力分别降低了

29.8％、29.2％、29.1％、24.9％和 22.6％，延性系数 DI 提升了 62.9％。由此可见，偏心率对试件刚度、极限承载力和延性影响较大。

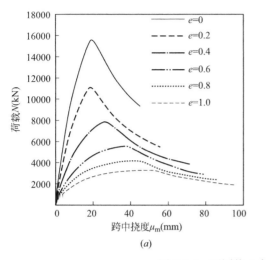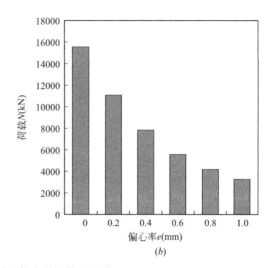

图 5-5-4　不同偏心率对试件力学性能的影响

（a）典型试件的荷载-跨中挠度曲线；（b）典型试件的极限承载力对比

5.5.5　钢管屈服强度

本节钢材屈服强度分别取 345、390、420MPa，考察钢材屈服强度对 UHPC 包覆钢管混凝土叠合柱构件偏压力学性能的影响规律。图 5-5-5 所示为有限元计算出的不同钢管屈服强度下试件的力学性能。从图 5-5-5（a）中可以看出，各试件的荷载-跨中曲线在上升段刚度相差不大，承载力变化不明显。因此在其他变量不变的情况下，随着钢管屈服强度的提高，试件的极限承载力提升有限，钢管屈服强度与试件极限承载力呈正相关。

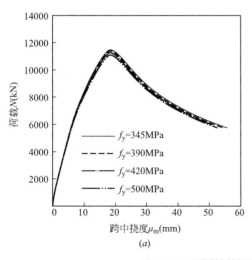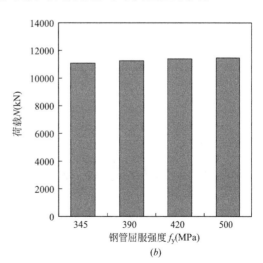

图 5-5-5　不同钢管屈服强度对试件力学性能的影响

（a）典型试件的荷载-跨中挠度曲线；（b）典型试件的极限承载力对比

从图 5-5-5（b）可以看出，当 f_y 从 345MPa 提高到 500MPa 时，试件的极限承载力分别提高了 1.1%、0.7% 和 1.5%，延性系数 DI 提升了 1.7%。由此可见，钢材屈服强度对试件极限承载力及刚度影响不明显。

5.5.6　含钢率

含钢率是影响钢管混凝土叠合柱延性的重要因素，本节通过改变内钢管壁厚来控制钢管含钢率的参数梯度。本节钢管含钢率分别取 4.1%、10.8%、20.8% 和 29.1%，考察不同钢管含钢率对 UHPC 包覆钢管混凝土叠合柱构件偏压力学性能的影响规律。图 5-5-6 所示为不同钢管壁厚对构件的力学性能的影响。从图 5-5-6（a）中可以看出，随着钢管厚度的增加，试件含钢率逐渐变大，各试件的荷载-纵向位移曲线在弹性阶段与弹塑性阶段基本重合。

从图 5-5-6（b）可以看出，当 α 从 4.1% 增加到 29.1% 时，试件的极限承载力总共提高了 19.6%，延性系数 DI 总共提高了 3.9%。由此可知，随着 α 的增大，外围 UHPC 的承载力贡献变化不大，而钢管混凝土承担的荷载逐渐增大，原因在于钢管壁厚的增大有效提升了钢管混凝土的承载能力。同时，试件的延性也随钢管壁厚的增大而提高。

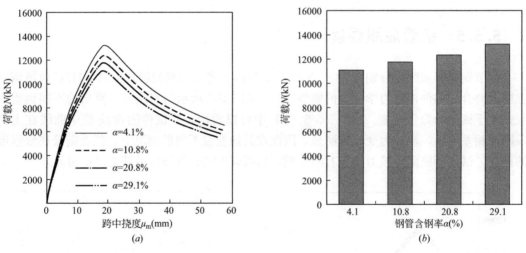

图 5-5-6　不同钢管含钢率对试件力学性能的影响

（a）典型试件的荷载-跨中挠度曲线；（b）典型试件的极限承载力对比

5.6　实用计算方法

对钢管混凝土叠合柱偏压承载力计算时，可依据叠加理论，将钢管混凝土叠合柱正截面偏压承载力视为由管外钢筋混凝土部分和钢管混凝土部分叠加而成，暂不考虑两部分之间的相互作用，计算公式如式（5-6-1）、式（5-6-2）所示。

$$N_u = N_c + N_s \tag{5-6-1}$$

$$M_u = M_c + M_s \tag{5-6-2}$$

式中　N_c——单独计算钢筋混凝土组件的极限承载力；

　　　N_s——单独计算钢管混凝土组件的极限承载力；

　　　M_c——单独计算钢筋混凝土组件的弯矩；

　　　M_s——单独计算钢管混凝土组件的弯矩。

其中，钢筋混凝土所受轴力按现行国家标准《混凝土结构设计标准》GB/T 50010—2010 提出的钢筋混凝土柱正截面受压承载力计算公式进行计算，如式（5-6-3）、式（5-6-4）所示。

$$N_c = f_c \left[bx + (b_f' - b) h_f' \right] + \sum \sigma_s' A_s' - \sum \sigma_s A_s \tag{5-6-3}$$

$$M_c = N_c e = f_c \left[bx \left(h_0 - \frac{x}{2} \right) + (b_f' - b) h_f' \left(h_0 - \frac{h_f'}{2} \right) \right] + \sum \sigma_s' A_s' (h_0 - a_s') \tag{5-6-4}$$

式中　x——截面受压区高度；

　　　h_0——截面有效高度；

　　　f_c——混凝土抗压强度设计值；

　　　b——试件腹板宽度；

　　　σ_s'——受压钢筋应力；

　　　σ_s——受拉钢筋应力；

　　　A_s——受拉纵筋合力点到截面边缘的距离；

　　　A_s'——受压纵筋合力点到截面边缘的距离；

　　　b_f'——受压翼缘长度；

　　　a_s'——受压纵筋截面形心到最近截面边缘的距离；

　　　h_f'——受压翼缘高度，且 $h_f' = h_f$。

钢管混凝土部分按规范《钢管混凝土叠合柱技术规程》T/CECS 188—2019 进行计算，如式（5-6-5）、式（5-6-6）所示。

$$N_s = \varphi_e \varphi_l N_0 \tag{5-6-5}$$

$$N_0 = \begin{cases} 0.9 f_c A_c (1 + \alpha \zeta) & \zeta \leqslant 1/(\alpha - 1)^2 \\ 0.9 f_c A_c (1 + \sqrt{\zeta} + \zeta) & \zeta > 1/(\alpha - 1)^2 \end{cases} \tag{5-6-6}$$

式中　N_0——为钢管混凝土轴心受压短柱承载力设计值；

　　　ζ——为钢管混凝土套箍系数；

　　　A_c——为钢管内混凝土横截面面积；

　　　α——为混凝土强度的相关系数。

φ_l 和 φ_e 为考虑长细比和偏心率影响下承载力的折减系数，其计算公式如式（5-6-7）、式（5-6-8）所示。

$$\varphi_l = \begin{cases} 1 - 0.115 \sqrt{\dfrac{l_0}{d}} - 4 & l_0/d \leqslant 4 \\ 1 & l_0/d > 4 \end{cases} \tag{5-6-7}$$

$$\varphi_e = \begin{cases} \dfrac{1}{\left(1 + \dfrac{1.85 e_0}{r_c} \right)} & e_0/r_c \leqslant 1.55 \\ \dfrac{0.4}{(e_0/r_c)} & e_0/r_c > 1.55 \end{cases} \tag{5-6-8}$$

式中　l_0——为柱等效计算长度；

　　　d——为钢管直径；

　　　e_0——为柱较大弯矩端的轴向压力对试件截面重心的偏心距；

　　　r_c——钢管内半径。

按照叠加法计算的本章试验所有试件的极限承载力比较如表 5-6-1 所示，由表可见，采用叠加法计算所得承载力与试验实测承载力的比值平均值为 0.725，计算结果较实测结果偏于安全，可以应用于实际工程设计。

叠加法与试验极限承载力结果对比　　　　　表 5-6-1

构件编号	$B \times L_0 \times D \times t$ (mm×mm×mm×mm)	$f_{cu,c}$ (MPa)	$f_{cu,o}$ (MPa)	e (mm)	λ_e	ρ_r	N_{ue} (kN)	N_{uc} (kN)	N_{uc}/N_{ue}
Y1	200×1650×100×4	96.0	140.8	0	27.7	0.66	3581	2671	0.746
Y2	200×1650×100×4	96.0	140.8	40	27.7	0.66	2067	1513	0.732
Y3	200×1650×100×4	96.0	140.8	80	27.7	0.66	1160	877	0.756
Y4	200×1650×100×4	96.0	140.8	120	27.7	0.66	843	601	0.713
Y5	200×1650×100×4	96.0	140.8	160	27.7	0.66	616	427	0.693
Y6	200×1650×100×4	96.0	140.8	80	27.7	0.99	1594	1175	0.737
Y7	200×1650×100×4	96.0	140.8	80	27.7	1.33	1797	1351	0.752
Y8	200×850×100×4	96.0	140.8	80	13.8	0.66	1536	1056	0.688
Y9	200×2450×100×4	96.0	140.8	80	46.1	0.66	804	570	0.709

5.7　本章小结

本章以偏心距、长细比和纵筋配筋率为试验参数，完成了 9 根 UHPC 包覆钢管混凝土叠合柱偏压试验，基于试验结果研究各参数对试件破坏模态、极限承载力、轴向荷载-轴向位移关系曲线、轴向荷载-跨中挠度关系曲线、侧向挠度曲线和应变发展的影响，并对二阶效应以及延性等进行了分析。同时，基于已验证的有限元模型对 UHPC 包覆钢管混凝土叠合柱在偏压作用下的全过程力学性能进行了细致剖析，明晰了构件的破坏机理、受荷过程中的荷载分配关系、各组件应力发展及相互作用机制等工作机理。同时开展参数分析，主要研究外包 UHPC 钢纤维掺量、核心混凝土抗压强度、长细比、偏心距、钢材强度及钢管壁厚等对构件偏压力学性能的影响规律。最后，在现有计算规范的基础上推导了 UHPC 包覆钢管混凝土叠合柱偏压承载力的简化计算方法。基于本章的研究可得出以下结论：

（1）轴心受压试件和偏心受压试件的破坏形态有明显差异。轴心受压构件发生牛腿劈裂破坏，偏心受压试件的破坏形态基本为受压区呈现明显的斜裂缝，受拉区出现横向裂缝并不断变宽变深直至贯通，最后试件呈现出较为明显的整体弯曲变形。

（2）UHPC 包覆钢管混凝土叠合柱在偏心荷载作用下的破坏大致经历了外围 UHPC 开裂、钢筋和钢管屈服、混凝土压碎等阶段。试件的极限承载力随着偏心距和长细比的增大而降低，随着配筋率的增加而提高。试件的延性系数随着偏心距及配筋率的增大而呈现出上升的趋势，且在大偏心距下试件长细比的增大会改善延性，但当长细比超过一定范围后，延性反而降低。

（3）建立了 UHPC 包覆钢管混凝土叠合柱有限元模型，在验证模型可靠性的基础上进行典型构件在偏压作用下的工作机理分析。结果表明：构件的偏压荷载主要由外围 UHPC 承担，当构件发生破坏时，钢管混凝土基本达到极限承载力，小偏心构件在破坏后钢管混凝土的荷载分配占比逐渐增加，而大偏心构件逐渐由受压状态转为受拉状态。钢管与核心混凝土的接触应力和约束作用随跨中挠度的增大而加强，而钢管与外围 UHPC 之间的接触应力均小于前者。

（4）参数分析结果表明：构件的承载力随着钢纤维掺量、核心混凝土强度和钢管含钢率的增大而增大，随长细比和偏心距的增大而减小，其中钢纤维掺量、长细比和偏心距对构件承载力的影响较为显著，而钢管屈服强度的影响并不明显。

（5）基于现有规范公式，采用叠加法计算 UHPC 包覆钢管混凝土叠合柱偏压承载力总体上偏于安全，可以应用于实际工程设计。

第6章　UHPC叠合钢管混凝土结构的抗撞击性能

6.1　引言

本章进行了钢和混凝土、UHPC和普通混凝土（NC）界面的霍普金森杆冲击试验，分析了这些试件界面裂纹扩展规律，考察了不同材料界面的断裂强度和破坏机理。通过试验和数值法获得的这些双材料试件界面裂纹尖端的复应力强度因子（complex stress intensity factor，CSIF），为钢-UHPC界面、UHPC-NC组合体动态损伤评估提供依据。

同时，本章还进行了UHPC包覆钢管混凝土叠合柱的抗撞击性能试验研究，研究了含钢管混凝土率、是否配筋和UHPC钢纤维掺量等参数对UHPC外包钢管混凝土叠合构件的破坏模态、挠度时程曲线、冲击力时程曲线等的影响规律，探究了UHPC包覆钢管混凝土叠合柱在撞击荷载作用下的工作机理，明晰了荷载-变形全过程关系的力学特性，探讨了考虑动荷载效应的UHPC包覆钢管混凝土叠合构件抗撞击承载力计算方法。

6.2　动荷载下钢-混凝土界面冲击性能

在钢-超高性能混凝土组合结构中，钢和超高性能混凝土的界面往往是薄弱处，在界面处容易开裂，对组合结构造成影响，因此研究钢-混凝土界面处的力学性能是十分必要的。然而，目前对于钢-UHPC组合结构界面的研究主要集中于静载下钢-混凝土界面的滑移、界面纵向剪力以及界面粘结力等。但是，钢-混凝土组合结构在实际的工程中不仅会受到静力荷载的影响，还会受到动载的影响，例如桥梁的桥墩容易受到船舶撞击，根据各种有关资料文献的介绍，船舶撞击钢-UHPC组合桥梁的事故在世界各地一直不断地发生，船撞桥事故的频率远比我们想象的更高，由船撞桥事故所导致的人员伤亡、财产损失以及环境破坏是惊人的，在我国长江干线上已经陆续发生了300多起船撞桥事故。根据动力学波动理论，船舶撞击桥墩产生的应力波会向桥梁支座以及桥面处传递，这些区域往往都是由UHPC和带有剪力钉的钢构件组合而成，在前期的UHPC浇筑以及后期的服役过程中容易产生缺陷，因此钢-UHPC界面过渡区往往是比较薄弱的。在受到应力波冲击时，钢-

UHPC 界面处容易产生开裂等损伤，从而降低了桥梁整体承载力，带来一系列安全隐患，因此需要对钢-UHPC 界面的动态力学性能进行研究。

　　基于以上原因，本节针对钢-UHPC 组合体界面的冲击性能和裂纹扩展行为进行试验研究，制作钢与不同强度的 UHPC 组合成的双材料直切槽半圆盘弯曲试件（bi-material notched semi-circle bend，BNSCB），采用霍普金森压杆系统和裂纹扩展计对这些双材料试件进行冲击试验，并分析这些试件界面裂纹扩展规律。同时，通过实验数值法获得这些双材料试件界面裂纹尖端的 CSIF，为钢-UHPC 界面的动态损伤评估提供依据。

6.2.1　试验试件

　　根据现有文献研究钢-混凝土界面力学性能所设计的构型以及剪力连接件缩尺等相关理论依据，本试验设计了含中心裂纹的钢-混凝土的 BNSCB 试件。BNSCB 试件制作过程如图 6-2-1 所示，通过线切割的方式得到四分之一圆钢块，根据双钉抗剪的试验构件，通过等比例缩尺最终选择在钢块表面焊接 2 个 $\phi2.5$mm 的剪力钉，将带有剪力钉的钢块放入泡沫模具中，然后将 UHPC 灌入模具制成 BNSCB 试样。该试件能够确保钢-混凝土裂纹沿界面扩展，较好地观察到钢-UHPC 界面裂纹，并且结构简单易于实验数据的整理分析，同时制作时便于浇筑混凝土。BNSCB 试件一半为 Q235 钢，另一半为混凝土。本试验采用的 BNSCB 试件直径 $D=100$mm，半径 $R=50$mm，厚度 $B=40$mm，预制裂纹 $a=20$mm。该预制缝通过切割机切割得到，切割机刀片的厚度为 1mm，预制缝的尖端利用金属钢丝锯条进行锐化处理，试件的尺寸详图见图 6-2-2。

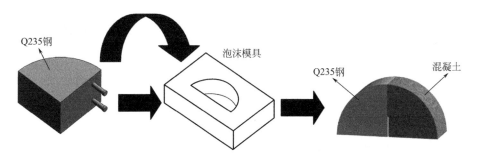

图 6-2-1　钢-混凝土双材料直切槽半圆盘弯曲试件

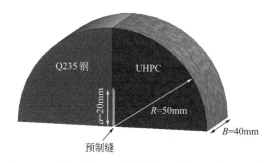

图 6-2-2　钢-混凝土双材料直切槽半圆盘弯曲试件

6.2.2 材料性能

本试验采用三种强度等级的超高性能混凝土，即 UHPC80、UHPC100、UHPC120。这三种强度等级的 UHPC 均采用 P·O52.5 普通硅酸盐水泥。选用半加密微硅灰，SiO_2 含量大于 98%；选用工业高温熔点玻璃粉；选用五种不同目数的优质半透高硅石英砂，其目数范围为 10~180 目；选用 PCA-Ⅰ 通用型聚羧酸高性能减水剂，减水率为 37%。在加入钢纤维时，通过筛子将钢纤维适当分散。三种 UHPC 配合比见表 6-2-1。

UHPC 配合比（kg/m³） 表 6-2-1

| 混凝土类型 | 水泥 | 硅灰 | 玻璃粉 | 石英砂 | | | | | 水 | 减水剂 | 钢纤维 |
				120~180目	70~120目	40~70目	20~40目	10~20目			
UHPC80	802	242	343.82	74.06	171.72	170.69	260.71	328.48	213	37.14	无
UHPC100	859.54	257.86	337.63	72.73	168.63	167.62	265.02	322.57	175.56	47.14	无
UHPC120	859.54	257.86	337.63	72.73	168.63	167.62	265.02	322.57	175.56	47.14	81.2

在浇筑试件时，三种强度等级的 UHPC 各浇筑三个 100mm×100mm×100mm 的超高性能混凝土立方体试块。将立方体养护 28d 后，在 200t 电液伺服压力机上进行三种强度等级的 UHPC 抗压试验，如图 6-2-3 所示，最终得到三种强度等级的 UHPC 的平均抗压强度 f_{cu} 分别为 85.8、103.6、122.3MPa。UHPC 混凝土的抗压强度见表 6-2-2。

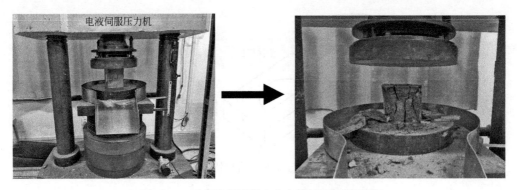

图 6-2-3 超高性能混凝土立方体试块抗压试验

UHPC 的材料属性 表 6-2-2

混凝土类型	抗压强度 f_{cu}(MPa)	弹性模量 E_d (kN/mm²)	泊松比 ν_d	密度 ρ(kg/m³)	纵波波速 c_d(m/s)	横波波速 c_s(m/s)	瑞利波波速 c_R(m/s)
UHPC80	85.8	33741	0.34	2451	4630	2264	2152
UHPC100	103.6	40183	0.31	2502	4717	2476	2348
UHPC120	122.3	44435	0.30	2615	4808	2553	2419

本节将基于 Abaqus 平台计算获取双材料界面裂纹尖端应力强度因子，模型中上述材

料的基本力学属性需要提前确定，因此本文采用非金属超声波检测仪进行参数测定。准备 9 个高度为 100mm、直径为 50mm 的圆柱体模具，在浇筑过程中，将 UHPC 浇筑进提前准备的圆柱体模具中，每种强度等级的 UHPC 各浇筑 3 个圆柱体。养护 28d 后，将该圆柱体的上下两端涂抹上凡士林，并放置在非金属超声波检测仪的外接纵波探头和横波探头之间，可分别检测材料横波波速和纵波波速。测定每种强度等级的 UHPC 各 3 个圆柱体试件的波速，并求平均值，从而得到 UHPC 的纵波波速和横波波速，结果列于表 6-2-2 中。

在确定材料的纵波波速和横波波速后，参考动力学经典波动方程公式（6-2-1）得到瑞利波波速。然后再将材料横波波速、纵波波速和瑞利波波速带入式（6-2-2）和式（6-2-3），从而得到材料的动态弹性模量 E_d 和动态泊松比 ν_d（范天佑，2006）。

$$\left(2-\frac{c_R^2}{c_s^2}\right)=4\left(1-\frac{c_R^2}{c_d^2}\right)^{1/2}\left(1-\frac{c_R^2}{c_s^2}\right)^{1/2} \tag{6-2-1}$$

$$E_d=\frac{\rho c_s^4(3c_d^4-4c_s^4)}{c_d^2-c_s^2} \tag{6-2-2}$$

$$\nu_d=\frac{c_d^2-2c_s^2}{2c_d^2-2c_s^2} \tag{6-2-3}$$

式中　c_d——纵波波速；

　　　c_s——横波波速；

　　　c_R——瑞利波波速；

　　　ρ——材料的密度。

通过线切割的方法得到四分之一圆钢块，钢的材质为 Q235，弹性模量为 210GPa，泊松比为 0.3。

BNSCB 试件中涉及 Q235 钢和三种强度等级的 UHPC，即 UHPC80-Q235、UHPC100-Q235 和 UHPC120-Q235 试件。为了保证每种组合试件试验数据的可靠性，试验过程中每种 BNSCB 试件都准备了 3 个相同试件，总共涉及 9 个双材料直切槽半圆盘试样。为了便于试验数据的分析，对试验试件进行了统一编号，如 B-80-3-1 试件中 B 表示无腐蚀的 BNSCB 试件，80 表示强度为 80MPa 的 UHPC，3 表示 3m/s 的冲击速度，1 表示试件的编号。

6.2.3　试验方法及试验仪器

1. 分离式霍普金森压杆系统

本试验采用分离式霍普金森压杆系统（Split Hopkinson pressure bar system，SHPB）进行 BNSCB 试件的冲击试验，SHPB 系统的示意图如图 6-2-4 所示。分离式霍普金森压杆系统包括冲击杆、入射杆、透射杆、吸收杆和固定支座。SHPB 系统的弹性杆材料均为 60Si2MnA 合金钢，弹性模量为 211GPa，泊松比为 0.3，密度为 7.85g/cm³。冲击杆、入射杆、透射杆和吸收杆的直径均为 100mm。冲击杆的长度是 0.6m，入射杆的长度是 5m，透射杆的长度是 4m。入射杆的应变片位于入射杆的中间位置，距离两端的距离为 2.5m。将透射杆固定在最末端的支座上，利用氮气加压给冲击杆加速，冲击杆撞击入射杆的速度通过激光测速仪进行测量，入射杆和试件上裂纹扩展计的应变信号通过超动态应变仪进行采集，超动态应变仪可以将入射杆上应变片 G1 所采集到的电压信号用式（6-2-4）转换为应变。

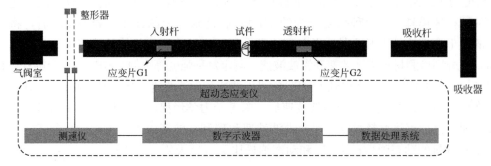

图 6-2-4   SHPB 数据采集系统

$$\varepsilon = \frac{4U_0}{nE_g K} \tag{6-2-4}$$

式中 U_0——超动态应变仪采集到的电压值；

n——超动态应变仪的放大倍数；

K——入射杆和透射杆的应变片灵敏度；

E_g——超动态应变仪桥路输入电压。

试件放置于入射杆和透射杆之间，试验开始时发射系统内的冲击杆以一定的速度撞击入射杆，为了消除试验过程中应力波的弥散效应和延长波形的上升时间，在入射杆的左端用凡士林粘贴纸铜片。根据一维弹性应力波假设，冲击杆和入射杆的弹性碰撞会产生半正弦的入射波。入射波沿着入射杆传播，当入射波与试样接触时，会相应地产生反射波和透射波。当进行断裂试验时，试样两侧的力（P_1 和 P_2）表示为：

$$P_1 = EA(\varepsilon_i + \varepsilon_r) = A(\sigma_i + \sigma_r) \tag{6-2-5}$$

$$P_2 = EA\varepsilon_t = A\sigma_t \tag{6-2-6}$$

式中，E 为 60Si2MnA 合金钢的弹性模量，A 为入射杆和透射杆的横截面积，ε_i、ε_r 和 ε_t 分别为入射波、反射波以及透射波应变形式，σ_i、σ_r 和 σ_t 分别是入射波、反射波以及透射波应力形式。

本试验作用于 BNSCB 试件上的两种不同的入射波曲线如图 6-2-5 和图 6-2-6 所示。

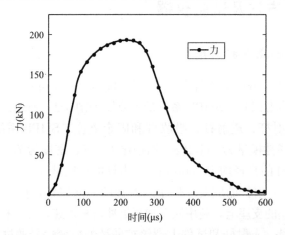

图 6-2-5   BNSCB 试件的入射波曲线（2.0m/s 冲击速度）

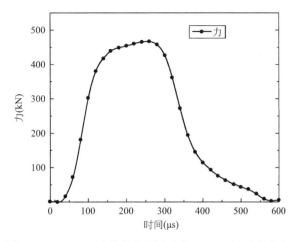

图 6-2-6　UNCCD 试件的反射波曲线（0.0mm/s 冲击速度）

2. 裂纹扩展计

本节钢-UHPC 界面裂纹的起裂时间、扩展速度和扩展时间通过裂纹扩展计（Crack Propagation Gauge，CPG）获取。试验前，在钢-UHPC 的过渡区域粘贴裂纹扩展计，裂纹扩展计由 10 根栅丝组成，相邻两根栅丝的距离为 1mm，总长为 12.5mm，宽度为 12mm，初始电阻 5.5Ω。裂纹扩展计的连接电路如图 6-2-7 所示，电源是恒压源，电阻 R_1 和 R_2 均为 50Ω，串联电阻 R_1 主要是因为裂纹扩展计电阻较小，用于保护电路；而并联电阻 R_2 是为了保护最终电路不出现断路，保证试验稳定开展。

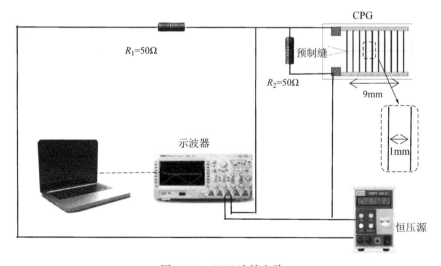

图 6-2-7　CPG 连接电路

在试验时，为了精确采集到裂纹扩展的整个过程，裂纹扩展计的第一根栅丝应紧贴预制裂纹的尖端。当试件受到冲击时，裂纹将沿着垂直于预制缝的方向发展，CPG 的 10 根栅丝随着裂纹的发展而逐渐断开，CPG 的总电阻随着栅丝的断开而不断增大，电路的电压也发生变化，超动态应变仪可以采集到 CPG 电压的台阶变化，当 CPG 的第 10 根栅丝断裂时电压信号将不再发生变化，裂纹扩展计测量方式如图 6-2-7 所示。

175

CPG 除了可以采集到电路电压信号发生的台阶变化以外，还可以通过式（6-2-7）计算出钢和 UHPC 界面裂纹扩展的速度。如图 6-2-7 所示，CPG 含有 10 根栅丝，相邻两根栅丝间的距离为 $\Delta L = 1\text{mm}$，第 1 根栅丝断裂的时间为 T_1；第 2 根栅丝断裂的时间为 T_2……第 i 根栅丝断裂的时间为 T_i，相邻两根栅丝的断开时间差为 $\Delta T = T_i - T_{i-1}$。所以，可以得到相邻栅丝间的裂纹扩展速度 $V_{i,i-1}$（$i=2$，3，…，10）等于相邻栅丝间的距离为 ΔL 与相邻两根栅丝断开时间差 ΔT 相除，如式（6-2-7）所示。

$$V_{i,i-1} = \frac{\Delta L}{\Delta T} = \frac{\Delta L}{T_i - T_{i-1}} (\text{i}=2,3,\cdots,10) \qquad (6\text{-}2\text{-}7)$$

6.2.4　试验结果与分析

试验时，钢-UHPC 试件在应力波作用下界面发生开裂，粘贴在钢和 UHPC80、UHPC100、UHPC120 过渡区域的裂纹扩展计中的栅丝受到冲击力的作用逐渐断开，超动态应变仪可以采集到裂纹扩展计的电压变化，裂纹扩展计 10 根栅丝的电压台阶信号变化以及对应试件的破坏模态如图 6-2-8 所示。图 6-2-8 中黑色实线代表 CPG 电压信号随时间的变化曲线，每个电压台阶的平台段表示 CPG 相邻栅丝之间的断裂时间差，黑点表示相邻栅丝之间的裂纹扩展速度。

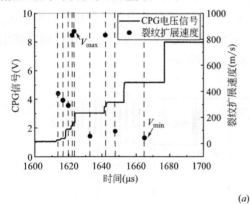

（a）

（b）

图 6-2-8　3.0m/s 冲击速度下 BNSCB 的试验结果（一）

（a）B-80-3-1；（b）B-80-3-2

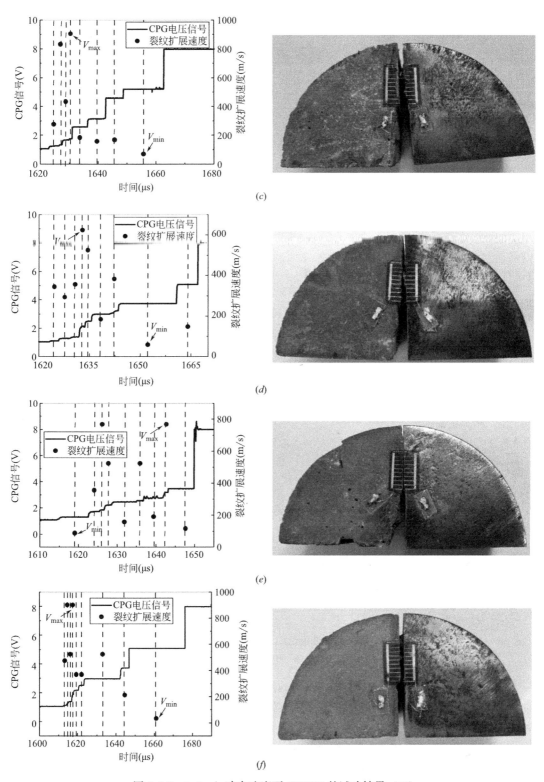

图 6-2-8　3.0m/s 冲击速度下 BNSCB 的试验结果（二）

（c）B-80-3-3；（d）B-100-3-1；（e）B-100-3-2；（f）B-100-3-3

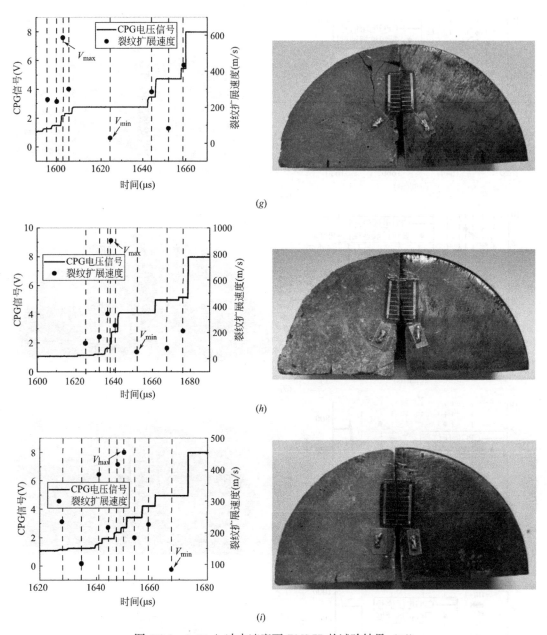

图 6-2-8　3.0m/s 冲击速度下 BNSCB 的试验结果（三）

（g）B-120-3-1；（h）B-120-3-2；（i）B-120-3-3

根据 CPG 电压台阶信号（图 6-2-8 中的黑色实线）可以发现，B-80-3-1、B-80-3-2 和 B-80-3-3 上所有栅丝全部断开的总时间分别为 64.2、41.5 和 40.1μs，而 B-100-3-1、B-100-3-2 和 B-100-3-3 所有栅丝全部断开的总时间分别为 44.4、43.5 和 64μs；B-120-3-1、B-120-3-2 和 B-120-3-3 所有栅丝全部断开的总时间分别为 67、59 和 48μs。根据三种 UHPC 与钢的双材料切槽半圆盘试件的试验结果可知，含有 UHPC80 的 BNSCB 试件的界面平均裂纹扩展总耗时为 48.6μs；含有 UHPC100 的 BNSCB 试件的界面平均裂纹扩展总耗时为 50.7μs；含有 UHPC120 的 BNSCB 试件的界面平均裂纹扩展总耗时为 58μs。含

UHPC120 的 BNSCB 试件界面平均裂纹扩展总耗时比含有 UHPC100 的 BNSCB 试件高出 14.4%，比含有 UHPC80 的 BNSCB 试件高出 18.5%。这说明强度越高的超高性能混凝土（UHPC）与钢结合界面裂纹扩展所需的时间越长，界面的强度越高。

从图 6-2-8 中黑点的分布可以看出，B-80-3 系列试件的平均最大裂纹扩展速度为 888m/s，平均最小裂纹扩展速度为 72m/s，平均裂纹扩展速度为 195m/s。B-100-3 系列试件的平均最大裂纹扩展速度为 765m/s，平均最小裂纹扩展速度为 63m/s，平均裂纹扩展速度为 188m/s。B-120-3 系列试件的平均最大裂纹扩展速度为 649m/s，平均最小裂纹扩展速度为 56m/s，平均裂纹扩展速度为 160m/s。根据上述试验数据，可以发现在 3.0m/s 的冲击速度下，含有 UHPC80 的 BNSCB 试件界面裂纹扩展的最大速度、最小速度和平均速度均比于另外两者高，含有 UHPC80 的 BNSCB 试件界面裂纹扩展的最大速度比含有 UHPC100 的 BNSCB 试件高 16.1%，比含有 UHPC120 的 BNSCB 试件高 36.8%，且 BNSCB 试件的界面裂纹扩展的最大速度都不会超过表 6.2.2 中的 UHPC 端剪切波波速。含有 UHPC80 的 BNSCB 试件界面裂纹扩展的平均速度比含有 UHPC100 的 BNSCB 试件高 3.7%，比含有 UHPC120 的 BNSCB 试件高 21.9%。含有 UHPC80 的 BNSCB 试件界面裂纹扩展的最小速度比含有 UHPC100 的 BNSCB 试件高 14.1%，比含有 UHPC120 的 BNSCB 试件高 28.6%。

从以上数据可以得出，在 3.0m/s 的冲击速度下 BNSCB 试件的栅丝全部断开的总时间以及界面裂纹扩展的最大速度、最小速度和平均速度可以看出，含有 UHPC80 的 BNSCB 试件栅丝全部断开的总时间小于含有 UHPC100 和 UHPC120 的 BNSCB 试件。但含有 UHPC80 的 BNSCB 试件界面裂纹扩展的最大速度、最小速度和平均速度均大于另外两者，且从增长速率来看，含有 UHPC80 的 BNSCB 试件远大于含有 UHPC120 的 BNSCB 试件，这说明随着 UHPC 强度的增大，BNSCB 试件界面裂纹扩展的最大速度、最小速度和平均速度均随之减小。从以上数据可以看出，随着 UHPC 强度的增大，剪力钉对界面裂纹的抑制作用随之增大。

BNSCB 试件的破坏模态如图 6-2-8 所示，所有 BNSCB 试件都会沿着钢和 UHPC 两者的界面断开，其中 UHPC80 沿着界面破坏到钢表面剪力钉处时，裂纹会沿着剪力钉开始向 UHPC 方向扩展，造成 UHPC 破坏。而在含有 UHPC100 和 UHPC120 的 BNSCB 试件中，虽然裂纹也会沿着剪力钉开始扩展，但是仅产生了微小裂纹，UHPC 破坏不明显，这说明带有剪力钉的钢-UHPC 组合体试件中随着超高性能混凝土（UHPC）的强度升高，剪力钉诱导界面裂纹扩展至 UHPC 内部的现象将不明显。

图 6-2-9 所示为 2.0m/s 冲击速度下 BNSCB 试件的破坏模态以及试验所采集到的电压台阶信号变化。由 CPG 电压台阶信号（图 6-2-9 中的黑色实线）可以发现，B-80-2-1、B-80-2-2 和 B-80-2-3 上所有栅丝全部断开的总时间分别为 79.3、92.4 和 58.5μs，而 B-100-2-1、B-100-2-2 和 B-100-2-3 所有栅丝全部断开的总时间分别为 118.6、98.2 和 67.4μs。根据试验结果可知，含有 UHPC80 的 BNSCB 试件的界面平均裂纹扩展总耗时为 76.7μs，含有 UHPC100 的 BNSCB 试件的界面平均裂纹扩展总耗时为 94.7μs。含 UHPC100 的 BNSCB 试件界面平均裂纹扩展总耗时比含有 UHPC80 的 BNSCB 试件高出 23.5%。该结果与不同强度的 UHPC 在 3.0m/s 冲击速度下所得结论相同，说明强度越高的超高性能混凝土（UHPC）与钢结合界面裂纹扩展所需的时间越长，界面的强度越高。

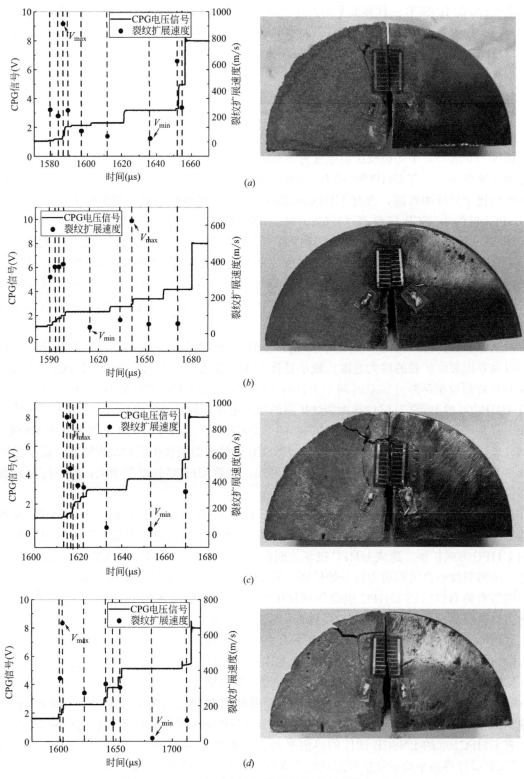

图 6-2-9 2.0m/s 冲击速度下 BNSCB 的试验结果（一）

（a）B-80-2-1；（b）B-80-2-2；（c）B-80-2-3；（d）B-100-2-1

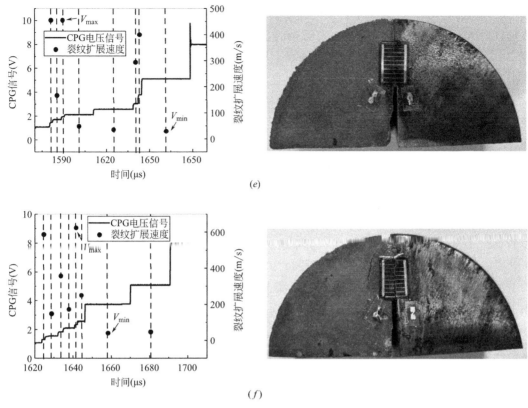

图 6-2-9　2.0m/s 冲击速度下 BNSCB 的试验结果（二）

(*e*) B-100-2-2；(*f*) B-100-2-3

从图 6-2-9 中黑点的分布可以看出，B-80-2 系列试件的平均裂纹扩展速度为 122m/s，B-100-2 系列试件的平均裂纹扩展速度为 101m/s，通过对比图 6-2-8 的试验结果还可以发现，当 UHPC 强度相同时，在 3.0m/s 的冲击速度下裂纹的平均扩展速度较快。BNSCB 试件的破坏模态如图 6-2-9 所示，通过对比试件在 2.0m/s 和 3.0m/s 时的破坏模态可以看出，所有 BNSCB 试件都会沿着钢和 UHPC 两者的界面断开，但是 BNSCB 试件 UHPC 部分在 3.0m/s 冲击速度下破坏得更为严重，这说明冲击速度越大，超高性能混凝土（UHPC）越容易破坏。

6.2.5　本节小结

本节对双材料直切槽半圆盘弯曲构型（BNSCB），进行了应力波作用下钢-UHPC 试样三点弯曲试验，研究了 UHPC 强度对双材料结合试样（BNSCB）界面裂纹扩展行为的影响，得到以下结论：

（1）含 UHPC120 的 BNSCB 试件界面平均裂纹扩展总耗时比含有 UHPC100 的 BNSCB 试件高出 14.4%，比含有 UHPC80 的 BNSCB 试件高出 18.5%。这说明强度越高的超高性能混凝土（UHPC）与钢结合界面裂纹扩展所需的时间越长，界面的强度越高。

（2）所有 BNSCB 试件的界面裂纹扩展最大速度均不超过 UHPC 的瑞利波波速。

（3）剪力钉对钢-UHPC组合试件界面裂纹的扩展具有一定程度的抑制作用，裂纹沿着垂直于预制缝方向断裂到钢块剪力钉处时，此处应力集中，当UHPC强度较小时，裂纹会沿着剪力钉向UHPC方向发展；随着UHPC强度升高，剪力钉诱导界面裂纹扩展至UHPC内部的现象将不明显。

（4）当UHPC强度相同时，冲击速度越快BNSCB试件界面裂纹的平均扩展速度越快。

6.3 动荷载下 UHPC-NC 界面冲击性能

对于UHPC叠浇NC的叠合结构，UHPC-NC的界面性能是保证二者具有共同工作性能的基础（Prem等，2015）。然而，近年来对于UHPC-NC组合体界面的研究主要为静载下开展的UHPC与NC界面的裂纹扩展行为和力学性能研究，尚少见涉及应力波动态扰动下UHPC-NC界面力学性能的研究。事实上，在地震、撞击等动荷载作用下，应力波作用下UHPC-NC组合体的界面稳定性是决定叠合结构力学性能的重要因素（Safdar等，2016）。相较于静载作用，在动载作用下由于UHPC与NC材料波阻抗存在差异性，当应力波遇到UHPC与NC组合体界面时会产生反射波和透射波，使界面区两种材料振动频率存在差异性（Paschalis等，2018），并在界面处形成时变非均匀应力场，极易造成界面微裂纹滋生、扩展和断裂等问题。因此，相比于静态加载工况，动态破坏需考虑应力波影响，UHPC-NC界面裂纹扩展规律和力学性能变化规律更为复杂。

因此，本节针对UHPC与NC组合体界面的冲击性能和裂纹扩展行为进行试验研究，采用三种强度的超高性能混凝土（UHPC80、UHPC100和UHPC120）分别与C40混凝土组合成双材料直切槽半圆盘弯曲试件（BNSCB）。采用霍普金森压杆系统和裂纹扩展计对这些双材料试件进行冲击试验，并分析这些试件界面裂纹扩展规律。同时，通过实验数值法获得这些双材料试件界面裂纹尖端的CSIF，为UHPC-NC组合体动态损伤评估提供依据。

6.3.1 试验试件

为了较好地考察应力波作用下UHPC-NC的界面裂缝扩展特性，设计的该试样不仅能够确保裂纹沿界面扩展，而且具有裂纹传播范围大、结构简单、制作方便的优点。BNSCB试件采用一半为普通混凝土，另一半为超高性能混凝土。该构型直径 $D=76\text{mm}$，半径 $R=38\text{mm}$，厚度 $B=25\text{mm}$，预制裂纹 $a=10\text{mm}$，底部两个支点之间的距离 $L=40\text{mm}$。该预制缝是通过0.5mm厚锯条切割形成，并对裂纹尖端进行锐化处理，试件尺寸详见图6-3-1。

NC与UHPC组合体的稳定性主要取决于界面粘结性能的稳定性，因此，对NC加固前，往往需要对其粘结面进行粗糙处理，从而使NC与UHPC混凝土具有更好的粘结性。本研究采用钢刷法对NC粘结面进行处理（田稳苓等，1998），使NC粘结面粗糙度得到提高，再进行UHPC的浇筑。通过ContourGT-K三维光学显微镜对其表面进行了测量，

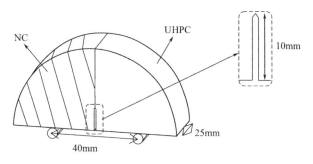

图 6-3-1 试样几何尺寸

从而获得算数平均高度 R_a，即定义区域中每一点的绝对高度值的平均值，该值可对表面粗糙度进行定量化表示，如图 6-3-2 所示。

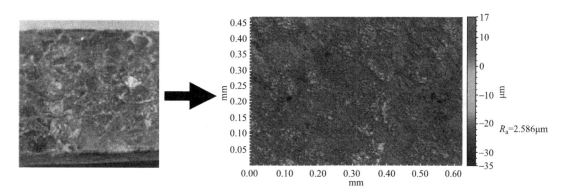

图 6-3-2 C40 粘贴界面粗糙度

6.3.2 材料性能

1. 普通混凝土

普通混凝土 C40 采用高强低碱 P·O42.5 普通硅酸盐水泥。为了提高 C40 混凝土的密实度，搅拌过程中严格控制砂粒径，并且通过添加粉煤灰和减水剂来提高砂浆的密实度和流动性。混凝土所用的细骨料的细度模数为 1.9，砂率为 0.35。粗骨料采用 5～20mm 级配下天然碎石。外加剂为 TW-PS 高性能减水剂，减水率在 25% 以上。粉煤灰采用二级粉煤灰，主要氧化物成分为：SiO_2、Al_2O_3、SO_2、Fe_2O_3、CaO 等。C40 混凝土配合比（kg/m^3）为水泥∶砂∶石子∶水∶减水剂＝527∶558∶1242∶195∶4.8。

在浇筑过程中，每个混凝土强度等级都预留 3 个 100mm×100mm×100mm 的混凝土立方体试块，4 个 100mm×100mm×300mm 的混凝土棱柱体试块。预留试块和 BNSCB 试样在同等室温条件下养护 28d 后，根据《混凝土物理力学性能试验方法标准》GB 50081—2019 规定的方法测得 C40 混凝土的抗压强度、弹性模量和泊松比。混凝土抗压强度和弹模试验在福建农林大学结构实验室 200 t 电液伺服压力机上进行。C40 混凝土的坍落度为 150mm；养护 28d 的抗压强度 f_{cu} 为 42.7MPa，试验中的抗压强度 f_{cu} 为

45.6MPa；轴心抗压强度 f_{ck} 为 30.5MPa；弹性模量 E_c 为 32600MPa；泊松比为 0.210；密度为 2.287g/cm³。

2. 超高性能混凝土

试验中 UHPC 包括三个强度等级，即 UHPC80、UHPC100 和 UHPC120，均采用 P·O52.5 普通硅酸盐水泥。选用半加密微硅灰，SiO_2 含量大于 98%；选用工业高温熔点玻璃粉；选用优质半透高硅石英砂，目数范围为 10~180 目；选用 PCA-Ⅰ通用型聚羧酸高性能减水剂，减水率为 37%。UHPC 混凝土配合比见表 6-3-1，UHPC 混凝土的抗压强度、弹性模量和泊松比见表 6-3-2。

UHPC 配合比（kg/m³）　　　　　　　　　　　　表 6-3-1

混凝土类型	水泥	硅灰	玻璃粉	石英砂					水	减水剂
				120~180 目	70~120 目	40~70 目	20~40 目	10~20 目		
UHPC80	802.0	242.0	343.8	74.06	171.72	170.6	260.5	326.0	1251	327.2
UHPC100	844.1	253.2	325.2	70.00	162.0	184.0	304.0	250.0	1221	334.0
UHPC120	859.5	257.9	337.6	72.70	168.6	167.6	265.0	322.6	1192	442.0

UHPC 的材料属性　　　　　　　　　　　　表 6-3-2

混凝土类型	抗压强度 f_{cu}(MPa)	弹性模量 E_d(kN/mm²)	泊松比 ν_d	密度 ρ(g/cm³)	纵波波速 c_d(m/s)	横波波速 c_s(m/s)	瑞利波波速 c_R(m/s)
UHPC80	89.6	32150	0.36	2.40	4749	2200	2061
UHPC100	108.5	37350	0.34	2.45	4848	2476	2306
UHPC120	119.1	41610	0.31	2.46	4839	2551	2369

后文需基于 Abaqus 平台计算获取双材料界面裂纹尖端应力强度因子，模型中上述材料的基本力学属性需要提前确定，因此本文采用非金属超声波检测仪进行参数测定。在材料测定过程中，将材料制作成长度 100mm、直径 50mm 的圆柱体标准试件。然后，将该圆柱体放置在非金属超声波检测仪的外接纵波探头和横波探头之间，可分别检测材料横波波速和纵波波速。每种材料都准备三个圆柱体试件，通过上述设备测定 3 个试件的波速，并求平均值，从而得到材料的纵波波速和横波波速，如表 6-3-2 所示。

在确定材料的纵波波速和横波波速后，参考动力学经典波动方程公式（6-2-1）得到瑞利波波速。然后再将材料横波波速、纵波波速和瑞利波波速带入式（6-2-2）和式（6-2-3），从而得到材料的动态弹性模量 E_d 和动态泊松比 ν_d（范天佑，2006）。

BNSCB 试件中涉及三种强度的 UHPC 和一种普通混凝土强度（C40），即 UHPC80-NC、UHPC100-NC 和 UHPC120-NC 试件。为了保证每种组合试件试验数据的可靠性，试验过程中每种 BNSCB 试件都准备了三个相同试件，总共涉及 9 个双材料直切槽半圆盘试样。为了方便试验数据分析，本文对试验试件进行统一编号。如 B-C40-U80-1 试件中 B 表示双材料试件，C40 表示普通混凝土试件，U80 表示强度为 80MPa 的 UHPC，数字 1 表示编号 1。

6.3.3　试验方法及试验设备

在试验中，SHPB 的压杆材质采用 40CrMoV 合金钢，弹性模量为 210GPa，泊松比为 0.25，密度为 7.85g/cm³。入射和透射杆直径均为 80mm，冲击杆、入射和透射杆的长度分别为 0.4、3.0 和 2.0m，该系统的构造如图 6-2-4 所示。该系统工作原理为脉冲波经过入射、透射杆表面粘贴的应变片位置时，采集系统会采集到对应的电压信号变化。

本试验侧重于应力波作用下不同强度 UHPC 与 NC 组合体界面力学性能研究，因此并未把加载率作为一个试验变量，对每种 BNSCB 试件仅设计一种加载率，即加载率 835GPa/s，如图 6-3-3 所示。

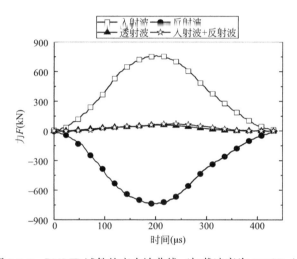

图 6-3-3　BNSCB 试件的应力波曲线（加载速率为 835GPa/s）

裂纹扩展计 CPG 主要由玻璃丝布基底和栅丝两部分组成，其中栅丝由 10 根不同长度的卡玛铜薄片并联，相邻两根栅丝之间的距离为 1mm，CPG 有效总长度为 9mm，宽度 12mm，初始电阻为 5.5Ω。其测量原理为当裂纹扩展造成紧挨着裂纹尖端的第 1 根栅丝发生断裂时，CPG 的电阻增大，造成电压发生变化，随着裂纹继续扩展，栅丝连续断裂，CPG 两端电压信号出现台阶变化，直到最后一根栅丝断裂，电压信号将不再发生变化。此外，CPG 还可以得到裂纹扩展速度，假设界面裂纹扩展过程中 CPG 第 i 根和第 $i+1$ 根电阻丝的断裂时间为 t_i 和 t_{i+1}，然后将这相邻两根电阻栅丝之间的距离 ΔL 与相对应的时间差 $t_{i+1}-t_i$ 相除，可以得到扩展过程中每两根电阻丝之间的裂纹扩展速度 $V_{i+1,i}$（1，2，3，…，9），如式（6-3-1）所示。

$$V_{i+1,i}=\frac{VL}{t_{i+1}-t_i}(i=1,2,3,\cdots)\tag{6-3-1}$$

CPG 采集过程所需要的电压是由 15 V 恒压电源提供。为了防止图 6-2-7 中 CPG 两端出现过大的电流，在电路中并联一个 50Ω 的电阻和串联一个 50Ω 电阻来保护 CPG。当试件裂纹扩展并带动 CPG 栅丝依次断裂后，电脑将会显示 CPG 两个接线端的电压台阶信号变化曲线。

6.3.4　试验结果与分析

试验中普通混凝土 C40 分别与 UHPC80、UHPC100、UHPC120 相结合，在两者界面结合处贴上 CPG，当裂纹沿着界面断裂时，裂纹扩展计的栅丝随着裂纹的扩展而逐渐发生断裂。裂纹扩展计两个接线端的电压台阶信号变化曲线以及试件破坏情况如图 6-3-4 所示，图 6-3-4 中黑色实线的每个电压台阶长度表示 CPG 中相邻栅丝之间的断裂时间差，黑点表示相邻栅丝之间的裂纹扩展速度。

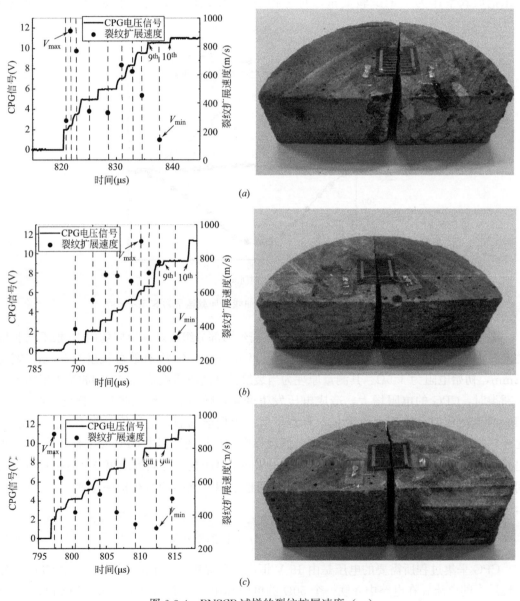

图 6-3-4　BNSCB 试样的裂纹扩展速度（一）

（a）B-C40-U80-1；（b）B-C40-U80-2；（c）B-C40-U100-1

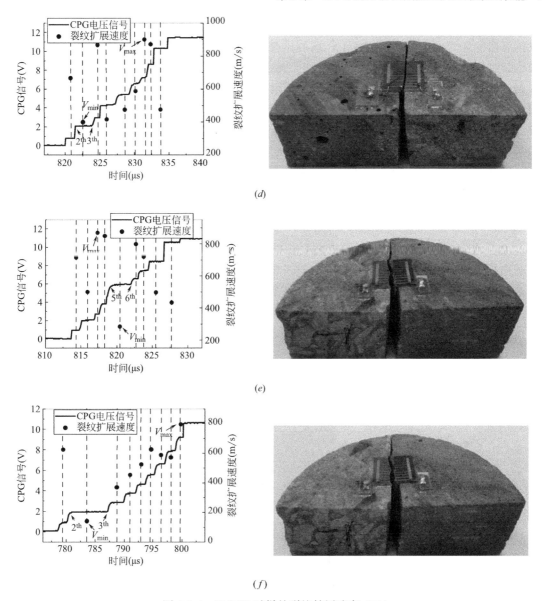

图 6-3-4　BNSCB 试样的裂纹扩展速度（二）

(d) B-C40-U100-2；(e) B-C40-U120-1；(f) B-C40-U120-2

　　根据 CPG 电压台阶信号（图 6-3-4 中的黑色实线）可以发现，B-C40-U80-1 和 B-C40-U80-2 上所有栅丝全部断开的总时间分别为 18.6 和 14.6μs，而 B-C40-U100-1 和 B-C40-U100-2 所有栅丝全部断开的总时间分别为 15.0 和 18.9μs，B-C40-U120-1 和 B-C40-U120-2 所有栅丝全部断开的总时间分别为 21.4 和 15.6μs。鉴于上述试验数据可知，含有 UHPC120 的 BNSCB 试件的界面平均裂纹扩展总耗时比含有 UHPC100 的 BNSCB 试件高出 9.1%，比含有 UHPC80 的 BNSCB 试件高出 11.4%。这说明强度越高的超高性能混凝土（UHPC）与普通混凝土（NC）结合界面裂纹扩展所需的时间越长。

　　从图 6-3-4 中黑点的分布可以看出，B-C40-U80 系列试件的平均最大裂纹扩展速度为 905m/s，平均最小裂纹扩展速度为 238m/s，平均裂纹扩展速度为 550m/s。B-C40-U100

系列试件的平均最大裂纹扩展速度为 893m/s，平均最小裂纹扩展速度为 369m/s，平均裂纹扩展速度为 538m/s。B-C40-U120 系列试件的平均最大裂纹扩展速度为 832m/s，平均最小裂纹扩展速度为 213m/s，平均裂纹扩展速度为 499m/s。根据上述试验结果中的试验数据，可以发现含有 UHPC80 的 BNSCB 试件界面裂纹扩展的最大速度和平均速度比另外两者高，且 BNSCB 试件的界面裂纹扩展的最大速度都不会超过表 6-3-2 中的 UHPC 瑞利波波速。

6.3.5　双材料界面动态断裂韧度的有限元模拟

1. 网格划分与复应力强度因子计算公式

基于 Abaqus 平台计算双材料界面裂纹的复应力强度因子。加载速率为 835GPa/s 的加载曲线如图 6-3-3 所示，图中的"入射＋反射"应力波 F_i 施加在 BNSCB 试样的左端，而透射波 F_t 施加在试件的右端。由于试件底部有两个支撑，因此每个支撑对试件的反力为 $F_t(t)/2$。通过八节点四边形单元 CPS8 对 BNSCB 模型进行网格划分，在模型裂纹尖端附近区域采用六节点三角形单元 CPS6 进行划分，整个模型单元数量为 33118，如图 6-3-5 所示。

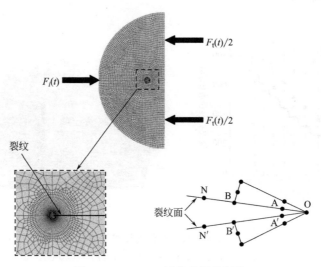

图 6-3-5　BNSCB 试件的网格划分

双材料界面裂纹尖端 CSIF 可以表示为 $K=K_1+iK_2$，其与裂纹尖端应力 σ_y 和 σ_{xy} 的关系（许金泉，2006）可以表示为式（6-3-2）。

$$(\sigma_y+i\sigma_{xy})_{\theta=0}=\frac{(K_1+iK_2)r^{i\varepsilon}}{\sqrt{2\pi r}}\qquad(6-3-2)$$

式中，因子 K_1 和 K_2 分别是 CSIF 的实部和虚部。与均质材料不同，K_1 和 K_2 不是纯Ⅰ型和Ⅱ型的应力强度因子，它们都与裂纹尖端的法向应力和剪应力有关。它们描述了载荷或变形对裂纹尖端应力应变的影响，预测了裂纹的扩展趋势和驱动力。式（6-3-2）中，r 和 θ 是以裂纹尖端为中心的极坐标，ε 定义为

$$\varepsilon = \frac{1}{2\pi} \ln \frac{1-\beta}{1+\beta} \qquad (6\text{-}3\text{-}3)$$

其中：

$$\beta = \frac{G_1(\kappa_2 - 1) - G_2(\kappa_1 - 1)}{G_1(\kappa_2 + 1) + G_2(\kappa_1 + 1)} \qquad (6\text{-}3\text{-}4)$$

式中　κ——对于平面应力问题，$\kappa = (3-\nu) / (1-\nu)$，对于平面应变问题，$\kappa = (3-4\nu)$；

　　　ν——泊松比；

　　　G——剪切模量。

2. 动态起裂韧度

以 B-C40-U80-1、B-C40-U100-1 和 B-C40-U120-1 为例，通过 Abaqus 软件建立了上述试件的数值模型，得到界面裂纹尖端应力 σ_x 和 σ_{xy}，再通过式（6-3-2）得到模型裂纹尖端的两个参数 K_1 和 K_2 与时间关系曲线，然后根据试件上 CPG 第一根栅丝断裂时间获得起裂时刻 CSIF 中的 K_1 和 K_2（图 6-3-6）。

CSIF 可以表示为 $K = K_1 + iK_2$，本文通过 $|K|$ 来反映 ITZ 的断裂韧性：

$$|K| = \sqrt{(K_1)^2 + (K_2)^2} \qquad (6\text{-}3\text{-}5)$$

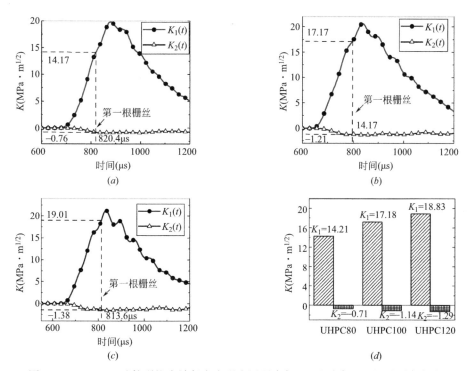

图 6-3-6　BNSCB 试件裂纹尖端复应力强度因子实部 K_1 和虚部 K_2 以及测定方法

（a）B-C40-U80-1 试件；（b）B-C40-U100-1 试件；（c）B-C40-U120-1 试件；（d）三种试件 K_1 和 K_2 的平均值

在试验中，试件 B-C40-U80-1、B-C40-U100-1 和 B-C40-U120-1 的裂纹尖端起裂时间分别为 820.4、796.8 和 813.6μs，根据有限元计算结果可得到图 6-3-6（a）、（b）和（c）中两个参数 K_1 和 K_2 与时间关系曲线，从而确定参数 K_1 和 K_2 值。通过式（6-3-5）可以

计算出裂纹尖端相应的 $|K|$，试件 B-C40-U80-1 的 $|K|$ 为 14.19MPa·m$^{1/2}$，试件 B-C40-U100-1 的 $|K|$ 为 17.21MPa·m$^{1/2}$，试件 B-C40-U120-1 的 $|K|$ 为 19.06MPa·m$^{1/2}$。

图 6-3-6（d）分别显示了 B-C40-U80、B-C40-U100 和 B-C40-U120 系列试件的 K_1 的平均值和 K_2 的平均值，这些系列的所有试件的试验结果如表 6-3-3 所示。可以看出，通常情况下，参数 K_2 远小于 K_1，这意味着 CSIF 中实部 K_1 在裂纹起裂中起主导作用。图 6-3-6（d）中 B-C40-U120 系列试件 K_1 平均值最大，其 CSIF 中 K_1 平均值为 18.83MPa·m$^{1/2}$。B-C40-U80 系列试件 K_1 平均值最小，其 CSIF 中 K_1 平均值为 14.21MPa·m$^{1/2}$。随着超高性能混凝土（UHPC）强度的增大，相比于 B-C40-U80 系列试件，B-C40-U120 系列试件界面裂纹尖端的断裂参数 K_1 增大了 32.5%。

表 6-3-3 列出了 B-C40-U80、B-C40-U100 和 B-C40-U120 系列试件的起裂时间、断裂参数 K_1 和 K_2 以及 $|K|$。根据表 6-3-3 可以得出普通混凝土 C40 与不同强度的超高性能混凝土（UHPC80、UHPC100、UHPC120）双材料试件界面裂纹尖端起裂韧性的模量 $|K|$ 的平均值分别为 14.23、17.21 和 18.88MPa·m$^{1/2}$。结果表明，随着 UHPC 强度增大，参数 K_1 和 $|K|$ 也随之增大，但 K_2 与 UHPC 强度等级之间的关系并没有明显的规律。

BNSCB 试样起裂韧度　　　　　　　　　　　　　　　　　　　　表 6-3-3

试样编号	起裂时间(s)	断裂参数 K_1(MPa·m$^{1/2}$)	断裂参数 K_2(MPa·m$^{1/2}$)	$|K|$(MPa·m$^{1/2}$)
B-C40-U80-1	820.4	14.17	−0.76	14.19
B-C40-U80-2	788.2	13.95	−0.58	13.96
B-C40-U80-3	804	14.52	−0.80	14.54
B-C40-U100-1	796.8	17.17	−1.21	17.21
B-C40-U100-2	820	17.05	−1.05	17.08
B-C40-U100-3	811.7	17.31	−1.16	17.35
B-C40-U120-1	813.6	19.01	−1.38	19.06
B-C40-U120-2	778.6	18.66	−1.22	18.70
B-C40-U120-3	832.5	18.83	−1.26	18.87

6.3.6　本节小结

本节以双材料直切槽半圆盘弯曲构型（BNSCB）为基础，进行了应力波作用下 UHPC-NC 试样三点弯曲试验，研究了 UHPC 强度对 BNSCB 试件界面裂纹扩展行为的影响，并通过有限元模型对其界面力学性能进行了分析，得到以下结论：

（1）B-C40-U120 系列试件的界面裂纹扩展平均时间比 B-C40-U100 系列试件提高 9.1%，比 B-C40-U80 系列试件提高 11.4%，表明在冲击载荷作用下 UHPC-NC 界面裂纹扩展所需的时间随 UHPC 强度提高而增长，且界面裂纹通常沿骨料与水泥基体界面扩展。

（2）所有 BNSCB 试件的界面裂纹扩展最大速度均不超过 UHPC 的瑞利波波速。

（3）BNSCB 试件裂纹尖端的参数 K_2 值远小于 K_1 值，参数 K_1 在裂纹起裂中起主导作用。

（4）BNSCB 试件中断裂参数 K_1 和 $|K|$ 随 UHPC 的强度增大而增大，相较于含有抗压强度 80MPa 的 UHPC 的 BNSCB 试件，120MPa 的 UHPC 使 BNSCB 试件的断裂参数 K_1 和 $|K|$ 分别增大了 32.5％ 和 32.7％；但 K_2 与 UHPC 强度等级之间的关系并没有明显的规律。

6.4　UHPC 包覆钢管混凝土柱抗横向撞击性能

本节开展了 12 根 UHPC 包覆钢管混凝土叠合柱的抗横向撞击性能试验研究，主要参数包括：含钢管混凝土率、UHPC 是否配筋和不同钢纤维掺量。基于试验结果，考察了 UHPC 包覆钢管混凝土叠合试件在冲击作用下的破坏模态、位移时程曲线、冲击力时程曲线、耗能等指标，分析了试件的抗撞击工作机理，在此基础上建议了动力抗弯承载力计算方法。

6.4.1　落锤撞击试验

1. 试件设计

本节试验设计了 12 根 UHPC 包覆钢管混凝土叠合柱，在施加恒定轴压比的条件下，以外层 UHPC 钢纤维掺量（$V_f = V_{SF}/V_{UHPC}$，V_{SF} 和 V_{UHPC} 分别为钢纤维和 UHPC 的体积）、含钢管混凝土率（$\alpha_{CFST} = A_{CFST}/A$，$A_{CFST}$ 和 A 分别为钢管混凝土截面面积和组合柱截面面积，通过改变核心钢管的外径 D 实现 α_{CFST} 的改变）、是否配筋为主要影响参数。试件示意图见图 6-4-1。

图 6-4-1　UHPC 包覆钢管混凝土叠合柱示意图

试件制作流程为：竖向放置已焊接下端板的空圆钢管，浇筑核心混凝土；待浇筑完成 7d 后打磨混凝土并焊接上端钢板；焊接箍筋和纵筋；待核心混凝土浇筑 14d 后，支钢模板，横向放置试件于振动台，边振捣边浇筑外围 UHPC，必要时可采用分层灌入法保证 UHPC 的密实度，浇筑时一边用钢筋插捣，一边用振动棒进行振捣密实，最后去除表面的浮浆；浇筑完成在室内自然养护一周后拆模，养护满 28d 后进行轴心抗压试验，核心混凝土为 C60 混凝土。

试件的基本信息如表 6-4-1 所示。如图 6-4-2 所示，试件的尺寸为 2000mm×200mm×200mm（$L×B×h$），钢管外径 D 为 80mm 和 100mm。其中试件安装的左右两侧支座长度均为 400mm，试件的有效长度 L 为 1200mm。试件统一编号为 D♯U♯-♯，其中 D♯

表示核心钢管的外直径，单位为 mm；U♯ 表示外层 UHPC 的钢纤维体积掺量，以百分比（％）表示；-♯ 表示落锤锤头撞击的速度，1、2、3 分别代表撞击速度为 7、9、11m/s；最后一个字母"W"（如有）代表该试件外层 UHPC 中没有布置钢筋。钢管的厚度 T 均为 5mm，每根试件均通过四个液压千斤顶共施加相当于 0.3 轴压比的轴压力。对于有配筋的试件，其外围 UHPC 内部配置 4 根直径 12mm 的纵筋和间距为 100mm 的直径 8mm 双肢箍筋，保护层厚度为 20mm。

试件参数表　　　　　　　　　表 6-4-1

序号	编号	$B \times L$（mm×mm）	是否配筋	撞击速度 V_i(m/s)	$D \times T$（mm×mm）	a_{CFST}(%)	UHPC 强度 f_{cu}(MPa)	V_{f}(%)
1	D80U0-1	200×2000	是	7	80×5	12.56	112.3	0
2	D80U0-2	200×2000	是	9	80×5	12.56	112.3	0
3	D80U0-3	200×2000	是	11	80×5	12.56	112.3	0
4	D80U1-1	200×2000	是	7	80×5	12.56	122.6	1%
5	D80U1-2	200×2000	是	9	80×5	12.56	122.6	1%
6	D80U1-3	200×2000	是	11	80×5	12.56	122.6	1%
7	D100U1-1	200×2000	是	7	100×5	19.64	122.6	1%
8	D100U1-2	200×2000	是	9	100×5	19.64	122.6	1%
9	D100U1-3	200×2000	是	11	100×5	19.64	122.6	1%
10	D100U1W-3	200×2000	否	11	100×5	19.64	122.6	1%
11	D100U2W-3	200×2000	否	11	100×5	19.64	133.5	2%
12	D100U3W-3	200×2000	否	11	100×5	19.64	138.6	3%

2. 材料性能

钢管内部核心混凝土为 C60 混凝土，外层混凝土为钢纤维体积掺量为 0、1％、2％、3％的 UHPC。UHPC 采用 P·O52.5 普通硅酸盐水泥，选用半加密微硅灰，SiO_2 含量大于 98％；选用工业高温熔点玻璃粉；选用优质半透高硅石英砂，目数范围为 10～180 目；选用江苏苏博特新材料股份有限公司生产的 PCA-Ⅰ 通用型聚羧酸高性能减水剂，减水率为 37％；选用长度为 13mm，长径比为 65 的直线型镀铜钢纤维。

混凝土强度按照国家标准《混凝土物理力学性能试验方法标准》GB/T 50081—2019 和《活性粉末混凝土》GB/T 31387—2015 进行测试，使用标准混凝土立方体试块（核心混凝土试块 150mm×150mm×150mm，UHPC 试块 100mm×100mm×100mm）测试混凝土 28d 抗压强度和试验当天混凝土抗压强度，试块与试件在同等环境下养护。混凝土立方体抗压强度取标准立方体试块抗压强度的平均值，核心混凝土和 UHPC 的各项力学性能指标见表 6-4-2。

采用 Q355 级无缝钢管，钢管外径分别为 80mm 和 100mm，钢管壁厚 5mm，纵筋和箍筋均使用 HRB400，名义直径分别为 12mm 和 8mm。为了确定所用钢材的材性，按照《金属材料温室拉伸试验方法》GB/T 228.1—2021，进行钢材的拉伸试验。试验参数及试验结果如表 6-4-3 所示。

混凝土材性指标　　　　　　　　　　　表 6-4-2

混凝土类型	钢纤维掺量 V_f（%）	坍落度（mm）	扩展度（mm）	28d 抗压强度 $f_{cu,28}$（MPa）	试验时抗压强度 $f_{cu,t}$（MPa）	弹性模量 E_c（MPa）	泊松比 υ_c
C60	—	200	460	60.3	62.4	33657.1	0.200
UHPC	0	275	630	109.1	112.3	42829.8	0.201
	1	260	590	120.4	122.6	44597.5	0.205
	2	249	560	127.7	133.5	46052.6	0.202
	3	245	550	135.2	138.6	46995.6	0.203

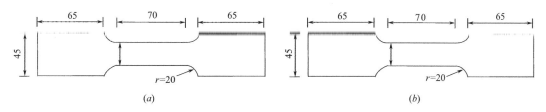

图 6-4-2　钢管材性尺寸

（a）80×5；（b）100×5

钢材材性指标　　　　　　　　　　　表 6-4-3

钢材种类（mm）	屈服强度 f_y（MPa）	极限强度 f_u（MPa）	弹性模量 E_s（MPa）	泊松比 μ_s	伸长率 δ_1（%）
钢管（$D=80$）	430.6	569.6	206400	0.292	27.1
钢管（$D=100$）	436.4	588.0	207800	0.296	22.9
HRB400,$\phi12$	421.6	620.5	208700	0.303	22.7
HRB400,$\phi8$	433.8	662.6	206800	0.302	24.1

3. 试验装置和加载方法

试验采用图 6-4-3 所示的福建农林大学超高重型落锤试验系统。该系统最大冲击高度 16m，对应最大冲击速度为 17.7m/s。落锤的最大质量为 1000kg，锤头为直径 220mm、高度 50mm 的圆饼状锤头，通过调整锤头高度和增减砝码可改变冲击能量。

试件通过四个液压千斤顶配合簧碟系统和四根轴力对拉螺杆施加轴向压力，施加轴向荷载时，千斤顶拉动螺杆带动弹簧压缩储能，压缩的弹簧释放反力向试件施加轴向荷载，保证冲击荷载加载期间试件轴力不发生瞬间卸载。轴力加载至轴压比达到 0.3 后，保持轴压力恒定，轴压比为轴力和叠合柱极限轴向承载力之比，叠合柱极限承载力通过前文第 3 章第 3.5 节所述方法计算得到。冲击力加载阶段，通过遥控系统松开连接落锤的电磁夹释放提升至设计高度的落锤，使落锤沿刚性导轨作自由落体运动，对 UHPC 包覆钢管混凝土叠合柱跨中部位施加侧向冲击荷载。

图 6-4-3　超高重型落锤试验系统

　　试验采用装置示意图如图 6-4-4 所示，试件水平放置于落锤机中部，两端固结，落锤安装由于冲击荷载作用过程中试件的轴向收缩会导致轴压力瞬间卸载，为控制试验过程中试件的轴力持续存在，试验中通过弹簧反力系统为试件施加轴压力。弹簧反力系统由串联在螺杆上的拉力千斤顶、两个底座和弹簧碟组成。施加轴向荷载时，拉力千斤顶拉动螺杆带动弹簧压缩储能，压缩的弹簧释放反力向试件施加轴向荷载，保证冲击荷载加载期间试件轴力不发生瞬间卸载。

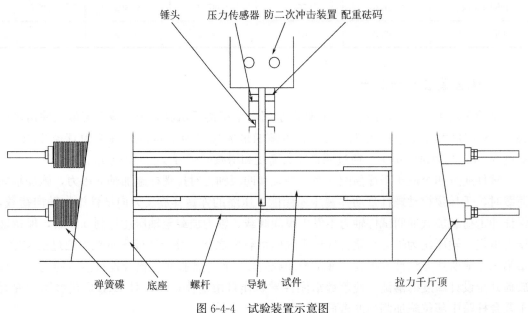

图 6-4-4　试验装置示意图

试验开始前需对中固定支座。随后使用螺杆串联油泵、弹簧碟和两侧底座，并紧固弹簧碟尾部螺栓形成一套弹簧碟蓄力机构。试验装置安装完成后吊装试件，试件水平放置于两支座之间（图 6-4-5），并在加载前完成钢管混凝土试件与落锤试验机中线的对中。

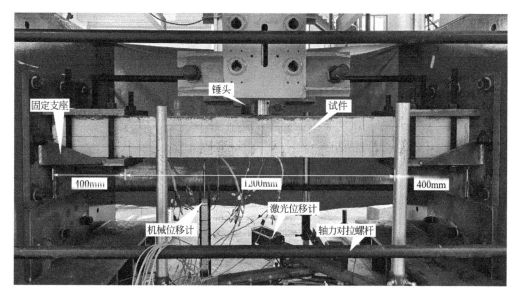

图 6-4-5　试件安装

试验加载全程分为两个阶段，分别为轴力施加阶段和冲击阶段。轴力施加阶段，首先通过油压千斤顶拉动固定支座上的螺杆，压缩弹簧碟储能，提升轴压力至 0.3 倍极限承载力后，控制油泵保持轴压力，为冲击过程持续提供轴力；冲击阶段，通过落锤系统远程控制落锤抬升高度，通过抬升落锤高度（$H = 2.45$、4.05、6.05m）控制撞击速度，落锤通过 2 根刚性滑轨作自由落体运动，对下端的 UHPC 包覆钢管混凝土叠合试件的跨中部位施加侧向撞击荷载。

4. 量测方案

撞击试验中主要测量内容为：撞击力时程曲线（$F\text{-}t$）、位移时程曲线（$\delta\text{-}t$）、落锤的撞击速度（V_i）。撞击力（F）-时间（t）曲线使用重力式落锤内部配置的 6000kN 大量程力传感器记录。试件位移由非接触激光位移计记录，如图 6-4-6 所示。三个激光位移计量程均为100mm，分别布置于钢管混凝土试件有效跨度的 1/6、1/3 和 1/2 底部，以测量 UHPC 包覆钢管混凝土叠合试件受冲击荷载作用过程中的变形。所有数据使用一台动态采集仪以500kHz 采集速度采集，预试验结果表明该采集频率可以满足试验结果分析要求，试验全过程使用高速相机以 240fps 的速率拍摄记录，照片的分辨率为1280 像素×720 像素。

6.4.2　试验结果与分析

表 6-4-4 汇总了 12 根 UHPC 包覆钢管混凝土叠合试件冲击试验的结果，表中的冲击性能指标的定义如图 6-4-7 所示，其中平台冲击力通过冲击力时程曲线在平台冲击力持续时间（即 T_p）包围的面积除以平台冲击力持续时间计算得到，残余位移取冲击后 100ms

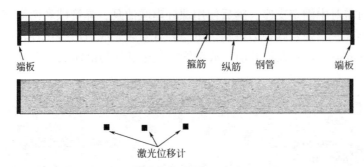

图 6-4-6 位移计布置

时刻的位移响应，冲量由冲击力时程曲线在冲击力持续时间（T_t）围成面积积分所得，耗散能量则通过冲击力位移曲线对位移轴围成面积积分计算。

冲击试验结果　　　　　　　　　　　　　　　表 6-4-4

试件编号	撞击速度 V_i(m/s)	峰值冲击力 F_{max}(kN)	平台冲击力 F_p(kN)	峰值位移 δ_{max}(mm)	残余位移 δ_r(mm)	冲量 I_p/(kN·s)	冲击耗能 E_d(kJ)
D80U0-1	7	894	376	54.7	36.9	8.41	17.71
D80U0-2	9	1375	405	77.2	54.3	10.73	30.02
D80U0-3	11	1544	488	125 *	63.4	13.9	40.35
D80U1-1	7	1491	784	36.2	19.5	8.82	13.87
D80U1-2	9	1642	886	49.9	22.4	12.73	30.68
D80U1-3	11	2133	789	93.2 *	66.2	12.47	45.66
D100U1-1	7	1445	856	33.2	10.7	10.15	18.56
D100U1-2	9	1726	892	44.3	19.2	11.56	24.97
D100U1-3	11	2308	913	86.0	49.9	12.14	46.96
D100U1W-3	11	1192	332	137.6 *	125.5 *	10.65	42.97
D100U2W-3	11	1610	587	102.8	65.8	13.94	47.11
D100U3W-3	11	2088	401	108.3 *	79.5 *	12.43	45.71

注：* 由于混凝土碎屑的遮挡等原因，激光位移计未成功记录该结果，表中值为高速相机照片分析所得。

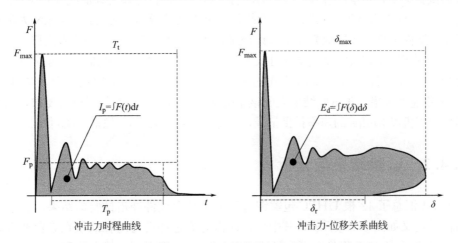

图 6-4-7 冲击性能指标定义

1. 冲击损伤过程

图 6-4-8 分别给出了高速相机拍摄的 12 根试件在不同特征时刻点对应的冲击损伤情况照片，分别对应于第 1、2、3、5、10 张照片（拍摄速度为 240fps），其中 20.84ms 时刻大致反映峰值位移的试件损伤。

对于 D80U0-1 试件，冲击开始后的 4.17ms，跨中底部首先出现弯曲裂缝，在随后冲击时间 4.17～41.67ms 内，试件出现从支座端部向冲击部位斜向延伸的裂缝，同时箍筋外混凝土发生大面积压碎剥落，试件呈现弯曲剪切破坏。

对于 D80U0-2 试件，冲击裂缝出现在第 3 张照片处，对应冲击时间为 12.50ms，试件裂缝由两支座底端向跨中延伸，试件呈现出剪切破坏，同时沿斜裂缝有大面积混凝土发生剥落。

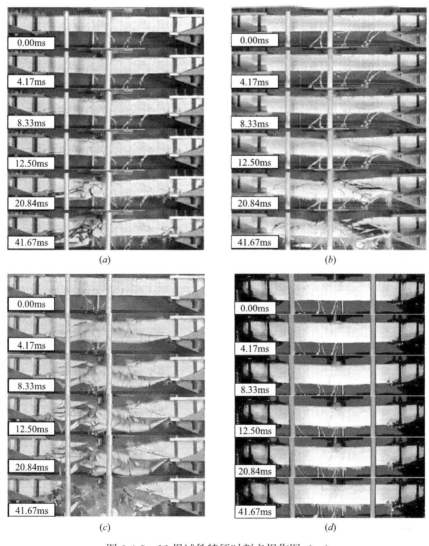

图 6-4-8　12 根试件特征时刻点损伤图（一）

(a) D80U0-1；(b) D80U0-2；(c) D80U0-3；(d) D80U1-1

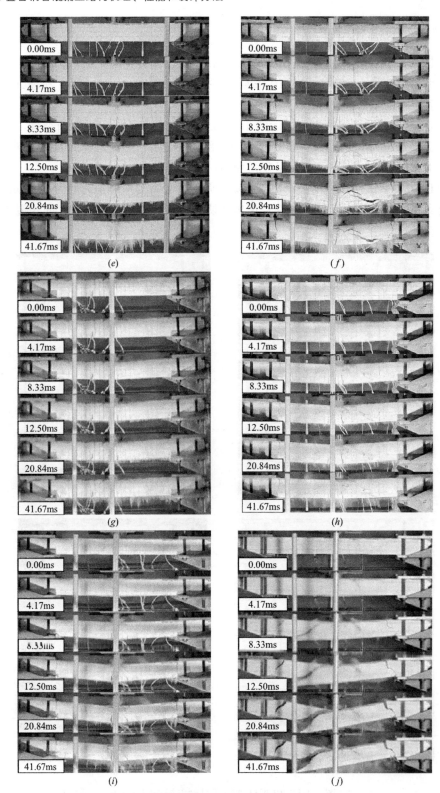

图 6-4-8　12 根试件特征时刻点损伤图（二）

（*e*）D80U1-2；（*f*）D80U1-3；（*g*）D100U1-1；（*h*）D100U1-2；（*i*）D100U1-3；（*j*）D100U1W-3

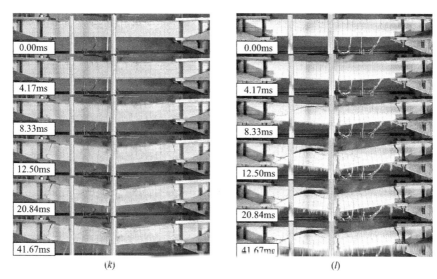

图 6-4-8　12 根试件特征时刻点损伤图（三）

（*k*）D100U2W-3；（*l*）D100U3W-3

对于 D80U0-3 试件，冲击开始后的 4.17ms，试件受到较大的冲击力，混凝土表面出现大面积损伤，此后冲击力持续时间内，可以观察到跨中产生较大的变形，并且伴随着有效冲击范围内表面 UHPC 的大面积破碎剥落钢筋外露现象，试件呈现弯曲剪切破坏。

对于 D80U1-1 试件，冲击开始后的 4.17ms 内没有明显的损伤，此后到 20.84ms 时刻，可以观察到明显的跨中变形，同时在底部出现竖向的弯曲裂缝，直到冲击开始后的 41.67ms，仍然只能观察到明显的弯曲裂缝，而没有明显的剪切斜裂缝出现，这表明在 7m/s 的较低冲击速度下，D80U1-1 试件仅受到弯曲损伤。

对于 D80U1-2 试件，在冲击后的 8.33ms 后可以观察到明显的竖向弯曲主裂缝，此后主裂缝持续开展。随着主裂缝的开展，另有少量剪切斜裂缝出现，整体表现为弯曲破坏为主的破坏模式，这表明 D80U1-2 试件在 9m/s 的冲击速度下，由于其弯曲承载力不足使得试件出现弯曲剪切损伤。

对于冲击速度更高的 D80U1-3 试件，其在 4.17ms 的冲击初期就表现出明显的位移响应，同样在 8.33ms 时刻出现跨中的竖向弯曲裂缝和右侧 45° 剪切斜裂缝。然而随着冲击作用增大，在峰值位移时刻点的 20.84ms 处，可以观察到剪切斜主裂缝持续开展变宽，而跨中的弯曲竖向裂缝却未见明显发展，这表明该试件主要受到剪切破坏。相对而言，D80U1-3 由于外层 UHPC 中钢纤维的桥连作用，并未发生大面积混凝土破碎剥落的情况，试件仍表现出一定的完整性。

对于 D100U1-1 试件，冲击开始后没有明显的损伤，仅在冲击到 20.84ms 时开始在跨中出现微小裂缝，整体试件保持较为完整，冲击全过程仅出现未贯穿截面的裂缝，在 7m/s 的低冲击速度下，试件未出现明显弯曲变形，表现为弯曲破坏。

对于 D100U1-2 试件，与 D80U1-2 试件不同的是，D100U1-2 试件在 8.33ms 时刻冲击部位右侧出现较为明显的剪切斜裂缝，随着冲击继续，竖向的弯曲主裂缝和斜向的剪切裂缝都得到不同程度的开展，并且两侧支座处混凝土开裂，试件表现出介于弯曲破坏和剪切破坏之间的弯曲剪切型损伤破坏。

对于 D100U1-3 试件，可以观察到在冲击开始后的 8.33ms 时，在冲击跨中出现两条竖向裂缝，随着冲击力的持续影响，跨中裂缝进一步扩大，在 12.50ms 时两支座处混凝土出现裂缝并在 20.84ms 时裂缝贯穿截面并造成冲击部位混凝土压碎，最终试件整体表现为弯曲破坏。

对于未配置钢筋的 D100U1W-3 试件，在 11m/s 的冲击速度下，在 8.33ms 时试件出现较为明晰的动力响应特征，由于缺少钢筋的约束作用，无法较好协同工作，冲击造成较大的位移响应，由于钢纤维的桥连作用，外层 UHPC 并没有如 D80U0-3 发生大面积的剥落，试件表现为剪切破坏。

对于 D100U2W-3 试件，在开始冲击后的 8.33ms 时，试件跨中底部出现较大裂纹，在 12.50ms 时刻跨中裂缝进一步扩大，受冲击部位混凝土发生压碎，并在两侧支座段发生开裂，整体表现为剪切破坏。

对于 D100U3W-3 试件，在开始冲击后的 4.17ms 时跨中底部出现弯曲裂缝，8.33ms 时跨中裂缝继续发展并且试件出现 45°向冲击部位延伸的裂缝，由于外层混凝土没有配置钢筋，在较大冲击速度的冲击下，试件外层 UHPC 与核心钢管混凝土沿斜裂缝发生分离，使得核心钢管混凝土与外层 UHPC 间无法协同作用，冲击造成较大的挠度响应，试件表现出弯剪破坏。

如图 6-4-8 (c) 所示，对于低冲击速度 ($V_i = 7$、9m/s) 的试件，在 t 介于 4.33～8.33ms 时冲击力达到峰值，试件损伤程度最小，仅跨中出现垂直微小裂缝。速度提升至 11m/s 时，可以明显观察到 45°剪切裂缝从冲击部位向支座处延伸，该破坏对于外层 UHPC 中没有掺入钢纤维的试件更为明显。

如图 6-4-8 (j)、(k)、(l) 所示，对于低冲击速度的试件，在 t 介于 8.33～12.50ms 时表现出可以忽略不计的损伤，未掺入钢纤维的试件表现出外层 UHPC 大面积破碎剥落，其他试件仍保持较好的完整性，这表明钢纤维在冲击早期能够抑制混凝土的开裂，减轻试件损伤。在 9m/s 的冲击速度下，垂直弯曲和 45°裂纹变得更加明显。继续提高冲击速度，试件表现出更严重的损伤，外层混凝土发生破碎并发展细长的斜裂缝，没有掺入钢纤维的混凝土发生大面积保护层混凝土剥落，钢筋裸露。没有配筋的试件表现出明显的剪切破坏，出现较宽的斜向截切裂缝。

如图 6-4-8 (d) 和图 6-4-8 (g) 所示，对于低冲击速度的试件，t 介于 12.50～20.84ms 时，未掺入钢纤维的试件跨中出现垂直弯曲裂缝，表现出弯曲为主的破坏模式，主要是垂直弯曲裂缝在跨度中间和以上的支持。当冲击速度增大到 9m/s 时，出现了弯曲-剪切的损伤模式。对于未掺入钢纤维和未配筋的试件，表现出明显的 45°剪切裂缝，这表明在 UHPC 中掺入钢纤维和配置钢筋能够提高试件的抗撞击性能。

当 t 为 20.84ms 时，该时刻通常代表大多数试验的跨中位移峰值响应。在此之前，落锤和试件一起向下运动，导致在跨中底面的垂直弯曲裂缝的发展。此时，试件跨中位移达到了最大值，试件表现出最严重的损伤状态，对于没有掺入钢纤维的试件的混凝土保护层会完全剥落。

位移峰值后 (t > 20.84ms) 落锤和试件开始反弹，试件的位移开始减小。然而，对于缺少钢筋的试件，由于相对较小的回弹位移，位移几乎保持不变，如图 6-4-8 (j) 所示。没有掺钢纤维的试件表现出明显的剪切破坏，表现出严重的混凝土破碎和保护层混凝土的剥落。

2. 冲击力时程曲线

图 6-4-9 给出了 UHPC 包覆钢管混凝土叠合试件受到落锤侧向冲击荷载后的冲击力时程曲线。对于不同的试件其冲击力时程曲线特征都较为相似，可以大致分为三个阶段：冲击力峰值阶段、冲击力平台阶段和冲击力下降阶段。UHPC 包覆钢管混凝土叠合试件在受到落锤冲击后，冲击力迅速增加，在极端短时间内（约 2ms）达到峰值冲击力点。此时，试件被撞击后获得向下的速度，落锤与试件开始共同向下运动，冲击力迅速回落。之后，试件的跨中位移开始增大，由于试件和落锤的相对速度的变化，冲击力上下震荡后进入较为稳定的平台阶段。最后，当试件的位移响应达到最大（20ms 左右）时，落锤开始回弹，冲击力逐渐减小，直至落锤和试件完全分离后冲击力下降到零。

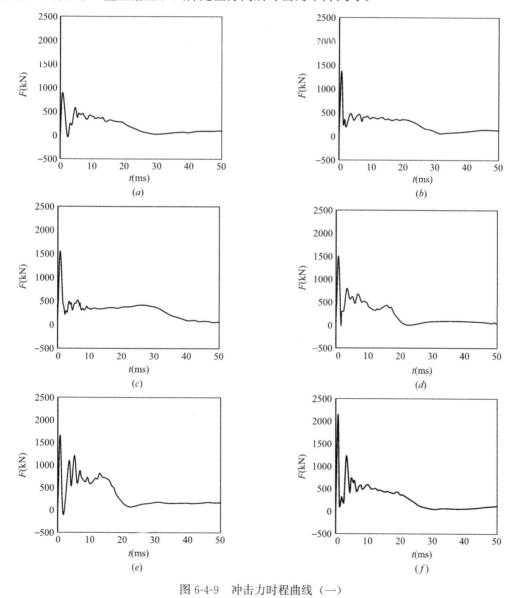

图 6-4-9　冲击力时程曲线（一）

(*a*) D80U0-1；(*b*) D80U0-2；(*c*) D80U0-3；(*d*) D80U1-1；(*e*) D80U1-2；(*f*) D80U1-3

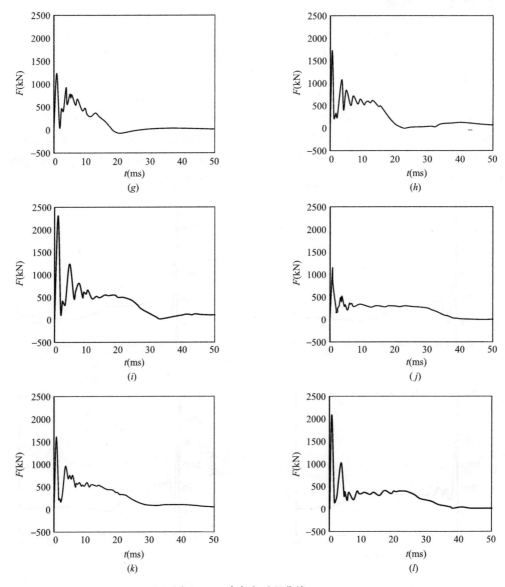

图 6-4-9　冲击力时程曲线（二）

（*g*）D100U1-1；（*h*）D100U1-2；（*i*）D100U1-3；

（*j*）D100U1W-3；（*k*）D100U2W-3；（*l*）D100U3W-3

　　图 6-4-10 给出了不同落锤冲击速度下的冲击力时程曲线。由图可知，冲击速度的增大显著提高了冲击力峰值，但对冲击力峰值对应的时间几乎没有影响。此外，冲击速度对冲击力的持续时间表现出正相关的特性，这是由于冲击速度的增大加剧了试件的损伤程度，导致试件刚度减小，试件和落锤回弹的时间更长。

　　图 6-4-11 所示为同一撞击速度下不同钢管直径的 UHPC 包覆钢管混凝土叠合冲击力时程曲线。可以看到两个试件的峰值冲击力、平台冲击力及其持续时间都非常接近，这表明钢管直径由 80mm 增加到 100mm 对冲击力时程的影响较为有限。

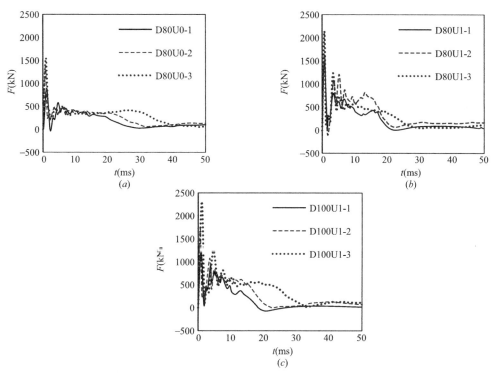

图 6-4-10　不同冲击速度的冲击力时程曲线对比

（a）D80U0-#；（b）D80U1-#；（c）D100U1-#

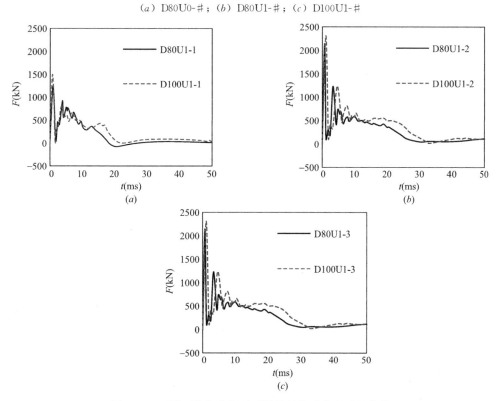

图 6-4-11　同一撞击速度下不同管径的冲击力时程曲线

（a）F-t（D80U1-1 和 D100U1-1）；（b）F-t（D80U1-2 和 D100U1-2）；（c）F-t（D80U1-3 和 D100U1-3）

图 6-4-12 所示为同一撞击速度不同钢纤维体积掺量的 UHPC 包覆钢管混凝土叠合冲击力时程曲线对比。由图可知，外层 UHPC 中钢纤维体积掺量的增大显著提高了冲击力峰值并提高了冲击力平台值，掺入钢纤维能够降低冲击力持续时间，未掺入钢纤维的试件冲击力持续时间相比于掺入钢纤维的试件延长了约 10ms，而外层混凝土没有配置钢筋的试件冲击力持续时间延长了约 20ms。

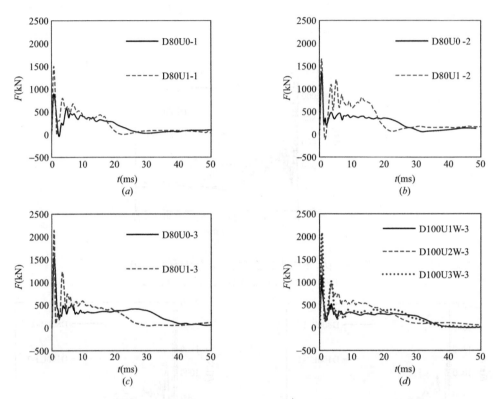

图 6-4-12 同一撞击速度下不同钢纤维体积掺量的试件冲击力时程曲线
(a) F-t（D80U0-1 和 D80U1-1）；(b) F-t（D80U0-2 和 D80U1-2）；
(c) F-t（D80U0-3 和 D80U1-3）；(d) F-t（D100U♯W-3）

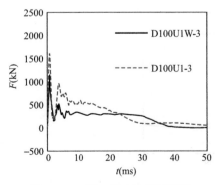

图 6-4-13 同一撞击速度下配筋
冲击力时程曲线对比

图 6-4-13 显示了外层 UHPC 配置钢筋对冲击力时程曲线的影响。如图所示，配置钢筋的 D100U1-3 试件相对于没有配置钢筋的 D100U1W-3 试件，拥有更大的冲击力峰值、冲击力平台值和更短的冲击力持续时间，这是因为配置钢筋使得试件的整体刚度更大，提高了冲击力峰值和平台值，并且 D100U1W-3 外层混凝土破坏导致冲击力平台值降低。配置钢筋的 D100U1-3 试件外层 UHPC 能够更好地和核心钢管混凝土协调工作，拥有更强的动态抗弯性能，相同的冲击速度下，使用更少的时间消耗冲击能量。

3. 位移时程关系

图 6-4-14 给出了 UHPC 包覆钢管混凝土叠合在侧向冲击作用下的跨中位移响应时程曲线。部分试件的曲线不完整，是因为该试件的破坏程度较大，造成试件表面 UHPC 被震碎脱落后遮挡激光位移计，导致激光位移计未真实记录到这段时间的位移响应。该时间正好对应峰值位移响应段，因此该部分试件的峰值位移响应使用高速相机照片图像分析结果得出。

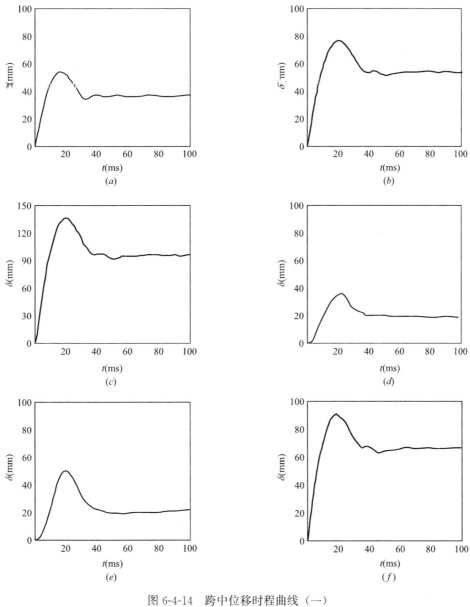

图 6-4-14　跨中位移时程曲线（一）

(a) δ-t（D80U0-1）；(b) δ-t（D80U0-2）；(c) δ-t（D80U0-3）；
(d) δ-t（D80U1-1）；(e) δ-t（D80U1-2）；(f) δ-t（D80U1-3）

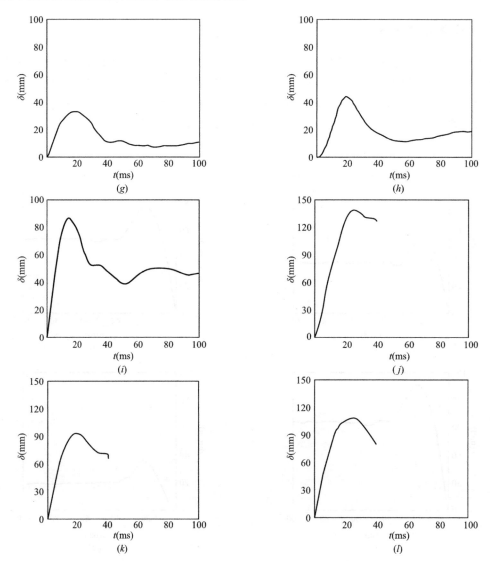

图 6-4-14　跨中位移时程曲线（二）

（g）δ-t（D100U1-1）；（h）δ-t（D100U1-2）；（i）δ-t（D100U1-3）；
（j）δ-t（D100U1W-3）；（k）δ-t（D100U2W-3）；（l）δ-t（D100U3W-3）

　　从图 6-4-14 中可见，各试件的冲击跨中位移响应曲线可分为三个阶段，首先是跨中位移增加阶段，试件在受到冲击之后，在约 20ms 内，位移持续增大直至达到峰值；而后，未被完全损伤刚度的试件开始回弹，位移下降到残余位移值；此后，位移维持在残余位移响应值附近小幅度波动。

　　图 6-4-15 给出了 D80U0-♯系列、D80U1-♯系列和 D100U1-♯系列试件不同速度工况下的跨中位移响应。显然，冲击速度的增加极大地增加了试件的跨中位移响应，同时其位移响应的增长速率也同步提高，但却未明显改变跨中峰值位移响应所对应的时刻点（均在 20ms 左右）。类似地，跨中位移响应的下降段结束时刻点也未见明显改变，均在 40ms 左右，这表明冲击速度对未完全损失刚度的 UHPC 包覆钢管混凝土叠合试件，仅影响其跨中位移响应的大小，而对其位移响应变化的特征时刻点影响不大。

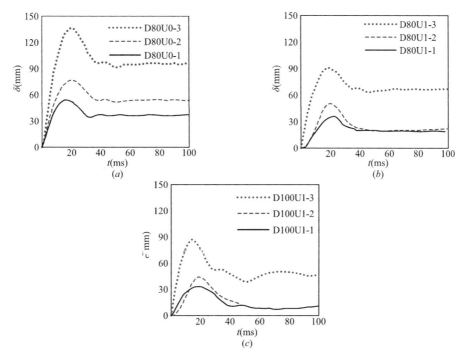

图 6-4-15　不同速度下的跨中位移响应

(a) δ-t（D80U0-♯系列）；(b) δ-t（D80U1-♯系列）；(c) δ-t（D100U1-♯系列）

对比不同冲击速度下试件的冲击全过程图可发现，随着冲击速度的提高，试件的整体弯曲变形更加明显，并且试件受冲击区域的破坏更加严重，其主要原因是提高冲击速度会增加落锤的冲击能量，使试件在短时间内受到更大的冲击能量，更大的冲击能量意味着试件需要更大的塑性变形来消耗能量。

不同钢管直径在同一速度下的冲击跨中位移响应如图 6-4-16 所示，钢管直径的增大略微降低了峰值跨中位移响应，这是由于钢管直径增大将略微增强 UHPC 包覆钢管混凝土叠合试件的刚度，能够有效抑制跨中位移响应的发展。外径 100mm 的钢管相比外径80mm 的钢管，在三种冲击速度下，最大跨中位移分别下降了 8.3%、11.2%、7.7%，跨中剩余位移分别下降了 45.2%、14.3%、24.6%。

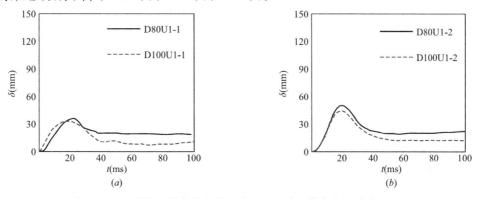

图 6-4-16　不同钢管直径在同一速度下的冲击跨中位移响应（一）

(a) δ-t（D80U1-1 和 D100U1-1）；(b) δ-t（D80U1-2 和 D100U1-2）

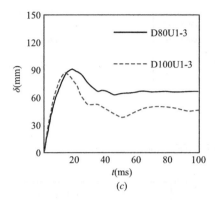

图 6-4-16　不同钢管直径在同一速度下的冲击跨中位移响应（二）

(c) δ-t（D80U1-3 和 D100U1-3）

图 6-4-17 显示了不同钢纤维体积掺量下的试件位移时程曲线。

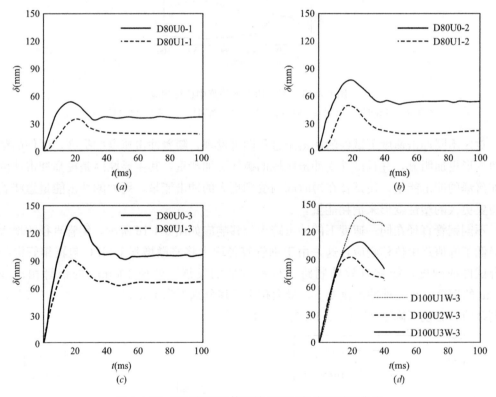

图 6-4-17　不同钢纤维体积掺量下试件位移时程曲线

(a) δ-t（D80U0-1 和 D80U1-1）；(b) δ-t（D80U0-2 和 D80U1-2）；

(c) δ-t（D80U0-3 和 D80U1-3）；(d) δ-t（D100U♯W-3 系列）

由图 6-4-17（a）、（b）、（c）可以观察到，外层 UHPC 中的钢纤维体积掺量由 0 增加到 1％能够显著降低混凝土的跨中位移峰值和残余位移，并且随着冲击速度的增大，跨中位移降低的幅度也随之增大。图 6-4-17（d）显示了没有配筋的试件的位移时程曲线，外层 UH-PC 中掺入体积掺量 2％和 3％的钢纤维相对于 1％，均能显著降低跨中位移最大值，但 3％的试件表现出比 2％的试件更大的跨中位移响应，通过对高速相机照片和最终失效模式的分析发现，3%的钢纤维试件 D100U3W-3 与 2%的钢纤维试件 D100U2W-3 相比，表现出更明显的剪切损伤和更严重的剪切裂纹发展，因此过量的钢纤维可能无法有效限制冲击位移响应。

图 6-4-18 给出了混凝土内配筋（D100U1-3）和没有配筋（D100U1W-3）的同一钢管直径的试件在同一撞击速度下的冲击跨中位移响应，由于缺少钢筋对混凝土的约束效应，核心钢管混凝土与外层混凝土无法良好协同工作，外层混凝土与钢管表面发生剥离，试件整体刚度显著降低，使得跨中位移最大值显著增大，并且冲击后仍保持较大的剩余位移。

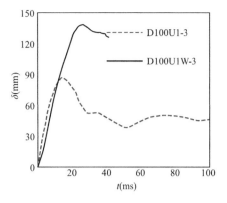

图 6-4-18　配筋跨中位移响应对比

4. 冲击力-跨中位移关系分析

图 6-4-19 给出了所有试件的冲击力-位移关系曲线。可以看到试件在峰值冲击力时位移响应非常小，这表明动态位移的增长主要出现在平台冲击力阶段。当冲击力下降时，跨中位移也随之开始减小，此时试件开始回弹。图 6-4-19（a）、（b）、（c）显示配筋的试件冲击速度的增大显著增大了冲击力（F）-跨中位移（δ）曲线与坐标轴围成的面积（即试件冲击耗能，E_d），这表明冲击工况的能量越大，试件通过塑性损伤吸收的能量也相应地增加。图 6-4-19（d）显示外层混凝土内没有配筋的试件冲击力-跨中位移关系曲线，由于未配置钢筋的试件在冲击力峰值后呈现出不同的破坏模态，导致后续冲击力平台段呈现出不同的变化。

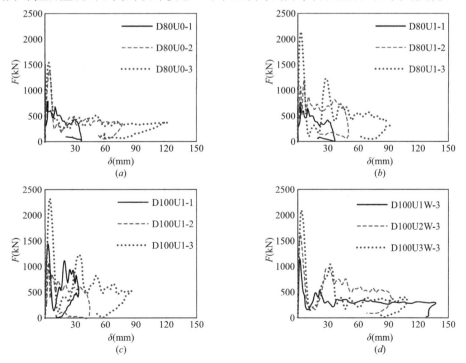

图 6-4-19　冲击力（F）-跨中位移（δ）关系曲线

（a）F-δ（D80U0-#）；（b）F-δ（D80U1-#）；（c）F-δ（D100U1-#）；（d）F-δ（D100U#W-3）

5. 动力响应特征参数分析

冲击速度对动力响应特征，包括峰值冲击力 F_{max}、平台冲击力 F_p、峰值位移 δ_{max}、残余位移 δ_r、冲量 I_p 和冲击耗能 E_d 的影响，如图 6-4-20 所示。

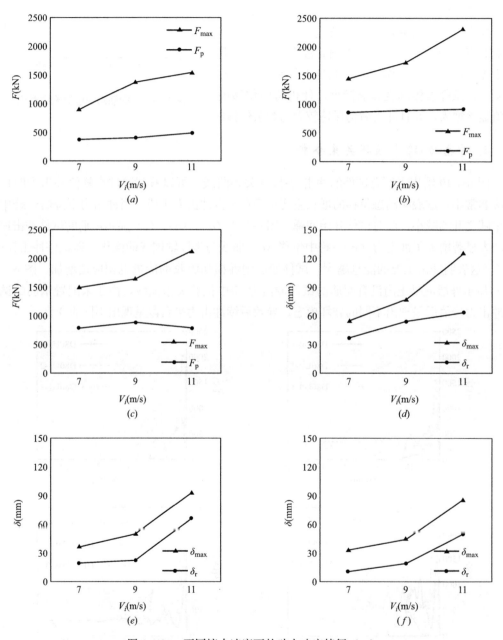

图 6-4-20　不同撞击速度下的动力响应特征（一）

(a) F（D80U0-#系列）；(b) F（D80U1-#系列）；(c) F（D100U1-#系列）；
(d) δ（D80U0-#系列）；(e) δ（D80U1-#系列）；(f) δ（D100U1-#系列）

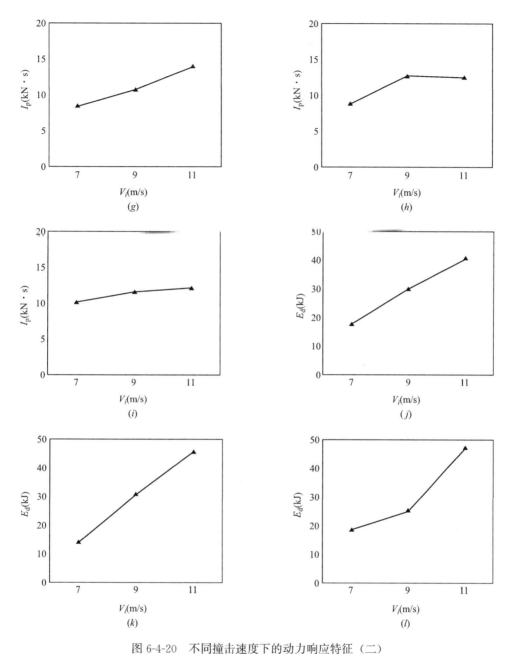

图 6-4-20　不同撞击速度下的动力响应特征（二）

(g) I_p（D80U0-♯系列）；(h) I_p（D80U1-♯系列）；(i) I_p（D100U1-♯系列）；
(j) E_d（D80U0-♯系列）；(k) E_d（D80U1-♯）系列；(l) E_d（D100U1-♯系列）

　　图 6-4-20（a）、（b）、（c）分别显示 D80U0-♯系列、D80U1-♯系列和 D100U1-♯系列峰值冲击力在冲击速度从 7m/s 提高到 11m/s 时的变化，其中图 6-4-20（a）显示 D80U0 从 7m/s 提升至 9m/s 时冲击力峰值提升了 54%，继续增加到 11m/s 的冲击速度后，峰值冲击力小幅增长 12%，冲击力平台值分别提升了 8% 和 20%。

图 6-4-20 （b）显示 D80U1 从 7m/s 提高到 9m/s 时峰值冲击力有 10%的小幅度增加，继续增加到 11m/s 的冲击速度后，峰值冲击力大幅增长 30%。相反，对于平台冲击力，在冲击速度提高到 11m/s 后反而出现一定程度上的减小（约 10%），这是由于冲击速度达到 11m/s 后，在冲击后的塑性回弹程度减轻，导致平台冲击力较低。

图 6-4-20 （c）显示 D100U1 从 7m/s 提高到 9m/s 时冲击力峰值有 20%的增加，继续增加到 11m/s 的冲击速度后，峰值冲击力大幅增长 37%。对于平台冲击力，在冲击速度提高到 9m/s 后提升了 4%，速度提升至 11m/s，冲击力平台值仅增加了 2%。

图 6-4-20 （d）、（e）、（f）显示冲击速度的提高造成响应的最大位移和残余位移都在一定程度上增大，其中最大位移响应的增大较为线性，从 7m/s 到 9m/s 再到 11m/s 的冲击速度，分别增加 139%和 87%。而残余位移则在冲击速度从 9m/s 提升到 11m/s 时大幅增长 195%，表现出比冲击速度从 7m/s 到 9m/s 更为显著的增加趋势，这是因为撞击输入的能量与冲击速度二次方成正比。图 6-4-20 （g）、（h）、（i）和图 6-4-20 （j）、（k）、（l）分别给出随冲击速度的提升，试件冲量和冲击耗能的变化。可以看到，试件的耗能与冲击速度几乎线性正相关，均增加约 23kJ，而试件 D80U1-3 的冲量则在冲击速度从 9m/s 提高到 11m/s 时略微下降 2%，这同样是由于 D80U1-3 试件冲击损伤程度严重，平台冲击力较低，导致冲量也随之减小。

图 6-4-21 显示了钢管直径对冲击动态响应特征的影响。从图 6-4-21 （a）、（b）、（c）可以看到，钢管从 80mm 增大到 100mm 后，其峰值冲击力和平台冲击力平均有 4%和 8%的小幅度的提升，这是由于在钢管直径增加后，试件的抗弯刚度有所提升，而冲击力与试件刚度正相关。与此相反的是图 6-4-21 （d）、（e）、（f）显示，钢管的直径增加小幅度地减小了位移响应，其中最大位移响应降低幅度略大于残余位移响应降低幅度。图 6-4-21 （g）、（h）、（i）和图 6-4-21 （j）、（k）、（l）显示钢管直径的增加略微减小了试件的耗能，耗散能量的降低幅度平均为 0.5%和 17%，冲量平均提升了 3.5%。由此可见，钢管直径由 80mm 增加到 100mm 即含管率由 12.56%增加到 19.64%对试件抗弯强度影响较低。

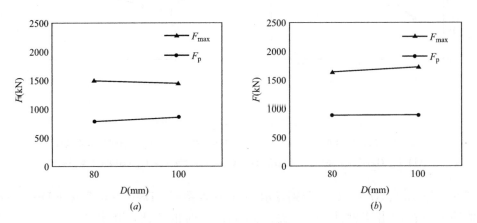

图 6-4-21　钢管直径对冲击动态响应特征的影响（一）
（a）F（D80U1-1 和 D100U1-1）；（b）F（D80U1-2 和 D100U1-2）

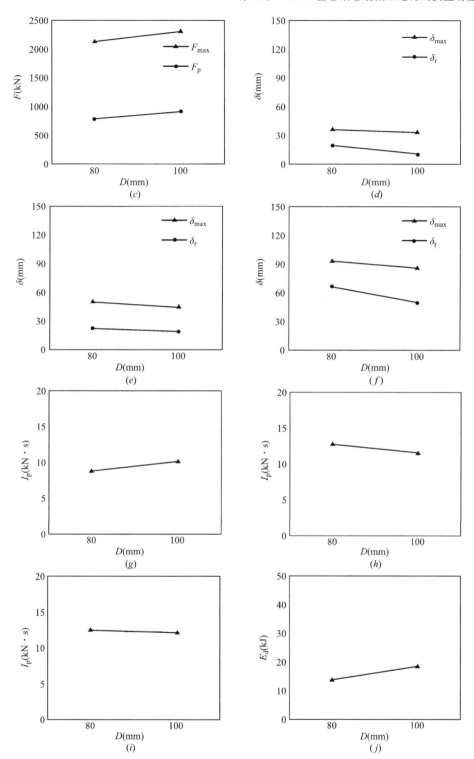

图 6-4-21　钢管直径对冲击动态响应特征的影响（二）

（c）F（D80U1-3 和 D100U1-3）；（d）δ（D80U1-1 和 D100U1-1）；（e）δ（D80U1-2 和 D100U1-2）；

（f）δ（D80U1-3 和 D100U1-3）；（g）I_p（D80U1-1 和 D100U1-1）；（h）I_p（D80U1-2 和 D100U1-2）；

（i）I_p（D80U1-3 和 D100U1-3）；（j）E_d（D80U1-1 和 D100U1-1）

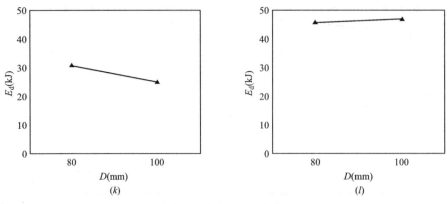

图 6-4-21　钢管直径对冲击动态响应特征的影响（三）

（k）E_d（D80U1-2 和 D100U1-2）；（l）E_d（D80U1-3 和 D100U1-3）

图 6-4-22 显示了 UHPC 钢纤维体积掺量对冲击动态响应特征的影响。从图 6-4-22（a）、（b）、（c）可以看出 D80U0-♯系列的冲击力峰值和平台值在同一冲击速度下均小于 D80U1-♯系列，这是由于外层 UHPC 钢纤维体积掺量由 0 提升至 1％，使得外层 UHPC 的强度提升，试件整体刚度得到加强。图 6-4-22（d）为未配置钢筋的试件不同钢纤维体积掺量在同一撞击速度下的动态响应特征，随着冲击速度的提升，可以明显观察到冲击力峰值的提升，钢纤维的提升使冲击力峰值分别提升了 35.1％和 29.7％。钢纤维体积掺量由 1％提升至 2％，冲击力平台值提升了 76.8％，由 2％提升至 3％，冲击力平台值降低了 31.7％，表明外层 UHPC 中钢纤维掺量由 2％增加到 3％对试件的抗冲击性能的提升效果较为有限，甚至过量的钢纤维可能导致试件抗冲击性能略有下降。因此，掺入 3％的钢纤维对于没有配置钢筋的试件抗冲击性能提升不明显。图 6-4-22（h）显示了 D100U♯W-3 系列位移特征值对比，冲击速度由 7m/s 提升到 9m/s，跨中位移最大值和残余位移分别提升了 25.3％和 47.6％，速度继续提升至 11m/s 后，跨中位移最大值和残余位移分别下降了 20.8％和 10.8％，这是由于钢纤维掺量 3％的试件表现出了与 2％试件不同的破坏模态，D100U3W-3 表现出更多的剪切斜裂纹，并且 D100U3W-3 部分混凝土在冲击后半段与钢管发生剥离，在后续的冲击过程中没有参与工作，因此表现出更大的钢管塑性变形。图 6-4-22（i）、（j）、（k）显示了 D80U0-♯和 D80U1-♯系列的冲量对比，在 7m/s 时提升了 0.4％，在 9m/s 时提升了 2％，在 11m/s 时降低了 1.43％。图 6-4-22（p）显示了 D100U♯W-3 系列的耗能关系，钢纤维从 1％提升至 2％能够将试件耗能能力提升 40.2％，由 2％提升至 3％试件耗能能力降低了 17.8％，由此可见掺入适量的钢纤维能够提高试件的耗能能力，但掺入过量的钢纤维对试件的动态抗弯性能提升效果有限。

图 6-4-23 显示了配置钢筋对冲击动态响应特征的影响。图 6-4-23（a）显示配置钢筋可以显著增加试件的整体刚度，使得冲击力峰值和冲击力平台值显著提升，图 6-4-23（b）显示在同一撞击速度下，配置钢筋的试件能够显著降低试件的跨中最大位移和位移平台值。图 6-4-23（c）、（d）显示配置钢筋的试件能够略微增加试件的冲量和耗能，冲量和耗散能量的增加幅度分别为 12.3％和 23.4％。配置钢筋能够使外部混凝土与核心钢管混凝土更好地协同互补工作，抑制外层混凝土与钢管发生剥离，提高试件的整体刚度和动态抗弯性能。

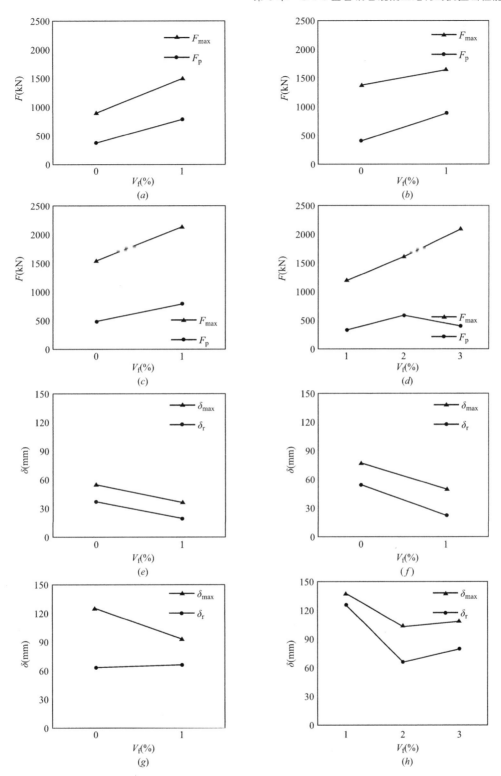

图 6-4-22　钢纤维体积掺量对冲击动态响应特征的影响（一）

(*a*) *F*（D80U0-1 和 D80U1-1）；(*b*) *F*（D80U0-2 和 D80U1-2）；(*c*) *F*（D80U0-3 和 D80U1-3）；(*d*) *F*（D100U♯W-3）；
(*e*) *δ*（D80U0-1 和 D80U1-1）；(*f*) *δ*（D80U0-2 和 D80U1-2）；(*g*) *δ*（D80U0-3 和 D80U1-3）；(*h*) *δ*（D100U♯W-3）

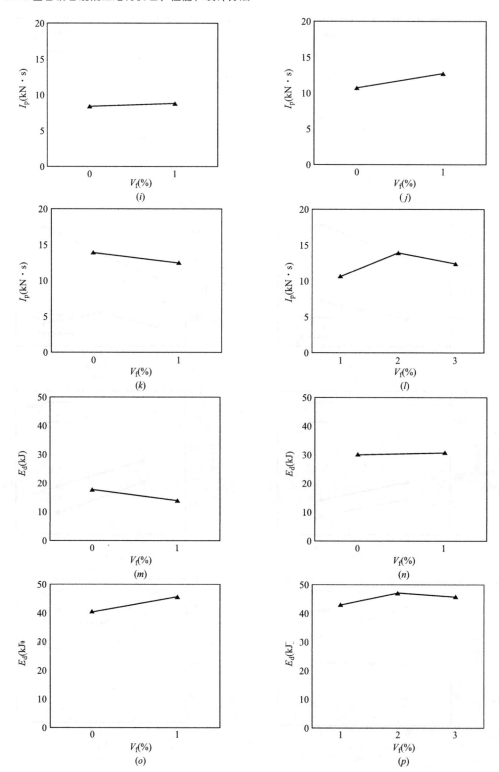

图 6-4-22　钢纤维体积掺量对冲击动态响应特征的影响（二）

(*i*) I_p（D80U0-1 和 D80U1-1）；(*j*) I_p（D80U0-2 和 D80U1-2）；(*k*) I_p（D80U0-3 和 D80U1-3）；(*l*) I_p（D100U♯W-3）；
(*m*) E_d（D80U0-1 和 D80U1-1）；(*n*) E_d（D80U0-2 和 D80U1-2）；(*o*) E_d（D80U0-3 和 D80U1-3）；(*p*) E_d（D100U♯W-3）

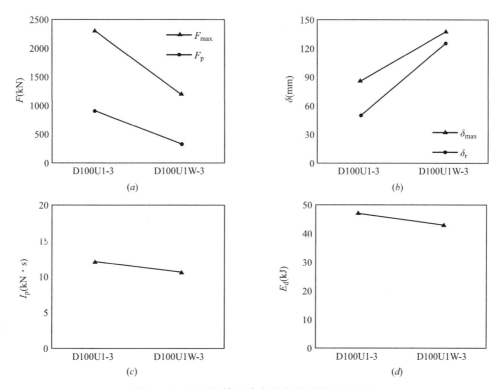

图 6-4-23　配置钢筋对冲击动态响应特征的影响

（a）F（D100U1-3 和 D100U1W-3）；（b）δ（D100U1-3 和 D100U1W-3）；

（c）I_p（D100U1-3 和 D100U1W-3）；（d）E_d（D100U1-3 和 D100U1W-3）

6. 冲击后破坏模式

图 6-4-24 显示了 12 根 UHPC 包覆钢管混凝土叠合试件在冲击过程之后的裂缝分布和破坏模式。

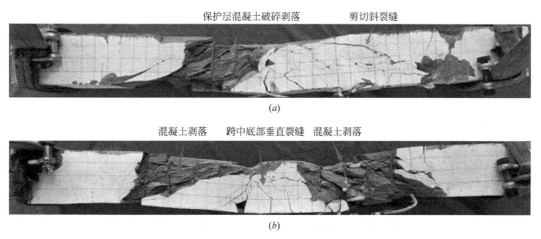

图 6-4-24　冲击后破坏模式（一）

（a）D80U0-1；（b）D80U0-2

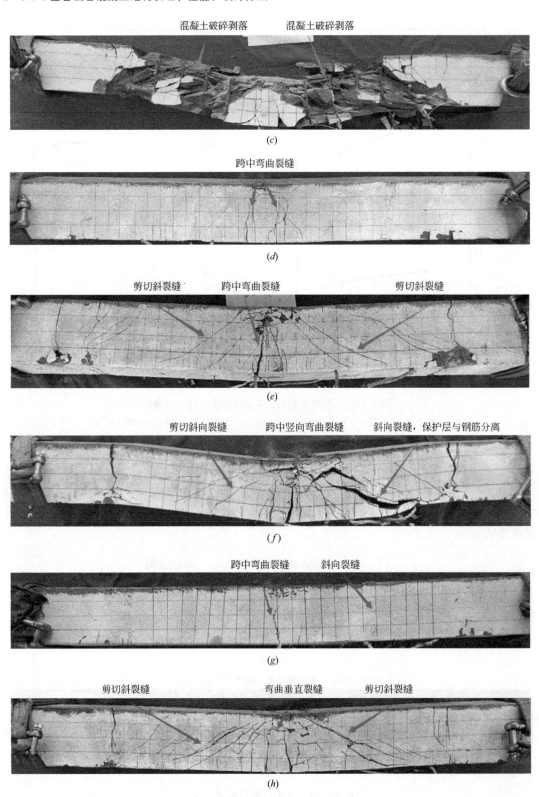

图 6-4-24　冲击后破坏模式（二）

(c) D80U0-3；(d) D80U1-1；(e) D80U1-2；(f) D80U1-3；(g) D100U1-1；(h) D100U1-2

剪切斜向裂缝　　　弯曲竖向裂缝　剪切裂缝

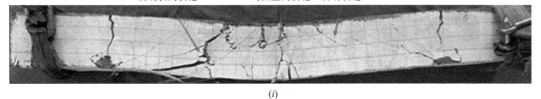

(i)

支座处开裂　混凝土与钢管剥离 剪切斜裂缝　　　剪切斜裂缝

(j)

剪切斜裂缝　局部混凝土压碎　跨中垂直裂缝　剪切斜裂缝

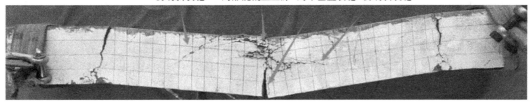

(k)

剪切斜裂缝　跨中垂直裂缝　　　　剪切斜裂缝, 上部混凝土与钢管剥离

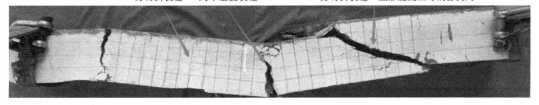

(l)

图 6-4-24　冲击后破坏模式（三）

(i) D100U1-3；(j) D100U1W-3；(k) D100U2W-3；(l) D100U3W-3

在没有掺入钢纤维增强的情况下即 D80U0-♯ 系列试件，表现出严重的混凝土保护层剥落。对比分析表明，在冲击过程中，钢纤维在桥接外层 UHPC 方面起着关键作用。D80U0-♯ 系列试件在低冲击速度下，表现出弯曲和剪切破坏的失效模式，在跨中有明显的弯曲裂缝，45°剪切裂缝从冲击部位向支座处延伸。当冲击速度增加到 9m/s 时，试件表现出更明显的剪切破坏，混凝土沿着 45°剥落并斜向发展剪切裂缝。在更高的冲击速度下，几乎所有的保护层混凝土破碎剥落，钢筋裸露，表现出剪切为主的破坏模式。

掺入钢纤维后即 D80U1-♯ 系列，在同一冲击速度下与 D80U0-1 相比，掺入钢纤维的试件表现出更小的跨中位移响应，因此，在外层混凝土中掺入钢纤维，能够提高试件的抗冲击性能。在 7m/s 的冲击速度下，试件表现出明显的弯曲破坏，仅在试件底部出现微小的垂直弯曲裂缝。在 9m/s 的冲击速度下，试件表现出弯曲破坏和剪切破坏的破坏模式。在 11m/s 的冲击速度下，试件因为左跨斜向剪切裂缝而破坏，表明该试件以剪切破坏为主。

相比之下，增加钢管直径的情况下即 D100U1-# 系列试件，在相同冲击速度下的最终失效模式与 D80U1-# 系列试件的差异可以忽略不计。在最低冲击速度下，试件呈现出以弯曲为主的破坏模式，而在最高冲击速度下，表现出斜向剪切裂缝为主的剪切损伤，中等速度下表现出弯曲剪切复合破坏特征。

在冲击速度 11m/s 且外层 UHPC 中没有配筋的情况下，3 根试件在冲击后都出现大量 45°剪切斜裂缝、混凝土剥落，在掺入 2%的钢纤维（D100U2W-3）后能够最大限度地减轻试件的损伤，试件表现出更少的混凝土剥落、更窄的剪切裂缝和更小的最大位移响应。但进一步增加外层混凝土的钢纤维体积掺量到 3%（D100U3W-3），试件右跨出现了更严重的斜向剪切裂缝，导致跨中位移响应增大，说明继续增加钢纤维掺量到 3%后，其在减小位移响应方面的影响较有限。

对比于现有的普通混凝土钢管叠合柱冲击破坏模式（胡昌明，2018），在相同轴压比及相近的试件尺寸、配筋和输入冲击能量条件下，带有钢纤维的 UHPC 包覆钢管混凝土叠合试件在各冲击荷载工况下包覆的 UHPC 仅出现宽度有限的弯曲或剪切裂缝，试件整体保持较好的完整性，而不掺入钢纤维的 UHPC 叠合柱和普通混凝土钢管叠合柱受冲击后，其包覆的 UHPC 保护层严重剥落，上部冲击点处混凝土压碎情况显著。这表明掺入钢纤维的 UHPC 包覆能够极大地减轻叠合柱的破坏程度，主要是因为 UHPC 在受到冲击荷载后钢纤维在裂缝开展处拉断耗散部分能量，限制裂缝的继续开展。

6.4.3　抗撞击承载力实用计算方法

为便于分析计算钢管混凝土叠合试件抗冲击能力，胡昌明（2018）提出了一种考虑核心混凝土强度、管外混凝土强度、钢管屈服强度、纵筋屈服强度、纵筋配筋率、钢管混凝土含钢率、钢管混凝土部件、钢筋混凝土部件几何尺寸比、撞击物质量、撞击速度和轴压比的钢管混凝土叠合柱动力截面抗弯强度简化计算方法，如式（6-4-1）所示。

$$M_u^d = R_d M_u^s \tag{6-4-1}$$

式中，M_u^d 为钢管混凝土叠合柱截面动力抗弯强度值，R_d 为截面抗弯强度动力影响系数，M_u^s 为试件静力抗弯强度。因此，在明确 R_d 和 M_u^s 的计算方法后，便能够通过计算得到试件的动力抗弯强度 M_u^d。基于参数分析和回归分析，结合以往学者的研究，针对方形叠合试件，给出了试件截面抗弯强度动力影响系数的简化计算公式。

对于方形叠合试件考虑轴力的静力抗弯强度，按照 An 和 Han（2014）、安钰丰（2015）基于平截面假定和应变协调条件提出的试件压弯承载力计算方法进行计算。该方法分别计算钢筋混凝土部件和钢管混凝土部件对轴力和弯矩的贡献，然后叠加得到方形叠合试件的压弯承载力，如式（6-4-2）和式（6-4-3）所示。在计算钢筋混凝土部件的轴力、弯矩贡献时，将其截面等效为 I 型截面后，按照《混凝土结构设计标准》GB/T 50010—2010 规定的方法，计算等效应力块的混凝土压应力以及钢筋混凝土部件的轴力、弯矩贡献，如式（6-4-4）和式（6-4-5）所示。在计算四周钢管混凝土部件的轴力、弯矩贡献时，将钢管等效为位于形心的钢筋，则钢管混凝土部件的轴力、弯矩贡献值为等效钢管的弯矩贡献值和受压区混凝土弯矩贡献值之和，如式（6-4-6）和式（6-4-7）所示，其中核心混凝土的受压应力-应变关系按照 Han 等（2005）建议的方法进行计算。上述方法适用于计算 $c \leqslant B$ 时方形叠合试件的压弯承载力（c 为中和轴至受压边缘距离，B 为试件边长），在 $c > B$ 时，先按照上述方法计算 $c = B$ 时的压弯承载力，再按照式（6-4-7）计算得到试件轴压承载力，两者之间线性内插。方形叠合试件压弯承载力典型的 N_u-M_u^s 相关曲线如图 6-4-25 所示。

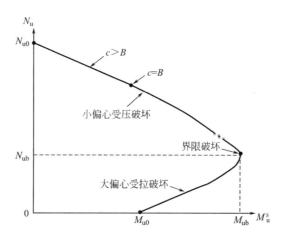

图 6-4-25　方形叠合试件典型的 N_u-M_u^s 相关曲线（An，2014）

　　UHPC 包覆钢管混凝土叠合柱的轴压承载力和静力抗弯强度，通过叠加法计算，通过分别计算核心钢管混凝土的轴压承载力 N_{CFST}、抗弯强度 M_{CFST} 和包覆的钢筋 UHPC 的轴压承载力 N_{ru}、抗弯强度 M_{ru} 叠加得到，如式（6-4-2）和式（6-4-3）所示。

$$N_u = N_{ru} + N_{CFST} \tag{6-4-2}$$

$$M_u^s = M_{ru} + M_{CFST} \tag{6-4-3}$$

式中　N_u——钢管混凝土叠合柱轴压承载力；

　　　N_{ru}——钢筋 UHPC 部件轴压承载力；

　N_{CFST}——钢管混凝土部件轴压承载力；

　　　M_{ru}——钢筋 UHPC 部件静力抗弯强度；

　M_{CFST}——钢管混凝土部件静力抗弯强度；

　　　M_u^s——钢管混凝土叠合柱静力抗弯强度。

　　包覆的钢筋 UHPC 对试件的轴压和弯矩贡献值，分别通过计算钢筋的贡献值和 UHPC 的贡献值叠加得到，计算钢筋 UHPC 的贡献值 N_{ru} 和 M_{ru} 时，a_1 通过《混凝土结构设计标准》GB/T 50010—2010 的规定方法确定。$f_{ck,out}$ 乘以系数 a_1 可得到混凝土矩形应力图，便可通过计算得到外层 UHPC 的轴力、弯矩贡献值。再加上各部分纵向的普通受拉钢筋、普通受压钢筋和预应力筋的轴力、弯矩贡献值，可得到整体外层钢筋 UHPC 的轴力、弯矩贡献值。如式（6-4-4）和式（6-4-5）所示。

$$N_{ru} = a_1 f_{ck,out} A_{e,out} + \sum \sigma_{li} A_{li} \tag{6-4-4}$$

$$M_{ru} = a_1 f_{ck,out} A_{e,out} \left(\frac{B}{2} - X_{c,out} \right) + \sum \sigma_{li} A_{li} \left(\frac{B}{2} - X_{li} \right) \tag{6-4-5}$$

式中　$f_{ck,out}$——管外 UHPC 的抗压强度标准值；

$A_{e,out}$——外围 UHPC 等效应力块面积；

α_1——等效应力块强度系数；

σ_{li}——纵筋应力；

A_{li}——纵筋面积；

$X_{c,out}$——外围 UHPC 等效应力块形心到受压边缘距离；

X_{li}——纵筋形心到受压边缘距离。

计算核心钢管混凝土轴力和弯矩贡献值时，将钢管等效为位于形心的钢筋，钢管混凝土部件的轴压承载力为，等效钢管的轴压承载力与受压区混凝土的轴压承载力之和，如式（6-4-6）所示。核心钢管混凝土的静力抗弯强度同理，如式（6-4-7）所示。

$$N_{CFST} = \gamma A_{c,core}\sigma_{e,core} + k_1 A_s f_{ys} \tag{6-4-6}$$

$$M_{CFST} = \gamma A_{c,core}\sigma_{e,core}\left(\frac{B}{2} - x_{e,core}\right) + k_2 A_s f_{ys} D \tag{6-4-7}$$

式中 $A_{c,core}$——钢管内核心混凝土受压区面积；

γ——等效面积系数；

A_s——钢管横截面面积；

f_{ys}——钢管屈服强度；

$\sigma_{e,core}$——核心混凝土等效应力；

$x_{e,core}$——核心混凝土等效点到受压翼缘距离；

D——钢管直径。

k_1、k_2 计算方式如下：

当 $0.5 \leqslant c/B$ 时，

$$k_1 = \left[\left(2.8\frac{D}{B} - 4.2\right)\left(\frac{c}{B}\right)^2 + \left(4.6\frac{D}{B} + 7.9\right)\frac{c}{B} + \left(1.6\frac{D}{B} - 2.9\right)\right]\left(\frac{345}{f_{ys}}\right)^{0.38}$$

当 $c/B < 0.5$ 时，

$$k_1 = \left(-3.0\frac{D}{B} + 4.6\right)\frac{c}{B} + 1.5\frac{D}{B} - 2.3$$

$$k_2 = m_1\left(\frac{c}{B}\right)^2 + m_2\frac{c}{B} + m_3$$

式中，

$$m_1 = \begin{cases} -5.3\left(\frac{D}{B}\right)^2 + 6.7\frac{D}{B} - 1.8 & (0.5 \leqslant c/B \leqslant 1) \\ -22.2\left(\frac{D}{B}\right)^2 + 29.4\frac{D}{B} - 12 & (c/B < 0.5) \end{cases}$$

$$m_2 = \begin{cases} 9.1\left(\frac{D}{B}\right)^2 - 11.8\frac{D}{B} + 0.6\frac{345}{f_{ys}} + 2.3 & (0.5 \leqslant c/B \leqslant 1) \\ 13.7\left(\frac{D}{B}\right)^2 - 19.4\frac{D}{B} - 0.76\frac{345}{f_{ys}} + 9.7 & (c/B < 0.5) \end{cases}$$

$$m_3 = \begin{cases} -3.9\left(\frac{D}{B}\right)^2 + 5.3\frac{D}{B} - 0.46\frac{345}{f_{ys}} - 0.7 & (0.5 \leqslant c/B \leqslant 1) \\ -2.1\left(\frac{D}{B}\right)^2 + 3.5\frac{D}{B} + 0.22\frac{345}{f_{ys}} - 1.9 & (c/B < 0.5) \end{cases}$$

对于方形叠合试件的截面抗弯强度动力影响系数 R_d 的计算，采用胡昌明（2018）根据其有限元分析模拟计算动力抗弯强度 M_u^d 与 An 和 Han（2014）、安钰丰（2015）提出的计算方法得到的静力抗弯强度的 M_u^s，二者比值即为动力影响系数，通过线性回归分析得到动力影响系数 R_d，如式（6-4-8）所示。影响动力影响系数的参数及对应取值范围如下：核心混凝土强度 $f_{cu,core}$ 为 $40\sim80$MPa，管外混凝土强度 $f_{cu,out}$ 为 $30\sim90$MPa，纵筋屈服强度 f_{yl} 为 $235\sim400$MPa，钢管屈服强度 f_{ys} 为 $235\sim420$MPa，纵筋配筋率 a_1 为 $0.2\%\sim2.6\%$，钢管混凝土含钢率 a_s 为 $5\%\sim15\%$，钢管混凝土部件和钢筋混凝土部件几何尺寸比 D_s/B 为 $0.4\sim0.75$，撞击速度 V_i 为 $2\sim12$m/s，撞击物质量 m_0 为 $1000\sim3000$kg，轴压比 n 为 $0\sim0.6$。

$$R_d = 1.52 \cdot f(f_{cu,out}) \cdot f(f_{cu,core}) \cdot f(f_{yl}) \cdot f(f_{ys}) \cdot f(a_1) \cdot$$
$$f(a_s) \cdot f\left(\frac{D_s}{B}\right) \cdot f(V_i) \cdot f(m_0) \cdot f(n) \tag{6-4-8}$$

各分量计算方法如下：

$$f(f_{cu,out}) = 1.27 \times 10^{-4} f_{cu,out}^2 - 1.39 \times 10^{-2} f_{cu,out} + 1.36$$

$$f(f_{cu,core}) = -7.24 \times 10^{-6} f_{cu,core}^2 + 1.69 \times 10^{-3} f_{cu,core} + 9.25 \times 10^{-1}$$

$$f(f_{yl}) = -3.51 \times 10^{-7} f_{yl}^2 - 7.73 \times 10^{-6} f_{yl} + 1.04$$

$$f(f_{ys}) = 2.84 \times 10^{-7} f_{ys}^2 + 1.50 \times 10^{-4} f_{ys} + 9.14 \times 10^{-1}$$

$$f(a_1) = 8.47 a_1^2 - 6.16 a_1 + 1.06$$

$$f(a_s) = 1.15 \times 10^{-1} a_s^2 + 2.12 \times 10^{-1} a_s + 9.79 \times 10^{-1}$$

$$f\left(\frac{D_s}{B}\right) = -2.38 \times 10^{-1} \left(\frac{D_s}{B}\right)^2 + 7.70 \times 10^{-2} \frac{D_s}{B} + 1.02$$

$$f(V_i) = -7.50 \times 10^{-3} V_i^2 + 1.36 \times 10^{-1} V_i + 3.54 \times 10^{-1}$$

$$f(m_0) = -2.07 \times 10^{-8} m_0^2 + 1.02 \times 10^{-4} m_0 + 9.22 \times 10^{-1}$$

$$f(n) = 3.08 n^2 - 1.47 n + 1.16$$

其中，$f_{cu,out}$、$f_{cu,core}$、f_{yl} 和 f_{ys} 的单位取 MPa，m_0 的单位取 kg，V_i 的单位取 m/s。

在该简化公式计算结果下，在撞击速度为 9m/s 时试件的动力抗弯强度达到最大值，撞击速度为 7m/s 和 11m/s 相较于 9m/s 平均降低了 5.69% 和 1.32%。外层混凝土钢纤维体积掺量从 1% 提升至 2% 和 3%，试件的动力抗弯强度能够提升 8% 和 21.16%，从 0 提升至 1%，试件动力抗弯强度平均提升了 11.1%。钢管外径由 80mm 提升至 100mm，试件的抗弯强度平均提升了 32.57%。外层混凝土配置钢筋的试件相对没有配筋的试件动态抗弯性能提高了 17.92%。根据该公式计算结果撞击速度对试件的动力抗弯承载力影响并不明显，提升试件动力抗弯强度主要通过增大钢管外径、提升外层混凝土钢纤维掺量和外层混凝土配置钢筋。

表 6-4-5 列举了简化方法计算的动力抗弯承载力，图 6-4-26 为试件静力抗弯强度与动力抗弯强度对比图。

简化方法计算的动力抗弯承载力　　　　　　　　　　表 6-4-5

编号	$D \times T$ (mm)	$f_{cu,out}$ (MPa)	V_i(m/s)	R_d	M_{ru} (kN·m)	M_{CFST} (kN·m)	M_u^s (kN·m)	M_d (kN·m)
D80U0-1	80×5	112.3	7	1.93	12.58	22.30	34.88	67.32
D80U0-2	80×5	112.3	9	2.03	12.58	22.30	34.88	70.81

编号	$D \times T$ (mm)	$f_{\text{cu,out}}$ (MPa)	V_i (m/s)	R_d	M_{ru} (kN·m)	M_{CFST} (kN·m)	M_u^s (kN·m)	M_d (kN·m)
D80U0-3	80×5	112.3	11	2.01	12.58	22.30	34.88	70.11
D80U1-1	80×5	122.6	7	2.15	12.58	22.30	34.88	74.99
D80U1-2	80×5	122.6	9	2.25	12.58	22.30	34.88	78.48
D80U1-3	80×5	122.6	11	2.23	12.58	22.30	34.88	77.78
D100U1-1	100×5	122.6	7	2.14	12.58	33.80	46.38	99.25
D100U1-2	100×5	122.6	9	2.25	12.58	33.80	46.38	104.36
D100U1-3	100×5	122.6	11	2.22	12.58	33.80	46.38	102.96
D100U1W-3	100×5	122.6	11	2.41	0	33.80	33.80	81.46
D100U2W-3	100×5	133.5	11	2.61	0	33.80	33.80	88.25
D100U3W-3	100×5	138.6	11	2.92	0	33.80	33.80	98.70

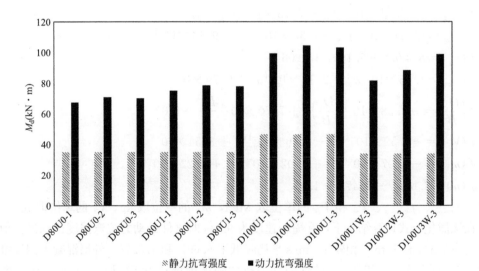

图 6-4-26 试件静力抗弯强度与动力抗弯强度对比

从表 6-4-5 的计算结果可以看出所有试件外围钢筋混凝土抗弯承载力相同，且外层混凝土中没有配置钢筋的试件外层混凝土抗弯承载力 M_{ru} 均为 0。这是根据《混凝土结构设计标准》GB/T 50010—2010 规定 M_{ru} 的计算方法，即式（6-4-5）必须满足适用条件：

$$x \leqslant \xi_b h_0$$
$$x \geqslant 2a_s'$$

式中：ξ_b——界限相对受压区高度；

x——截面受压区高度；

h_0——截面有效区高度；

a_s'——受压区钢筋合力点。

由于外围钢筋混凝土采用对称配筋形式，则 $x=0$，近似取 $x=2a_s'$，则外围钢筋混凝土抗弯承载力按式（6-4-9）计算。

$$M_{\mathrm{ru}} = f_y A_s (h_0 - a_s')$$ (6-4-9)

该算法忽略了外层混凝土的作用，只考虑了钢筋产生的弯矩。在计算包覆 UHPC 钢管混凝土叠合试件的抗弯承载力时，采用该方法计算的静力抗弯强度结果偏低。

根据上述计算方法，动力抗弯强度随着撞击速度的增大先增大后减小，在 $V_0 = 10\mathrm{m/s}$ 时最大。这是因为，撞击速度的增大，一方面提高了材料的应变率，从而增大了材料的动力强度以及截面弯矩；另一方面，撞击速度过大（此处为 $V_0 > 10\mathrm{m/s}$）时，混凝土的局部压碎会更为显著，在达到动力抗弯强度时，局部压碎部分已经退出工作，使得动力抗弯强度有所减小。此方法适用范围为外层混凝土强度较低，UHPC 相对普通混凝土有更优异的抗冲击性能和更高的强度，因此未来需要对此计算方法进行进一步修正。

6.4.4　本节小结

本节使用超高重型落锤冲击试验系统完成了 12 根 UHPC 包覆钢管混凝土叠合试件在考虑轴向力的侧向冲击荷载作用下的试验研究，主要参数包括：外层 UHPC 钢纤维掺量、试件含钢管混凝土率、冲击速度和外层 UHPC 是否布置钢筋。基于试验结果，可以得出以下结论：

（1）钢纤维掺量对 UHPC 包覆钢管混凝土叠合抗冲击性能有显著影响。对于没有掺入钢纤维的试件，试件抗横向冲击性能较差，主要表现为较低的冲击力平台值，较大的跨中位移和显著的剪切破坏特征，破坏时 UHPC 保护层完全剥落。钢纤维从 1% 增加到 2%，冲击力提高了 30%，最大位移和残余位移分别降低 25.3% 和 47%；然而钢纤维掺量从 2% 进一步增加到 3%，试件抗冲击性能提升并不明显。未配筋试件表现出严重的剪切破坏和较大的跨中位移，总体而言钢纤维难以完全替代配筋的作用。

（2）冲击过程中消耗的能量与冲击速度呈线性相关。在较低的冲击速度（7m/s）下，掺入钢纤维和配筋试件表现为轻微的弯曲损伤，而在 11m/s 的冲击速度下，试件发生严重的剪切破坏。冲击速度从 7m/s 到 9m/s 和 9m/s 到 11m/s，冲击力峰值分别增加约 10% 和 30%。外层 UHPC 中没有掺入钢纤维的 D80U0-♯ 系列试件，随着冲击速度的增大，跨中位移明显增大，冲击速度由 7m/s 增大到 9m/s 时，跨中位移峰值和残余位移分别增加了 41.1% 和 47.2%，由 9m/s 增加到 11m/s，跨中位移峰值和残余位移分别增加了 61.9% 和 16.8%。

（3）将钢管直径从 80mm 增加到 100mm，即含钢管混凝土率由 12.56% 增加到 19.64%，对冲击力和耗能能力的影响有限，冲击力峰值平均增大 3.4%，冲击耗能平均增大 6%，冲量平均增大 1.1%。最大跨中位移和残余跨中位移均有所下降，二者分别减少 9.1% 和 28.1%。但钢管直径从 80mm 增大到 100mm 对试件的抗冲击性能的提升较为有限。

（4）在外层 UHPC 中配置钢筋对试件抗冲击性能有显著的提升。未配筋试件相对配筋试件，表现出较低的冲击力峰值和冲击力平台值，分别减少了 8% 和 63%。外层 UHPC 没有配筋的试件呈现更大的跨中位移响应，跨中峰值位移和残余位移分别增大了 37.5% 和 46%。未配筋的试件，由于外层 UHPC 缺少钢筋约束，外层混凝土表现出更严重的破坏现象，如更大的斜裂缝，更大的跨中垂直裂缝，受压区混凝土压溃情况更突出，混凝土保护层几乎完全剥落。

（5）采用现有钢管混凝土叠合柱动力抗弯承载力计算方法对本节试验试件的动力抗弯承载力进行计算，该计算公式通过叠加法分别计算核心钢管混凝土和外层钢筋混凝土对抗弯承载力的贡献值，并通过动力系数对静力抗弯承载力进行提升。然而，该计算方法忽略了外层混凝土的贡献值，未来需要对 UHPC 包覆钢管混凝土叠合结构动力提升系数计算方法开展进一步研究。

本章的研究结果表明，UHPC 包覆钢管混凝土叠合构件总体上表现出较强的抗冲击性能，其在动荷载作用下的性能指标基本优于普通混凝土外包钢管混凝土叠合构件。本章的研究成果可为实际工程中的 UHPC 包覆钢管混凝土叠合构件抗冲击设计和性能评估提供参考和依据。

第7章 钢管混凝土叠合柱框架梁柱节点抗震性能试验

7.1 引言

为获悉装配式钢管混凝土叠合柱框架梁柱节点的抗震性能，设计并制作了 4 个节点试件，开展了拟静力试验。观测了试件的破坏形式，以各节点的水平荷载（P）-位移（Δ）关系滞回及骨架曲线、弯矩（M）-转角（θ）关系骨架曲线、延性系数和耗能能力等为评价指标，研究梁类型与节点构造对节点抗震性能的影响，并结合试验现象揭示了关键部位的应变分布规律。

7.2 试验方案

7.2.1 试件信息

共设计了 4 个钢管混凝土叠合柱装配式节点试件，试件基本信息见表 7-2-1。节点试件中的钢管混凝土叠合柱高度为 1670mm，方形叠合柱截面尺寸为 250mm×250mm，其中内钢管尺寸为□150mm×150mm×3.5mm，钢材强度为 Q345。管内外混凝土均采用 C40 混凝土。叠合柱内钢筋混凝土部分配置了由 4 根直径 14mm 和 2 根直径 10mm 的纵筋以及 ϕ8mm@100mm 箍筋绑扎而成的钢筋笼，在靠近节点区域采用箍筋加密措施，加密箍筋间距为 50mm。节点梁跨度为 2650mm，钢梁尺寸为 250mm×150mm×4mm×6mm，ZHL-1 及 ZHL-2 试件在钢梁翼缘间填充混凝土，梁内配置 4 根直径 8mm 的纵筋，并在上下翼缘间焊接横向系杆，提高对混凝土约束性的同时防止钢梁翼缘屈曲。ZHL-1 和 GL-1 为单边螺栓外伸端板节点，端板尺寸为 420mm×200mm×10mm。在内钢管和管外混凝土预留螺栓孔，采用 10.9 级 M24 高强单边螺栓进行节点连接。ZHL-2 和 GL-2 为全螺栓节点，柱端伸出短肢钢梁接头，钢梁腹板采用两列三排螺栓连接，上下各翼缘采用两列四排进行连接，螺栓型号为 10.9 级 M22 高强度螺栓。试件详图见图 7-2-1。

试件基本信息

表 7-2-1

试件编号	柱尺寸(mm)	梁尺寸(mm)	节点类型	梁种类
ZHL-1	□250×250	250×150×4×6	外伸端板	PEC 梁
ZHL-2	□250×250	250×150×4×6	全螺栓	PEC 梁
GL-1	□250×250	250×150×4×6	外伸端板	H 型钢梁
GL-2	□250×250	250×150×4×6	全螺栓	H 型钢梁

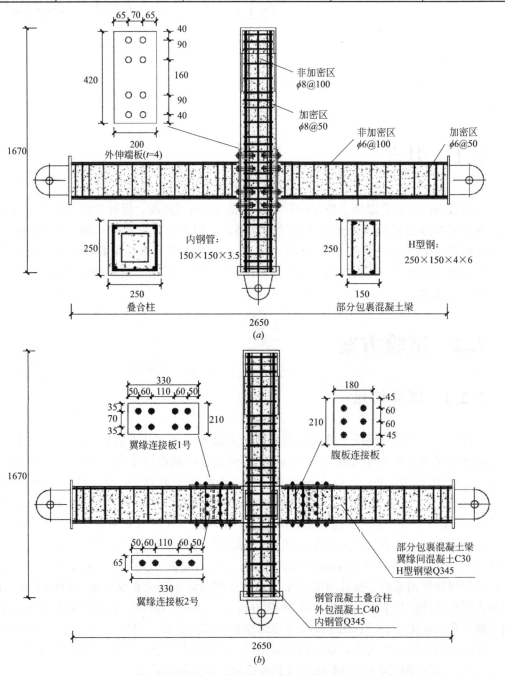

图 7-2-1　钢管混凝土叠合柱-部分包裹混凝土梁装配式节点试件详图

(a) ZHL-1 试件详图；(b) ZHL-2 试件详图

装配式节点的制作过程如下：①首先应绑扎柱内钢筋笼，要准确结合试件的设计尺寸，避免钢筋笼与单边螺栓的位置重叠，发生碰撞。②待钢筋绑扎完毕，支模浇筑管外混凝土，并在单边螺栓的位置使用 PVC 管预留孔洞。③将钢梁与外伸端板进行焊接。对使用部分包裹混凝土梁的节点，需要先在翼缘间设置横向系杆，并在节点域附近翼缘间设置横隔板，浇筑横隔板外侧梁翼缘间混凝土。④待混凝土终凝后，使用单边螺栓将梁柱在预留孔洞位置处连接，并施加一定的预拉力，使得扭矩达到 300N·m。⑤最后浇筑节点域梁翼缘间混凝土以及叠合柱钢管内混凝土。试验中所使用的高强度单边螺栓详细构造见图 7-2-2。

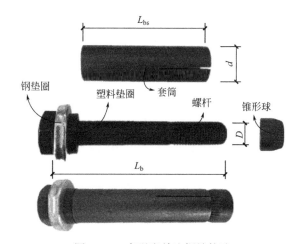

图 7-2-2　高强度单边螺栓构造

全螺栓节点试件的制作过程如下：①将短肢梁焊接在内钢管上；②绑扎柱内钢筋笼；③支模浇筑柱管外混凝土；④在梁螺栓连接两侧处设置横隔板，浇筑非节点域的梁翼缘间混凝土；⑤待梁内混凝土终凝，将梁与短肢梁进行全螺栓拼接；⑥浇筑钢管内混凝土及节点处梁翼缘间混凝土。

叠合柱-钢梁装配式节点制作过程中则无需在钢梁翼缘间浇筑混凝土，其他步骤与叠合柱-部分包裹混凝土梁节点相同。为了保证钢梁强度的一致性，叠合柱-钢梁节点也在连接处附近设置横隔板。

7.2.2　加载方案和装置

试验加载装置如图 7-2-3 所示。试件柱底采用销轴铰接在地梁上，梁端与拉杆铰接，拉杆与地梁铰接，地梁用地锚螺栓固定。液压伺服作动器（MTS）采用 4 根螺栓连接在反力墙上，右端与加载头相连。柱端被固定在加载头和加载板中间，加载头与加载板之间的螺栓必须拧紧，并在每个水平位移周期加载结束后都应及时进行检查以保证螺栓不松动，这样才能确保柱端与 MTS 之间没有相对位移，使得采集到的荷载-位移滞回曲线足够平滑。柱顶上部设置千斤顶和伺服板，与上部反力梁保持滑动接触，这样能在柱顶施加轴压力的同时，保证反力梁不阻碍柱顶的水平位移，防止影响节点受力性能。地梁一侧需设置横向千斤顶以防止加载过程中地梁滑移。

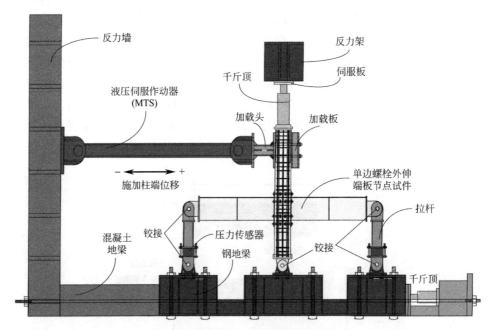

图 7-2-3   试验加载装置示意图

对 4 个钢管混凝土叠合柱装配式节点试件进行低周反复加载试验。先在柱顶施加轴压，轴压力大小根据千斤顶的读数确定。待轴压力持荷 5min 并读数稳定后，使用 MTS 加载装置对柱顶施加水平位移。根据《Guidelines for cyclic seismic testing of components of steel structures》ATC-24（1992）中介绍的低周反复加载方法对试件进行加载，如图 7-2-4 所示，每级加载位移下进行 2～3 个循环。当所测得的横向荷载下降到峰值荷载的 85% 以下时停止加载。

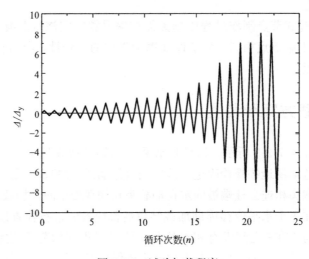

图 7-2-4   试验加载程序

7.2.3　量测内容和测点布置

试验加载过程中需要量测的内容有：①柱端水平位移 Δ 及其对应的水平荷载 P，其数据通过 MTS 加载系统自动采集；②节点区域梁柱转角 θ_b 和 θ_c，其数据通过倾角仪（C1、C2 及 C3）测量得到；③节点关键部位应变，通过混凝土、钢材应变片测量，用多功能静态应变测试系统采集；④试件的变形破坏情况：如混凝土裂缝的发展、混凝土的剥落、钢材的屈曲、焊缝的撕裂及螺栓的拔出等，通过照相机拍照并手工记录。

本试验测点布置见图 7-2-5，应变片布置主要是为了测量关键构件的应力状态，包括内钢管、钢梁、柱内纵筋等。此外，为了测量梁柱之间的转角以及位移情况，共布置了 3 个倾角仪以及 5 个位移计，同时为了获得梁端的弯矩情况，在梁端的连杆上设置了压力传感器。

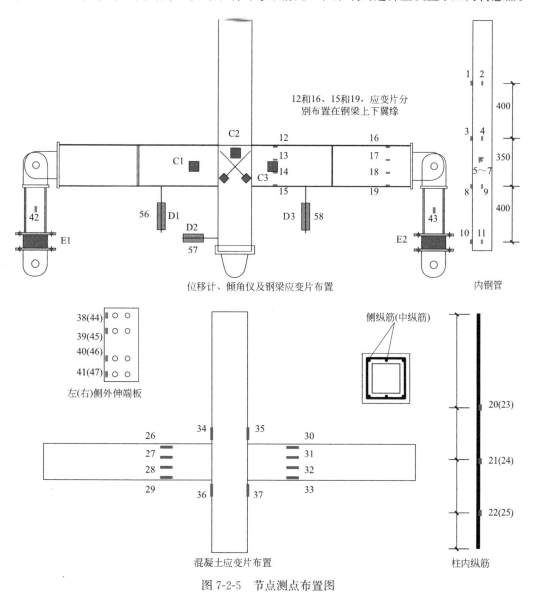

图 7-2-5　节点测点布置图

7.3 材料性能

通过钢板单向拉伸全曲线试验测得钢材试件的屈服强度 f_y、抗拉强度 f_u、弹性模量 E 以及伸长率，见表 7-3-1。

混凝土的材性试验试样为边长 150mm 的标准立方体混凝土试块及 $100mm \times 100mm \times 300mm$ 的棱柱体试块。本试验中包含两种等级的混凝土，包括 C40 混凝土，用于叠合柱；C30 混凝土，用于部分包裹混凝土梁。测得的混凝土材性试验结果如表 7-3-2 所示。

钢材材性　　　　　　　　　　　　　表 7-3-1

试样编号	厚度/直径(mm)	屈服强度 f_y(N/mm²)	抗拉强度 f_u(N/mm²)	弹性模量 E(N/mm²)	伸长率(%)
钢管柱	8	395	519	2.10×10^5	21.6
钢梁腹板	5.5	314	417	2.02×10^5	20.3
钢梁翼缘	8	369	508	2.04×10^5	26.8
外伸端板	12	420	561	2.07×10^5	17.4
柱侧边纵筋	14	447	597	2.02×10^5	26.2
柱中部纵筋	10	398	535	2.01×10^5	25.1
柱箍筋	8	364	505	2.01×10^5	20.8
梁纵筋	10	389	541	2.02×10^5	24.7
横向系杆	6	526	675	1.98×10^5	20.3

混凝土材性　　　　　　　　　　　　　表 7-3-2

编号	试件尺寸(mm)	龄期(d)	f_{cu}(N/mm²)	E_c(N/mm²)
C11	$150 \times 150 \times 150$	28	46.85	—
C12	$150 \times 150 \times 150$	28	49.22	—
C13	$150 \times 150 \times 150$	28	47.53	—
平均值			47.67	—
C21	$150 \times 150 \times 150$	28	37.82	—
C22	$150 \times 150 \times 150$	28	37.43	—
C23	$150 \times 150 \times 150$	28	38.05	—
平均值			37.91	
C31	$100 \times 100 \times 300$	28	—	34671.8
C32	$100 \times 100 \times 300$	28	—	37532.6
C33	$100 \times 100 \times 300$	28	—	36937.4
平均值				37019.2
C41	$100 \times 100 \times 300$	28	—	34982.5
C42	$100 \times 100 \times 300$	28	—	32987.1
C43	$100 \times 100 \times 300$	28	—	35002.7
平均值				33945.6

通过拉伸试验测得外伸端板节点中单边螺栓和全螺栓节点中的高强度螺栓材性，试验结果见表 7-3-3。

螺栓材性　　　　　　　　　　　　　　　　　　　　表 **7-3-3**

型号	抗拉强度(N/mm²)	屈服强度(N/mm²)	弹性模量(N/mm²)	伸长率(%)	泊松比
高强度单边螺栓	1050	945	$2.1×10^5$	12	0.3
高强度螺栓	1000	900	$2.1×10^5$	12	0.3

7.4　破坏模式

不同节点形式试件的破坏形式也有所差异，对于单边螺栓连接节点，试件 ZHL-1 和 GL-1 的破坏模态基本相同，主要可以概括为以下四种现象，如图 7-4-1 所示：

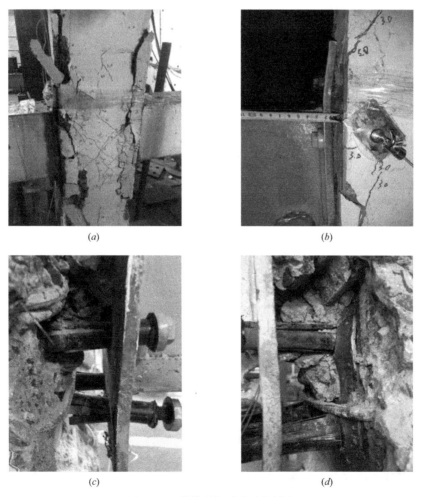

(a)　　　　　　　　　　　　　　　　　　　　(b)

(c)　　　　　　　　　　　　　　　　　　　　(d)

图 7-4-1　外伸端板节点破坏模态

（a）柱壁混凝土大面积剥落；（b）外伸端板屈曲；（c）单边螺栓拔出失效；（d）内钢管壁鼓曲撕裂

（1）节点处柱混凝土出现大量裂缝，柱壁混凝土出现大面积脱落。

（2）外伸端板屈曲变形。

（3）高强度单边螺栓滑移拔出。

（4）内钢管鼓曲撕裂。

单边螺栓外伸端板节点的破坏主要集中在柱和节点域，节点域叠合柱管外混凝土产生大量斜裂缝，并不断发展和扩展，随着位移不断增大，发生了较大面积的脱落，高强度单边螺栓受拉被拔出，导致钢管壁受拉鼓曲，并且与侧壁发生撕裂，同时外伸端板发生屈曲。试件整体呈现节点剪切破坏模式，未发生梁柱或整体倒塌的情况，表明该类节点具有较好的整体性能。

试件 GL-2 及 ZHL-2 的破坏模态基本相同，破坏现象可以概括为以下三种，如图 7-4-2 所示：

（1）节点域管外混凝土柱壁产生大量竖向裂缝。

（2）柱壁混凝土发生较大面积剥落。

（3）内钢管壁被拉裂。

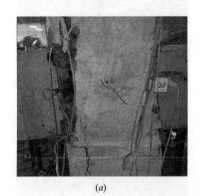 

(a)   (b)

图 7-4-2　全螺栓节点破坏模态
（a）柱壁竖向裂缝；（b）混凝土剥落

全螺栓节点的钢梁由高强度螺栓和连接板连接在焊接到内钢管上的短肢钢梁上，在柱端位移作用下，内钢管被钢梁拉裂，发生严重鼓曲，导致管外混凝土受到挤压。因此，在柱正反面距离柱边约 5cm 处出现了贯穿节点域竖向裂缝，裂缝间的侧壁混凝土出现较大面积的剥落。

7.5　试验结果与分析

7.5.1　荷载-位移关系滞回曲线

各节点试件的柱端水平荷载（P）与水平位移（Δ）关系滞回曲线由液压伺服作动加载系统采集生成的数据整理得到，如图 7-5-1 所示。

通过采集整理得到的滞回曲线，可以发现如下规律：

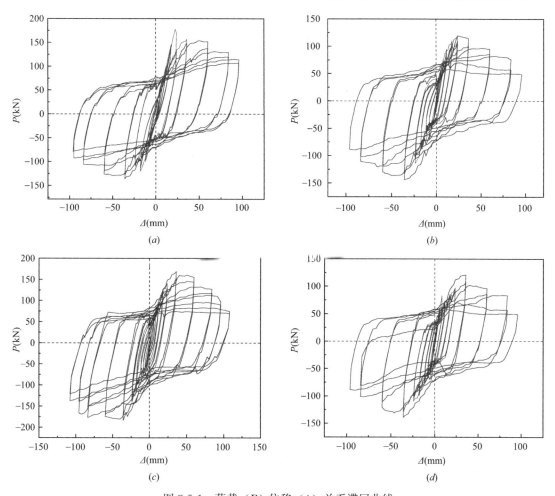

图 7-5-1　荷载（P）-位移（Δ）关系滞回曲线

（a）试件 ZHL-1；（b）试件 ZHL-2；（c）试件 GL-1；（d）试件 GL-2

（1）各节点滞回曲线均较饱满，表现出较为优越的耗能能力。各节点试件均出现了一定程度的收缩捏拢现象，可能是由于柱壁混凝土出现剥落。总体来说，四个节点都具有优良的抗震能力。

（2）外伸端板节点比全螺栓节点的滞回曲线要更加饱满。这表明外伸端板节点相比于全螺栓节点有着更好的耗能能力。试件 ZHL-1 及 GL-1 的峰值荷载也要明显大于试件 ZHL-2 及 GL-2，表明外伸端板节点具有较高的承载力。

（3）试件 ZHL-1 及 ZHL-2 的滞回曲线要比试件 GL-1 及 GL-2 的饱满，这也一定程度上反映了部分包裹组合梁在节点受力过程中比钢梁发挥了更好的耗能能力，也为节点提供了更好的延性。

7.5.2　荷载-位移关系骨架曲线

通过节点荷载（P）-位移（Δ）关系滞回曲线能够取得节点的荷载（P）-位移（Δ）关系骨架曲线，如图 7-5-2 所示。

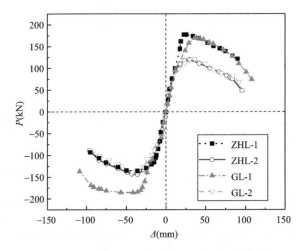

图 7-5-2　荷载（P）-位移（Δ）关系骨架曲线

可以看出，外伸端板节点的屈服位移比全螺栓节点的屈服位移高 $50\%\sim70\%$，其屈服点对应的屈服承载力也高于全螺栓节点，试件 ZHL-1 的屈服承载力比试件 ZHL-2 的屈服承载力高 54.5%。同样，试件 GL-1 的屈服承载力比试件 GL-2 的屈服承载力高 47.5%，但是屈服位移和屈服承载力受梁的类型的影响很小。此外，外伸端板试件的极限承载力也高于全螺栓节点，外伸端板节点比全螺栓节点的极限承载力要高 $30\%\sim50\%$。

7.5.3　弯矩-转角关系骨架曲线

节点的弯矩（M）-转角（θ_r）关系骨架曲线是通过计算峰值点对应的弯矩和转角所得，其中节点弯矩可以通过梁端剪力与梁跨相乘求得：

$$M=V_b\times L_0 \tag{7-5-1}$$

式中，V_b 代表梁端剪力，可以通过铰支座处设置的压力传感器所测得；L_0 是梁端与铰支座连接中心至节点域柱壁的距离。

$$\theta_r=\theta_b-\theta_c \tag{7-5-2}$$

式中，θ_b 是由设置在梁上的倾角仪测得，θ_c 是由设置在柱上的倾角仪测得。

4 个试件的弯矩（M）-转角（θ_r）关系骨架曲线如图 7-5-3 所示。可以发现：

（1）外伸端板节点的承载力明显高于全螺栓节点，但初始刚度要比全螺栓节点的低。试件 ZHL-1 的极限受弯承载力比试件 ZHL-2 要高 47.2%，但初始刚度要比试件 ZHL-2 低 10.8%。试件 GL-1 的极限受弯承载力比试件 GL-2 高 39.9%，但初始刚度比试件 GL-2 低 12%。

（2）梁类型对节点的承载力和初始刚度也有一定的影响，翼缘间填充混凝土能提高节点的抗弯承载力和初始刚度。试件 ZHL-1 的极限承载力比 GL-1 高 9.2%，初始刚度高 11%。试件 ZHL-2 的极限承载力比 GL-2 高 5.4%，初始刚度高 10.7%。

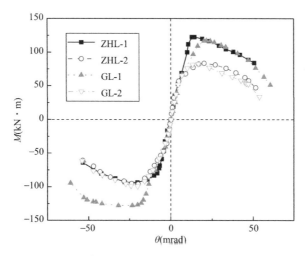

图 7-5-3　弯矩（M）-转角（θ_r）关系骨架曲线

7.5.4　节点延性系数

节点的位移延性系数可以用来评估节点试件的延性，可以作为关键的抗震能力评价指标。节点的位移延性系数 μ 是由节点的极限位移和屈服位移之比得到的：

$$\mu = \frac{\Delta_f}{\Delta_y} \tag{7-5-3}$$

式中，Δ_y、Δ_f 分别代表节点屈服点和破坏点的对应位移。各节点的节点位移延性系数计算结果见表 7-5-1。

根据表中数据可知，外伸端板节点试件的屈服位移 Δ_y 和破坏位移 Δ_f 均高于全螺栓节点试件的屈服位移和破坏位移，但全螺栓节点试件位移延性系数 μ 高于外伸端板节点试件。部分包裹混凝土组合梁节点试件的屈服位移 Δ_y 与钢梁节点试件的近似，而相应的破坏位移组合梁节点要比钢梁节点小。因此，钢梁节点的位移延性系数要高于部分包裹混凝土梁节点。

节点延性系数　　　　　　　　　　　　　　　表 7-5-1

试件	方向	屈服位移 Δ_y(mm)	破坏位移 Δ_f(mm)	位移延性系数 μ
ZHL-1	+	13.74	60.60	4.41
	−	−14.65	−76.32	5.21
ZHL-2	+	8.72	53.50	6.14
	−	−9.84	−67.38	6.85
GL-1	+	13.77	70.26	5.10
	−	−15.10	−99.10	6.56
GL-2	+	8.02	67.89	8.46
	−	−9.18	−71.39	7.78

7.5.5 刚度退化

可以环线刚度 K_j 来研究节点的刚度退化情况,其可以由下式进行计算:

$$K_j = \frac{\sum_{i=1}^{n} P_j^i}{\sum_{i=1}^{n} u_j^i}$$ (7-5-4)

式中, P_j^i 和 u_j^i 分别代表位移加载至第 j 级($\Delta/\Delta_y = j$)时,第 i 次加载循环的峰值点对应的荷载和位移。

4 个试件的环线刚度 K_j 变化曲线如图 7-5-4 所示,可以看出节点刚度随加载位移增大而逐渐退化。当 $\Delta/\Delta_y < 3$ 时节点刚度急剧下降,正向加载过程中,试件 ZHL-1 及 ZHL-2 的刚度分别下降了 69.7% 和 73.3%,试件 GL-1 及 GL-2 的刚度分别下降了 59.9% 和 73.8%。负向加载过程中,试件 ZHL-1 和 ZHL-2 的降幅分别达到 66.0% 和 63.5%,试件 GL-1 及 GL-2 的降幅分别达到 60.4% 和 68.3%,出现这种情况的原因可能是柱壁混凝土裂缝的出现和发展。最终试件 ZHL-1、ZHL-2、GL-1 及 GL-2 的正向刚度降幅达到 86.8%、92.9%、87.0% 及 88.0%,负向刚度降幅达到 88.9%、88.1%、84.3% 及 83.4%。

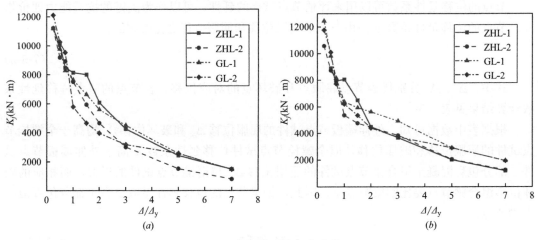

图 7-5-4　环线刚度退化曲线
（ a ）正向加载；（ b ）负向加载

7.5.6 耗能能力

等效黏滞阻尼系数 ξ_e 和能量耗散系数 E 可以评价节点的耗能能力,其计算方法见式（7-5-5）及式（7-5-6）。

$$\xi_e = \frac{1}{2\pi} \frac{S_{ABC} + S_{CDA}}{S_{OBE} + S_{ODF}}$$ (7-5-5)

$$E = \frac{S_{ABC} + S_{CDA}}{S_{OBE} + S_{ODF}} = 2\pi\xi_e$$ (7-5-6)

式中，S_{ABC}、S_{CDA}、S_{OBE} 和 S_{ODF} 分别表示图 7-5-5 中曲线及坐标轴围成的面积。

通过计算，4 个节点在极限状态和破坏状态下的耗能指标见表 7-5-2，等效黏滞阻尼系数 ξ_e 与加载位移循环级数的曲线关系如图 7-5-6 所示。

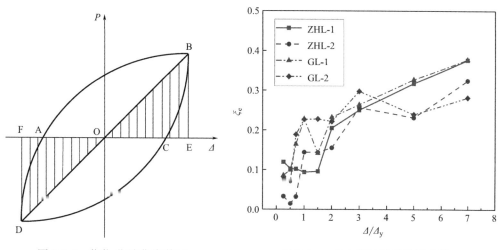

图 7-5-5　荷载-位移曲线滞回　　　　　图 7-5-6　节点等效黏滞阻尼系数

通过观察图 7-5-6 及研究表 7-5-2 中数据能够看出：

（1）就等效黏滞阻尼系数而言，4 个节点具有类似的发展趋势。当 $0<\Delta\leqslant1.0\Delta_y$ 时，节点的黏滞阻尼系数 ξ_e 随着位移的增大而增大。当 $\Delta_y<\Delta\leqslant2\Delta_y$ 时全螺栓节点的 ξ_e 没有发生过大的变化，试件 ZHL-1 的 ξ_e 继续增大，试件 GL-1 的 ξ_e 发生了波动。当 $2\Delta_y<\Delta\leqslant 3\Delta_y$ 时，4 个节点的等效黏滞阻尼系数 ξ_e 都增大，当 $3\Delta_y<\Delta\leqslant5\Delta_y$ 时，全螺栓节点的等效黏滞阻尼系数继续增大的同时，外伸端板节点等效黏滞阻尼系数有所降低。这可能是由于在加载过程中，外伸端板节点中单边螺栓被拉坏，而全螺栓节点则没有发生这种破坏。

（2）节点形式对于等效黏滞阻尼系数的大小有一定的影响。当加载位移大于 $2\Delta_y$ 时，外伸端板节点的等效黏滞阻尼系数逐步增大，最终高于全螺栓节点，在极限状态下试件 ZHL-1 的等效黏滞阻尼系数比试件 ZHL-2 高 17.1%，试件 GL-1 的等效黏滞阻尼系数约比试件 GL-2 高 28.2%，这也说明外伸端板节点有着更好的耗能能力。

节点耗能指标

表 7-5-2

试件	受力状态	加载位移 Δ/Δ_y	总耗能 W_{total}(kN·mm)	等效黏滞阻尼系数 ξ_e	能量耗散系数 E
ZHL-1	极限状态	3	34617.18	0.250	1.574
	破坏状态	7	109181.9	0.376	2.363
ZHL-2	极限状态	3	30884.85	0.255	1.602
	破坏状态	7	90017.60	0.327	2.055
GL-1	极限状态	3	46310.74	0.264	1.659
	破坏状态	7	142654.90	0.377	2.371
GL-2	极限状态	5	65286.16	0.239	1.508
	破坏状态	7	97040.20	0.373	2.343

各个节点在加载过程中滞回能量耗散情况如图 7-5-7 所示。可以得出：外伸端板节点的耗能能力要明显优于全螺栓节点。当位移加载至 8Δ_y 时，试件 ZHL-1 及 GL-1 的能量耗散要比试件 ZHL-2 及 GL-2 高 33.4% 和 40.4%。而梁类型对于节点的能量耗散影响较小。

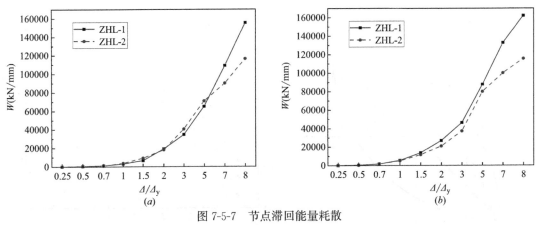

图 7-5-7　节点滞回能量耗散

（a）部分包裹混凝土梁节点能量耗散；（b）钢梁节点的能量耗散

7.5.7　应变分布情况

为了进一步揭示节点各组件在加载过程中的受力情况，本节对关键构件的应变进行了分析。

1. 叠合柱内钢管应变分布

根据图 7-5-8 可知，4 个试件内钢管的应变分布规律基本一致，7 号应变片位于钢管中部，最靠近节点区域，越靠近的测点所测得应变越大，4 个试件中 7 号应变片所测得最大值均介于 2400~2600με 之间。而由材性试验数据得到叠合柱内钢管屈服应变为 1881με，说明钢管在加载后期均因受拉达到屈服，分析应变规律还可以看出全螺栓节点试件 ZHL-2、GL-2 的钢管应变略大于外伸端板节点试件 ZHL-1 及 GL-1，与试验中全螺栓节点的内钢管撕裂破坏程度较大而外伸端板节点内钢管破坏较为轻微的试验现象相吻合。这可能是

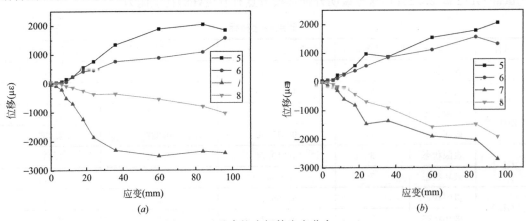

图 7-5-8　叠合柱内钢管应变分布（一）

（a）试件 ZHL-1；（b）试件 ZHL-2

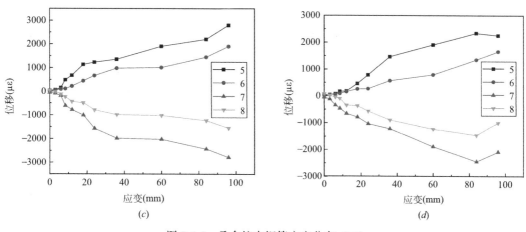

图 7-5-8　叠合柱内钢管应变分布（二）

（c）试件 GL-1；（d）试件 GL-2

由于全螺栓节点中钢梁与内钢管直接焊接导致了应力集中。

2. 外伸端板应变分布

外伸端板钢材屈服应变为 $2029\mu\varepsilon$，分析图 7-5-9 中应变分布规律能够得到：试件

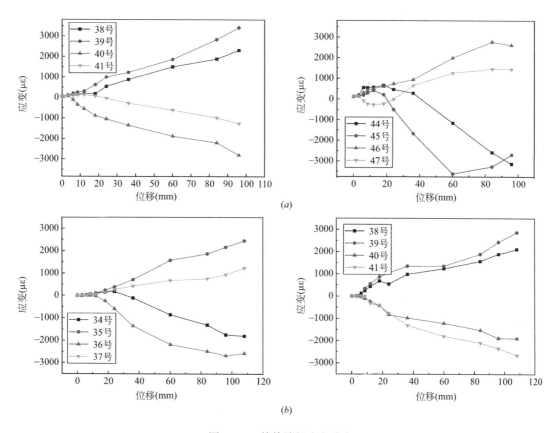

图 7-5-9　外伸端板应变分布

（a）试件 ZHL-1；（b）试件 GL-1

ZHL-1 及 GL-2 的外伸端板上测点应变大部分达到屈服。端板中间处测点的应变较大，其对应的就是外伸端板的屈曲发生的部位。

7.6 基于节点失效的优化构造措施

通过上述试验分析，可以发现装配式钢管混凝土叠合柱节点的破坏主要集中在外部混凝土和内部钢管，此类破坏模式不利于实现"强柱弱梁"的设计理念，究其原因是因为外部混凝土和钢管没有足够的承载力承担单边螺栓的拉力，导致节点最终的破坏模式表现为柱壁破坏。需要采取一定的优化构造措施，避免柱壁发生破坏。

和普通混凝土相比，超高性能混凝土（UHPC）具有强度高、延性好等特点，考虑将外部普通混凝土替换为 UHPC，一方面可以利用 UHPC 强度高的特点，避免柱壁产生破坏；另一方面可以省略外部混凝土中的钢筋，便于单边螺栓的安装。然而，目前尚缺乏 UHPC 包覆钢管混凝土叠合柱框架梁柱节点的相关研究。

7.7 本章小结

为获悉钢管混凝土叠合柱装配式节点的破坏模式、抗震性能等指标，对此类节点进行了拟静力试验。通过研究可以得出以下结论：

（1）分析了各节点最终的破坏模态。节点形式对试件破坏模态有着比较显著的影响，外伸端板节点的破坏模态包括：端板屈曲、柱混凝土出现大量裂缝并发生局部剥落、螺栓被拉坏以及内钢管壁鼓曲撕裂；全螺栓节点的破坏模态主要包括：柱壁混凝土产生大量裂缝和剥落以及内钢管壁撕裂。梁的类型对于节点的破坏形式的影响较小。

（2）通过分析各节点的荷载-位移关系滞回曲线发现：各节点的滞回曲线均比较饱满，外伸端板节点的滞回性能要优于全螺栓节点，使用部分包裹混凝土梁的节点滞回性能要优于钢梁节点。通过研究荷载-位移骨架曲线和弯矩-转角骨架曲线发现：外伸端板节点的水平荷载承载力和受弯承载力均要高于全螺栓节点；但全螺栓节点的初始刚度要略高于外伸端板节点。

（3）两种节点均具有良好的延性。全螺栓节点的位移延性系数要高于外伸端板节点，但外伸端板节点的屈服位移和破坏点位移均大于全螺栓节点。两类节点的强度及刚度退化较为缓慢，表现出良好的抗震承载性能。两种节点均具有良好的耗能能力。外伸端板节点能量耗散总量要比全螺栓节点高 30%～40%。

第8章

UHPC叠合钢管混凝土柱框架梁柱节点力学行为及设计方法

8.1 引言

基于钢管混凝土叠合柱装配式节点的典型破坏机制，提出了采用 UHPC 包覆钢管混凝土叠合柱框架梁柱节点的优化构造措施。本章基于 Abaqus 软件建立了 UHPC 包覆钢管混凝土装配式节点的有限元分析模型，考虑了节点域复杂接触关系，揭示节点组件在屈服和极限状态下的受力机理，讨论 UHPC 对钢管的约束作用。开展参数分析揭示多参数变化对 UHPC 包覆钢管混凝土装配式节点力学性能的影响规律，考虑多组件之间的协同作用机制，建立节点的承载力和刚度设计方法。

8.2 有限元分析模型

基于上述研究可以看出虽然单边螺栓连接装配式钢管混凝土叠合柱节点具有良好的抗震性能，但是由于外部混凝土无法有效约束内部钢管，导致节点最终的破坏模式表现为柱壁破坏，因为外部混凝土中存在箍筋和纵向钢筋，且在节点区域存在钢筋加密区，对于单边螺栓的安装也造成了一定的不便。UHPC 具有强度高、延性好等特点。考虑将外部普通混凝土替换为 UHPC，一方面可以利用 UHPC 强度高的特点，避免柱壁产生破坏；另一方面可以省略外部混凝土中的钢筋，便于单边螺栓的安装。通过数值模拟等手段，揭示 UHPC 包覆钢管混凝土装配式节点的力学性能和受力机理。

8.2.1 本构模型

1. 钢材本构关系模型

对于模型中的低碳软钢（包括内钢管、外伸端板、钢梁、节点连接板等钢构件），采用二次塑流模型来模拟,其本构关系表达式见式(8-2-1),应力-应变关系见图 8-2-1 (a)。对于模型中的螺栓及钢筋,采用二折线模型来模拟,其应力-应变关系如图 8-2-1 (b) 所示。

$$\sigma = \begin{cases} E_s\varepsilon & \varepsilon \leqslant \varepsilon_e \\ -A\varepsilon^2 + B\varepsilon + C & \varepsilon_e \leqslant \varepsilon \leqslant \varepsilon_{e1} \\ f_y & \varepsilon_{e1} \leqslant \varepsilon \leqslant \varepsilon_{e2} \\ f_y\left(1 + 0.6\dfrac{\varepsilon - \varepsilon_{e2}}{\varepsilon_{e3} - \varepsilon_{e2}}\right) & \varepsilon_{e2} \leqslant \varepsilon \leqslant \varepsilon_{e3} \\ 1.6f_y & \varepsilon \geqslant \varepsilon_{e3} \end{cases} \tag{8-2-1}$$

式中,$\varepsilon_e = 0.8f_y/E_s$;$\varepsilon_{e2} = 10\varepsilon_{e1}$;$\varepsilon_{e3} = 100\varepsilon_{e1}$;$A = 0.2f_y/(\varepsilon_{e1} - \varepsilon_e)^2$;$B = 0.2A\varepsilon_{e1}$;$C = 0.8f_y + A\varepsilon_e^2 - B\varepsilon_e$;$E_s$ 为钢材的弹性模量。

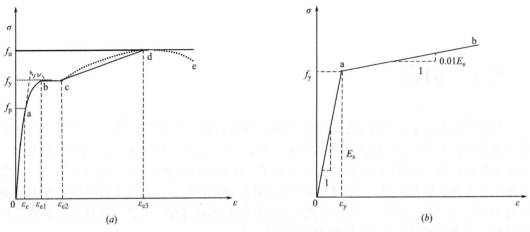

图 8-2-1 钢材本构关系模型
(a) 低碳软钢;(b) 螺栓及钢筋

2. 混凝土本构关系模型

模型中的混凝土包括柱内核心混凝土和外部 UHPC。采用 Han 等(2007)提出的钢管混凝土本构关系模型来模拟钢管内的混凝土,其数学表达式如下:

$$y = \begin{cases} 2x - x^2 & x \leqslant 1 \\ \dfrac{x}{\beta(x-1)^\eta + x} & x \geqslant 1 \end{cases} \tag{8-2-2}$$

式中,$x = \varepsilon/\varepsilon_0$;$y = \sigma/\sigma_0$;$\sigma_0 = f_c$;$\varepsilon_0 = \varepsilon_c + 8 \times 10^{-4}\xi^{0.2}$;$\varepsilon_c = (1300 + 12.5f_c) \times 10^{-6}$;$\xi = f_yA_s/f_{ck}A_c$。

$$\beta = \begin{cases} (2.36 \times 10^{-5})^{[0.25+(\xi-0.5)^7]} \cdot f_c^{0.5} \geqslant 0.12 & \text{圆钢管混凝土} \\ \dfrac{f_c^{0.1}}{1.2\sqrt{1+\xi}} & \text{方钢管混凝土} \end{cases}$$

$$\eta = \begin{cases} 2 & \text{圆钢管混凝土} \\ 1.6 + 1.5/x & \text{方钢管混凝土} \end{cases}$$

其中,σ_0 和 ε_0 分别表示混凝土的峰值压应力及其对应的应变;ξ 为约束效应系数;

A_s 和 f_y 分别为钢管的横截面面积和屈服应力；f_c 和 f_{ck} 分别代表混凝土的抗压强度设计值和标准值；A_c 为混凝土的截面面积。

基于 Yang 等（2008）和 Zhang 等（2015）的研究结果，UHPC 的本构关系如图 8-2-2 所示。

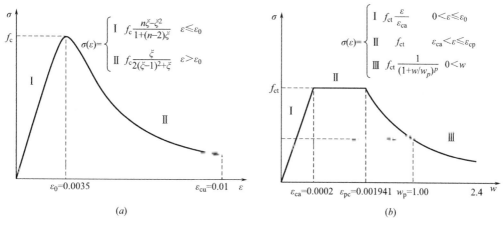

图 8-2-2　UHPC 本构关系模型

（a）受压；（b）受拉

同时，为了考虑混凝土在循环加载作用下的损伤累积，在模型中引入了混凝土的损伤因子，如图 8-2-3 所示。

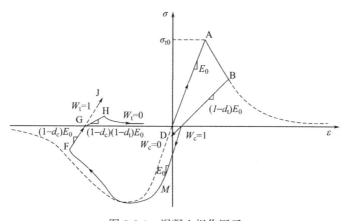

图 8-2-3　混凝土损伤因子

8.2.2　模型建立

模型中除钢筋外的部件均采用 C3D8R 单元，梁柱内纵筋和箍筋采用 T3D2 单元。网格的密度不宜过密，这样会耗费过多的计算时间，使得效率低下。反之，网格尺寸若设置过大，可能会导致计算结果不准确或者不收敛。因此，应在能保证计算结果精确的前提下，尽量提高计算效率。因为节点的典型破坏模式有端板破坏、单边螺栓破坏以及柱壁破坏，因此在节点核心区的端板、钢管、UHPC 以及单边螺栓的网格相对较密，远离节点区域的梁柱部分网格可相对较稀疏。模型的网格划分见图 8-2-4。

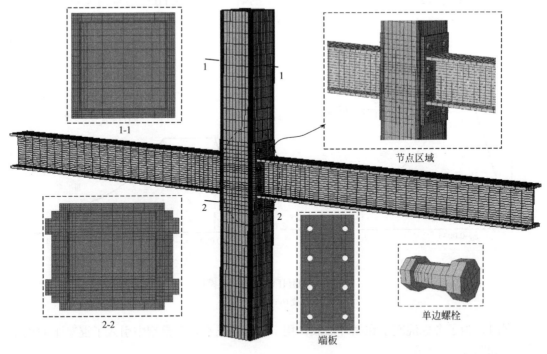

图 8-2-4 模型网格

各组件相邻表面间接触的切向行为用摩擦来模拟，法向行为用"硬接触（hard contact）"来考虑。对于钢构件之间的接触行为，采用的摩擦系数取值为 0.3。钢构件与混凝土构件之间的摩擦系数取值为 0.5。端板和钢梁的焊接使用"Tie（绑定）"进行模拟，模型中有比较复杂的接触关系，共设置了 130 个接触对，节点域的接触如图 8-2-5 所示。

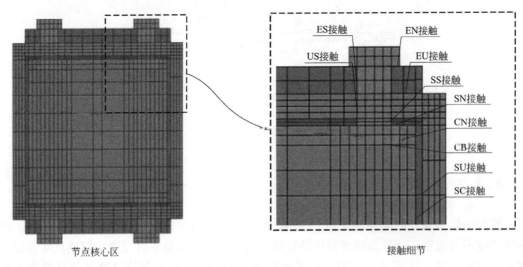

图 8-2-5 节点域接触

模型中的边界条件设置为：①柱顶：约束了 y 方向的位移，以及绕 x、z 轴的转动；②梁端：约束了 y、z 两个方向的位移，以及绕 x、z 轴的转动；③柱底：约束了 x、y、z 三个方向的位移，以及绕 x、z 轴的转动。

节点的拟静力试验模拟共分为三个分析步：①施加外伸端板节点连接处的高强单边螺栓预紧力；②叠合柱柱顶施加轴向压力；③叠合柱柱顶按加载程序逐级循环施加水平位移。

8.3　节点受力机理

8.3.1　试验验证

由于试件 GL-1 和 ZHL-1 的破坏模式相似，且梁截面类型对节点性能影响不大，选取 GL-1 的试验结果和有限元模型进行对比，验证模型的准确性。由于试件 GL-1 和建立的有限元分析模型仅为外部混凝土的本构关系不同，且外部混凝土中存在钢筋，仅需要将上述建立的模型中的 UHPC 本构变换为普通混凝土本构模型，且采用"内置区域"将采用桁架单元模拟的钢筋内置于外部混凝土中即可。如图 8-3-1 所示，模拟和试验得到的荷载-位移滞回曲线有着较好的吻合度。但试验中的滞回曲线要比模拟中的更加饱满。通过对比模拟和试验中不同节点形式试件的破坏模态，发现模拟得到的破坏模态基本与试验中观察到的现象一致，如图 8-3-2 所示。

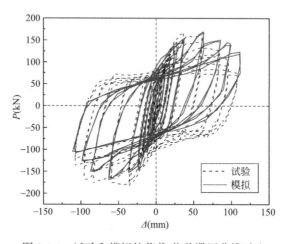

图 8-3-1　试验和模拟的荷载-位移滞回曲线对比

通过对比可以得出，试验和模拟得到的破坏模态和滞回曲线均拟合较好，从而可以证明建立的有限元分析模型具有良好的准确性。

8.3.2　节点受力机理

选取典型的 UHPC 包裹钢管混凝土装配式节点，建立有限元分析模型，标准模型中

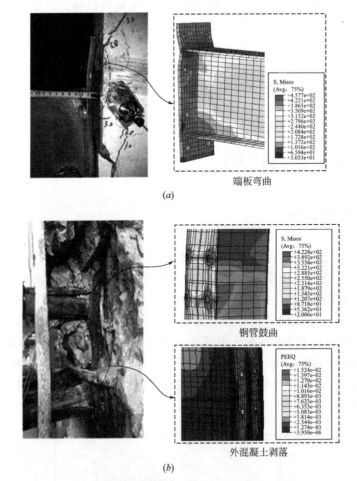

图 8-3-2　试验和模拟破坏模态对比

（a）端板弯曲；（b）柱壁和钢管破坏

UHPC 包裹钢管混凝土柱采用方形截面，尺寸为 350mm×350mm，其中内钢管截面为 □300mm×300mm×6mm，钢梁截面为 H350mm×250mm×18mm×22mm，端板厚度为 28mm，钢梁与 UHPC 包裹钢管混凝土柱采用 10.9 级 M36 的单边螺栓连接。其中，UHPC 包裹钢管混凝土柱总高度为 3m，钢梁长度为 3m，钢材屈服强度为 345MPa，柱内核心混凝土强度为 C40，UHPC 强度等级为 UC140。为了验证节点受力时外部 UHPC 对内部钢管的抑制作用，通过变化 UHPC 的厚度从 10mm 到 25mm 和 50mm 时，研究节点的受力和破坏机理。定义节点转角达到 100mrad 时达到极限状态，分析 UHPC 厚度变化时节点组件的受力机理。

当外部包裹 UHPC 厚度为 25mm 时，如图 8-3-3 所示，在屈服点，端板在与钢梁翼缘连接位置附近率先进入屈服，且在受拉翼缘的拉力作用下已进入强化阶段，端板在远离钢梁翼缘区域还未进入屈服；钢梁在受压翼缘附近局部区域接近屈服应力，但仍未进入强化阶段；观察内钢管的应力状态可以发现内钢管在螺栓拉力作用下局部达到屈服应力并进入强化阶段，但是屈服区域的面积较小，主要集中在钢管翼缘上，钢管的腹板尚未屈服；通过外部 UHPC 的接触应力和塑性应变发现，在螺栓拉力作用下，内钢管有发生鼓曲的趋

势，但受到外部 UHPC 的约束，致使 UHPC 和钢管之间产生了较大的接触应力，并且
UHPC 的塑性变形区域沿受拉螺栓孔延伸连成一体；单边螺栓在栓杆中间区域达到屈服强
度，但仍未达到极限强度。在极限点，端板在受拉翼缘作用下的屈服区域进一步扩展，且
在受拉和受压翼缘附近的端板均进入强化阶段。同时，观察到钢梁的受压翼缘和腹板局部
区域已进入强化阶段；到达极限状态时内钢管在螺栓拉力作用下产生明显的鼓曲变形，且
钢管在受拉螺栓附近区域均进入强化阶段，且强化区域沿螺栓孔扩展连成一片，同时观察
到钢管腹板在剪力作用下也进入强化阶段，最大应力达 539MPa；随着钢管的鼓曲变形越
来越明显，外部 UHPC 和钢管之间的接触应力随之增大，UHPC 的塑性应变也进一步发
展，此时单边螺栓的塑性区域也进一步扩大，最大应力为 996MPa，仍未达到螺栓的极限
应力。综上所述，当外部 UHPC 厚度为 25mm 时，端板率先进入屈服和强化阶段，达到
极限状态时内部钢管产生鼓曲变形，节点产生端板弯曲和柱壁破坏的混合破坏模式。

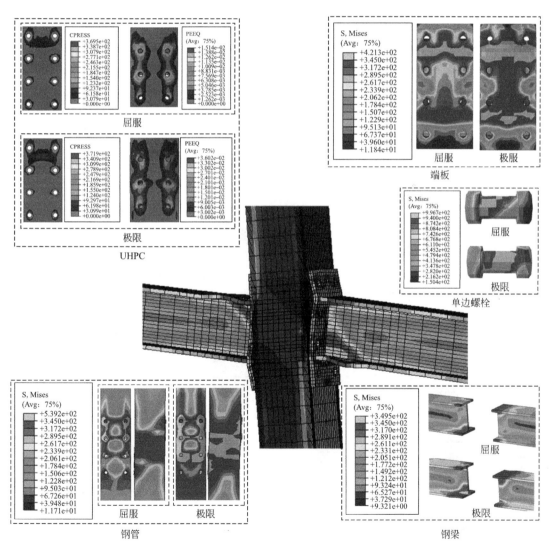

图 8-3-3　标准模型节点受力

当外部 UHPC 厚度减小至 10mm 时，如图 8-3-4（a）所示，可以看出在屈服状态时端板尚未进入强化阶段，仅在翼缘相交部位进入屈服，但此时内钢管已进入强化阶段，和 UHPC 厚度为 25mm 的节点相比，内钢管的应力更高，强化区域更大，钢管在螺栓拉力作用下已产生鼓曲变形；同时发现钢梁端部的应力也较小，但外部 UHPC 的接触应力显著增加，UHPC 的塑性应变也更高；进入极限状态时，内钢管的应力进一步发展，最大应力达 552MPa，已达到钢管的极限应力，但此时钢梁仍未进入强化阶段。总的来说，随着 UHPC 厚度降低，内钢管率先进入强化阶段，节点表现为明显的柱壁破坏模式，和 UHPC 厚度为 25mm 的节点相比，端板、钢梁以及单边螺栓的应力均有所降低，但是端板在极限状态下仍进入了强化阶段。

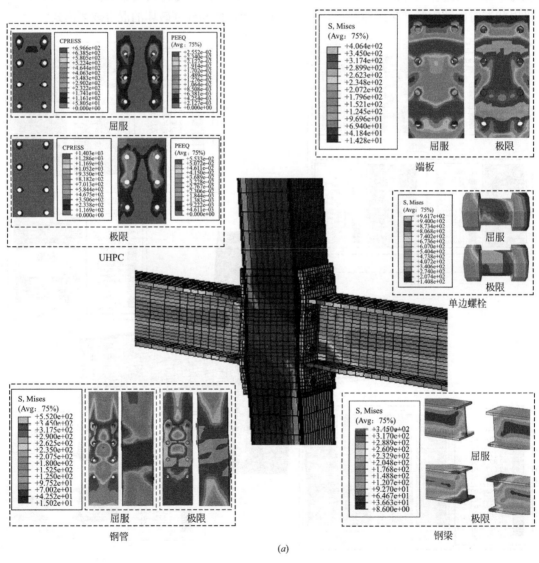

(a)

图 8-3-4　UHPC 厚度对节点受力影响（一）

（a）UHPC 厚度 10mm

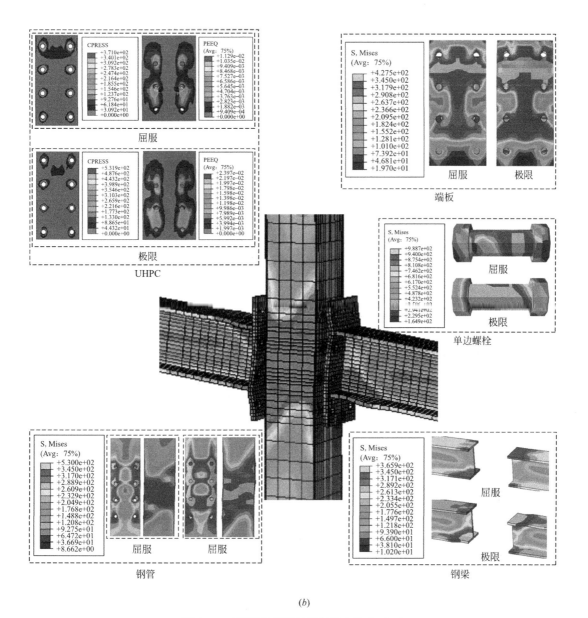

(b)

图 8-3-4　UHPC 厚度对节点受力影响（二）

（b）UHPC 厚度 50mm

当外部 UHPC 厚度增加至 50mm 时，如图 8-3-4（b）所示，可以看出节点在屈服状态时端板的应力有所增加，且端板在钢梁翼缘拉力作用下进入强化阶段的区域也更多，同时发现端板在翼缘压力作用下未进入屈服，这是因为柱壁提供了良好的抗压承载力，端板不会在压力作用下产生弯曲；另一方面，钢管的应力和鼓曲变形也有所降低，且钢管进入屈服和强化的区域面积也随之降低，外部包裹 UHPC 的塑性应变也有所降低，与之相反的是钢梁的应力随之提高。这表明随着 UHPC 厚度的增加，节点的破坏模式以端板弯曲变形为主。

由此可以发现，和普通钢管混凝土叠合柱装配式节点相比，当外部包裹混凝土厚度相同时，UHPC 包裹钢管混凝土装配式节点可以有效避免柱壁破坏，同时可以避免在外部 UHPC 中绑扎钢筋。此外，采用 UHPC 包裹钢管混凝土可有效降低外部混凝土的厚度，减小柱截面尺寸。

8.4 参数分析

基于建立的标准模型，进一步分析多参数变化下节点力学性能的变化规律，具体参数的变化如表 8-4-1 所示，其中加粗参数为标准模型的参数。图 8-4-1 给出了参数变化对节点力学性能的影响。

参数变化 表 8-4-1

参数类型	参数	变化范围
材料参数	钢梁强度(f_{yb})	Q235、**Q345**、Q420
	钢管强度(f_{yt})	Q235、**Q345**、Q420
	核心混凝土强度(f_{cu})	C30、**C40**、C60
	UHPC 强度(f_{cu})	UC100、**UC140**、UC180
荷载参数	轴压比(n)	0.1、**0.3**、0.5
几何参数	螺栓直径(d_b)	30mm、**36mm**、42mm
	UHPC 厚度(t_u)	10mm、**25mm**、50mm
	端板厚度(t_{ep})	22mm、**28mm**、32mm
	钢管厚度(t_s)	3mm、**6mm**、10mm

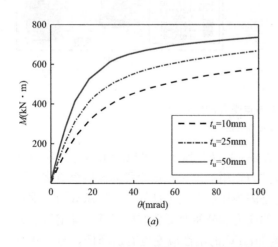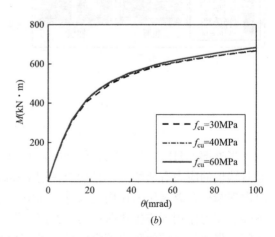

图 8-4-1 参数变化对节点力学性能的影响（一）
（a）UHPC 厚度；（b）核心混凝土强度

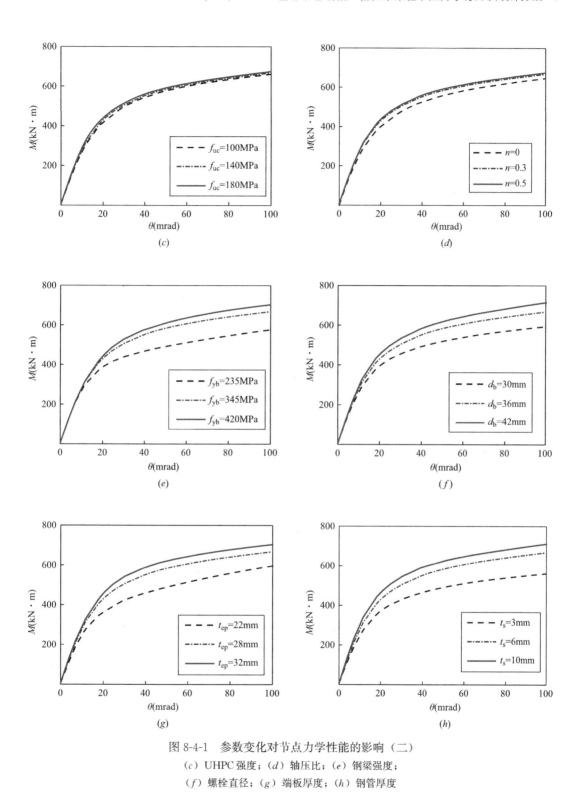

图 8-4-1　参数变化对节点力学性能的影响（二）

（c）UHPC 强度；（d）轴压比；（e）钢梁强度；

（f）螺栓直径；（g）端板厚度；（h）钢管厚度

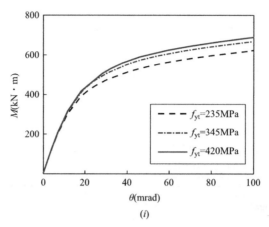

图 8-4-1　参数变化对节点力学性能的影响（三）

(i) 钢管强度

图 8-4-1（a）给出了外 UHPC 厚度对节点力学性能的影响，可以看出 UHPC 厚度对节点力学性能影响显著，当 UHPC 厚度由 50mm 减小至 25mm 和 10mm 时，节点初始刚度分别下降了 21.88% 和 40.63%，节点的极限承载力分别降低了 9.10、21.44%，同时观察节点的破坏模式发现，当 UHPC 厚度减小至 10mm 时，节点破坏时柱壁发生明显的鼓曲变形，节点破坏模式由端板屈服转变为柱壁破坏，说明此类节点的 UHPC 厚度不应过小以避免柱壁发生破坏。

图 8-4-1（b）给出了核心混凝土强度对节点承载力的影响，可以看出节点的初始刚度和极限承载力基本不受核心强度的影响。

图 8-4-1（c）显示了 UHPC 强度对节点力学性能的影响，可以看出即使 UHPC 强度有所降低，但节点承载性能仅出现轻微下降，初始刚度基本保持不变。

图 8-4-1（d）给出了轴压比对节点弯矩-转角关系的影响，可以看出轴压比对节点的初始刚度几乎没有影响，且轴压比对节点极限承载力的影响有限，在较小的轴压比范围内，随着轴压比增加，节点的极限承载力略有提高。

图 8-4-1（e）给出了钢梁和端板强度对节点力学性能的影响，可以看出随着钢材强度的增加，节点的初始刚度保持不变，但极限承载力随之增加，当钢材强度从 235MPa 增大至 345MPa 和 420MPa 时，节点承载力分别增加了 16.12% 和 21.84%，可以看出增长幅度随着材料强度增加而逐渐降低，这是因为当钢材强度增长至 420MPa 时，节点破坏模式逐渐由端板屈服为主转换为柱壁破坏为主。

图 8-4-1（f）给出了螺栓直径对节点力学性能的影响，可以看出当螺栓直径由 30mm 增加至 36mm 和 42mm 时，节点极限承载力分别增加了 12.48% 和 19.80%，这是因为当螺栓直径减小时，节点逐渐由端板破坏和柱壁破坏发展为螺栓拉断破坏，而当螺栓直径进一步增大时，节点依然发生端板和柱壁破坏，因此承载力增长幅度逐渐减小。

图 8-4-1（g）给出了节点弯矩-转角曲线随端板厚度的变化规律。可以看出端板厚度对节点的力学性能影响较大，当端板厚度由 22mm 增加至 28mm 和 32mm 时，节点的初始刚度分别增加了 17.19% 和 24.48%，节点的极限承载力分别增加了 11.48% 和 17.30%。这是因为随着端板厚度下降，节点由柱壁和端板混合破坏转变为端板破坏为主，

随着端板厚度的增加，节点的破坏模式转变为柱壁破坏为主。

图 8-4-1（h）显示了钢管厚度对节点力学性能的影响，可以看出钢管厚度对节点力学性能的影响较为明显。当钢管厚度由 3mm 增加至 6mm 和 10mm 时，节点的初始刚度分别增加了 15.38% 和 25.13%，节点承载力分别增长了 19.47% 和 27.27%，这是因为标准模型发生端板和柱壁混合破坏，降低钢管厚度时节点以柱壁破坏为主，增加钢管厚度时节点以端板破坏为主。

图 8-4-1（i）为钢管强度对节点力学性能的影响，可以发现钢管强度增长节点的承载力随之出现一定的增加，但增长幅度不大。

8.5　节点承载力和刚度设计方法

8.5.1　节点受弯承载力计算

基于力学平衡原理，UHPC 包覆钢管混凝土叠合柱框架梁柱节点的受弯承载力计算模型如图 8-5-1 所示，并可通过式（8-5-1）计算。

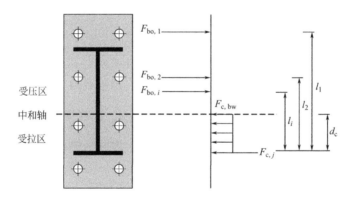

图 8-5-1　节点承载力分析模型

$$M_j = \sum_{i=1}^{n} F_{\mathrm{bo},i}(l_i - d_c) + f_{\mathrm{yw}}t_{\mathrm{bw}}d_c^2/2 + F_{c,j}d_c \qquad (8\text{-}5\text{-}1)$$

式中，l_i 和 $F_{\mathrm{bo},i}$ 分别为第 i 排螺栓到下翼缘中心的距离和拉力；d_c 是受压区高度；f_{yw} 和 t_{bw} 分别为钢梁腹板的屈服强度和厚度；$F_{c,j}$ 是钢梁下翼缘的压力。

由式（8-5-1）可知，计算节点受弯承载力需要确定节点中螺栓的拉力以及中和轴的位置。首先研究外伸端板节点中单边螺栓的拉力计算方法。根据 Wang 等（2017）的相关研究，外伸端板节点螺栓承载力的取值主要基于三种破坏形式：

（1）由于螺栓拉力导致的柱壁破坏控制的螺栓承载力（$F_{\mathrm{bo,cw}}$）。

（2）外伸端板屈曲导致螺栓失效控制的螺栓承载力（$F_{\mathrm{bo,ep}}$）。

（3）单边螺栓本身被拉裂控制的螺栓承载力（$F_{\mathrm{bo,bo}}$）。

其承载力取其三者最小值，因此螺栓的受拉承载力可以按式（8-5-2）进行计算。

$$F_{\text{bo},i} = \min \begin{cases} F_{\text{bo,cw}} \\ F_{\text{bo,ep}} \\ F_{\text{bo,bo}} \end{cases} \tag{8-5-2}$$

（1）柱壁破坏机制：

根据姜涛（2012）的研究，钢管混凝土柱壁在螺栓拉力及撬力作用下有两种破坏机制，分别为台形破坏机制和柱形破坏机制。根据《Building code requirements for structural concrete and commentary》ACI 318M（2011）的规定，锚在混凝土中的螺栓有两种破坏形式，一种是与螺栓头直接接触的混凝土被压碎，还有一种是在混凝土中以一定的角度形成混凝土锥，之后被一起拔出失效。对于钢管混凝土叠合柱与部分包裹混凝土梁节点，与钢管混凝土不同的是，螺栓的拉力会先传到内钢管上，再由内钢管传至管外混凝土中。根据 Yang 和 Han（2009）的研究结果，螺栓拉力将先以 1∶2.5 的斜率在内钢管中传递，并继续以 1∶1 的斜率在管外混凝土中扩散，因此将对先前研究中螺栓头直接接触的混凝土面积和形成混凝土锥时力在混凝土中扩散的面积进行修正，如图 8-5-2 所示。由柱壁破坏控制的螺栓承载力 $F_{\text{bo,cw}}$ 可以由钢管和管外混凝土的破坏承载力叠加得到，可以由式（8-5-3）进行计算，钢管混凝土柱壁破坏的承载力 F_{st} 可以由式（8-5-4）进行计算。

$$F_{\text{bo,cw}} = F_{\text{st}} + F_{\text{c,ou}} \tag{8-5-3}$$

$$F_{\text{st}} = \min \begin{cases} \dfrac{2}{(1-\beta)}\big[(\eta-\gamma) + 2\sqrt{(1-\gamma)(1-\beta)}\,\big]\sigma_{\text{yc}}t_{\text{s}}^2 \\ \left\{\pi\left[1 - \dfrac{\gamma}{2(1-\beta)} + 2\dfrac{(\beta+\eta-\gamma)}{(1-\beta)}\right]\right\}\sigma_{\text{yc}}t_{\text{s}}^2 \end{cases} \tag{8-5-4}$$

式中，F_{st} 和 $F_{\text{c,ou}}$ 分别为钢管和管外混凝土的抗拉承载力；β、η 和 γ 代表钢管壁几何影响系数；$\beta = \dfrac{X_{\text{B}}}{B_{\text{f}} - t_{\text{s}}}$，$\eta = \dfrac{Y_{\text{B}}}{B_{\text{f}} - t_{\text{s}}}$，$\gamma = \dfrac{d_{\text{b}}}{B_{\text{f}} - t_{\text{s}}}$；$\sigma_{\text{yc}}$ 为钢管的屈服强度；t_{s} 为钢管壁厚；B_{f} 代表钢管壁外边长；d_{b} 为螺栓孔的直径；X_{B} 为两列螺栓的中心距；Y_{B} 为上下两端螺栓孔洞中心的间距。

由于 UHPC 具有较高的局部抗压强度，在螺栓拉力作用下，基于图 8-5-2 的传力机制，UHPC 的抗拉承载力 $F_{\text{c,ou}}$ 可以按式（8-5-5）进行计算。

$$F_{\text{u,t}} = \big[\pi(d_{\text{b}} + 5t_{\text{s}}) + \pi(d_{\text{b}} + 5t_{\text{s}} + 2t_{\text{u}})\big]t_{\text{u}}f_{\text{ut}} \tag{8-5-5}$$

式中，t_{u} 和 f_{ut} 分别为 UHPC 的厚度和抗拉强度。

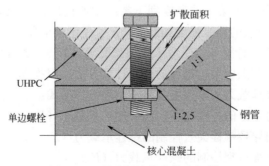

图 8-5-2　单边螺栓拉力传力机制

（2）根据 Wang 等（2009）的研究结果，由外伸端板屈曲导致螺栓失效控制的承载力 $F_{\mathrm{bo,ep}}$ 可以按式（8-5-6）进行计算。

$$F_{\mathrm{bo,ep}} = (5.5 - 0.021m_{\mathrm{e}} + 0.017e) \cdot t_{\mathrm{ep}}^2 \cdot f_{\mathrm{y,ep}} \tag{8-5-6}$$

式中，t_{ep} 代表外伸端板的厚度；m_{e} 代表螺栓到钢梁腹板的距离；$f_{\mathrm{y,ep}}$ 代表端板的屈服强度；e 代表螺栓中心到端板边缘的距离。

（3）由螺栓自身控制的承载力 $F_{\mathrm{bo,bo}}$ 可由式（8-5-7）进行计算。

$$F_{\mathrm{bo,bo}} = \frac{nA_{\mathrm{bo}} \cdot f_{\mathrm{y,bo}}}{\gamma_{\mathrm{bo}}} \tag{8-5-7}$$

式中，n 是每排螺栓的个数；$f_{\mathrm{y,bo}}$ 代表单边螺栓的屈服强度；A_{bo} 是单个单边螺栓栓杆的横截面面积；γ_{bo} 是考虑了螺栓撬力的折减系数，大小由螺栓预紧力决定，具体可参见《钢结构设计规范》GB 50017—2017。

因此，第 i 排螺栓的承载力为柱壁、端板和螺栓抗拉承载力中的最小值。

对于钢梁翼缘受压承载力，应取为翼缘自身屈服承载力和柱壁抗压承载力中的最小值，基于图 8-5-3 中的传力路径，翼缘受压承载力可由下式计算：

$$F_{\mathrm{c},j} = \min \begin{cases} t_{\mathrm{bf}} b_{\mathrm{bf}} f_{\mathrm{y,b}} \\ 1.35\beta_1 \beta_{\mathrm{c}} f_{\mathrm{c}} A_{\mathrm{n,1}} \end{cases} \tag{8-5-8}$$

式中，$A_{\mathrm{n,1}}$ 是翼缘压力通过端板扩散后传递至外混凝土的面积；t_{bf} 和 b_{bf} 分别代表钢梁翼缘的厚度和宽度；β_1 是混凝土强度的增大系数；β_{c} 是混凝土强度的影响系数；$f_{\mathrm{y,b}}$ 是钢梁翼缘的屈服强度。

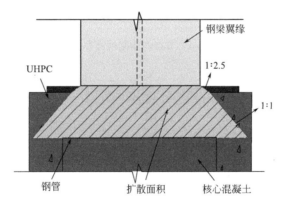

图 8-5-3 钢梁翼缘受压传力机制

求出 $F_{\mathrm{bo},i}$ 和 $F_{\mathrm{c},j}$ 后，根据截面力学平衡，可以求出受压区高度为：

$$d_{\mathrm{c}} = \frac{\sum_{i=1}^{m-1} F_{\mathrm{bo},i} - F_{\mathrm{c},j}}{t_{\mathrm{bw}} f_{\mathrm{yw}}} \tag{8-5-9}$$

将 $F_{\mathrm{bo},i}$、$F_{\mathrm{c},j}$ 和 d_{c} 带入式（8-5-1），即可算出节点的承载力。

8.5.2 节点初始刚度

基于欧洲规范《Design of steel structures-part 1-8：design of joints》EC3（2005）中

的组件法，外伸端板节点可以被简化为几个基本组件。此类节点的初始刚度计算模型见图 8-5-4，其初始刚度可以通过式（8-5-10）进行计算。

$$K_i = \frac{z_{eq}^2}{\left(\dfrac{1}{k_{eq}} + \dfrac{1}{k_{c,c,ou} + k_{c,cw}} + \dfrac{1}{k_{c,ep}} \right)}$$ (8-5-10)

式中，$k_{c,c,ou}$ 管外混凝土的抗压刚度；$k_{c,cw}$ 和 $k_{c,ep}$ 是钢管混凝土和外伸端板的抗压刚度，根据 Wang 等（2008）的研究，它们的刚度趋于无穷大，因此在计算中可以忽略不计；k_{eq} 和 z_{eq} 是受压区的等效抗拉刚度及其等效力臂，其值可以通过式（8-5-11）及式（8-5-12）进行计算。

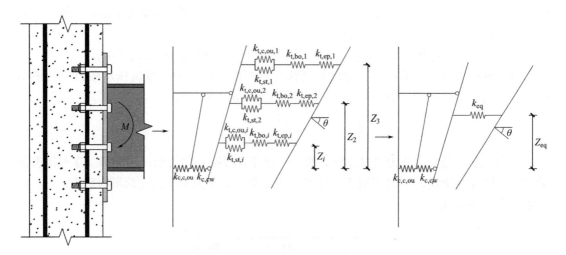

图 8-5-4　节点初始刚度计算模型

$$z_{eq} = \frac{\sum\limits_i k_{eq,i} z_i^2}{\sum\limits_i k_{eq,i} z_i}$$ (8-5-11)

$$k_{eq} = \frac{\left(\sum\limits_i k_{eq,i} z_i \right)^2}{\sum\limits_i k_{eq,i} z_i^2}$$ (8-5-12)

式中，$k_{eq,i}$ 和 z_i 是第 i 排螺栓范围内各受拉组件的等效刚度和等效力臂。节点中的单边螺栓栓杆贯穿内钢管和管外混凝土，单边螺栓的拉力由螺栓传到内钢管再到管外混凝土中。因此，管外混凝土的存在为钢管提供了额外的刚度，钢管和管外混凝土提供的刚度应当串联合并。可以推出，第 i 排螺栓范围内的等效刚度与各组件之间的关系可以由式（8-5-13）表示。

$$k_{eq,i} = \frac{1}{\dfrac{1}{k_{t,bo,i}} + \dfrac{1}{k_{t,ep,i}} + \dfrac{1}{k_{t,st,i} + k_{t,c,ou,i}}}$$ (8-5-13)

式中，$k_{t,c,ou,i}$ 表示 UHPC 的抗拉刚度；$k_{t,ep,i}$ 表示端板提供的抗拉刚度；$k_{t,st,i}$ 和 $k_{t,bo,i}$ 表示钢管和单边螺栓的抗拉刚度。

与节点承载力计算方法不同，$k_{t,c,ou,i}$ 是由 UHPC 局部破碎控制，即螺栓拉力通过钢管传递至 UHPC 时，UHPC 与螺栓孔接触部位产生局部滑移的刚度。可通过式（8-5-14）计算：

$$k_{t,c,ou,i} = \lim_{l_c \to 0} \frac{E_c\left[\pi(d_b + 5t_s + 2l_c)^2 - \pi(d_b + 5t_s)^2\right]}{4l_c} = E_c\pi(d_b + 5t_s) \quad (8\text{-}5\text{-}14)$$

式中，E_c 为 UHPC 的弹性模量。

$k_{t,st,i}$、$k_{t,bo,i}$ 和 $k_{t,ep,i}$ 的计算公式可以参考 Wang 等（2009）的研究结果，通过下式计算：

$$k_{t,st,i} = \frac{\pi E_s t_s^3}{6(1-\nu^2)C_t\left(\dfrac{b_s - t_s}{2}\right)^2} \quad (8\text{-}5\text{-}15)$$

$$k_{t,bo,i} = 2 \times 0.8\frac{E_{bo}A_{bo}}{l_{bo}} \quad (8\text{-}5\text{-}16)$$

$$k_{t,ep,i} = \frac{0.9 l_{eff,ep} t_{ep}^3 E_{ep}}{m_e^3} \quad (8\text{-}5\text{-}17)$$

式中，E_s 为内钢管的弹性模量，t_s 为内钢管的壁厚，ν 为内钢管的泊松比，b_s 为内钢管的宽度，C_t 是与螺栓布置相关的系数，E_{bo} 代表螺栓的弹性模量，A_{bo} 和 l_{bo} 分别表示螺栓栓杆的横截面面积以及螺栓的计算长度，E_{ep} 为端板弹性模量，$l_{eff,ep}$ 为有效塑性铰线的长度，m_e 为螺栓至钢梁翼缘的距离。

8.5.3　模型结果对比

为了验证提出承载力和刚度计算方法的准确性，将有限元分析结果和计算结果进行对比，表 8-5-1 和表 8-5-2 分别给出了有限元得到的节点承载力和刚度与计算方法结果的对比，可以看出计算结果均小于有限元分析结果，证明提出的设计方法较为保守，其中计算得到的节点承载力约为有限元结果的 0.75～0.91 倍，计算得到的节点刚度约为有限元刚度的 0.91～1.09 倍，且数据离散性较小，证明提出的承载力和刚度设计方法具有一定的合理性，可以有效预测节点的承载力和刚度，且具有一定的安全储备。

有限元与承载力计算结果对比　　　　　　　　　表 8-5-1

有限元模型	有限元(kN·m)	计算(kN·m)	计算/有限元
标准模型	411.5	320.9	0.78
$t_u = 10$mm	323.4	271.0	0.84
$t_u = 50$mm	526.3	402.1	0.76
$f_{cu} = 100$MPa	402.7	326.5	0.81
$f_{cu} = 180$MPa	429.7	358.1	0.83
$f_{y,b} = 235$MPa	392.6	308.9	0.79
$f_{y,b} = 420$MPa	451.5	349.6	0.77
$d_b = 30$mm	401.8	302.2	0.75

有限元模型	有限元(kN·m)	计算(kN·m)	计算/有限元
d_b＝42mm	462.0	420.4	0.91
t_{ep}＝22mm	350.9	272.6	0.78
t_{ep}＝32mm	435.4	360.3	0.83
t_s＝3mm	356.8	268.3	0.75
t_s＝10mm	444.5	375.4	0.84
$f_{y,t}$＝235MPa	391.4	334.3	0.85
$f_{y,t}$＝420MPa	418.0	363.7	0.87

有限元与刚度计算结果对比　　　　　　　　　　　　　　表 8-5-2

有限元模型	有限元(kN·m/mrad)	计算(kN·m/mrad)	计算/有限元
标准模型	22.5	23.4	1.04
t_u＝10mm	17.1	16.6	0.98
t_u＝50mm	28.8	28.0	0.98
f_{cu}＝100MPa	22.1	22.4	1.01
f_{cu}＝180MPa	22.7	24.2	1.07
d_b＝30mm	19.3	17.7	0.91
d_b＝42mm	23.7	25.0	1.05
t_{ep}＝22mm	19.2	20.0	1.04
t_{ep}＝32mm	23.9	26.1	1.09
t_s＝3mm	19.5	21.1	1.08
t_s＝10mm	24.4	25.6	1.05

8.6　本章小结

开展了普通钢管混凝土叠合柱装配式节点的抗震性能试验，并通过 UHPC 包覆钢管混凝土改善节点的力学性能，基于有限元模拟和参数分析揭示了 UHPC 包覆钢管混凝土装配式节点的力学性能和受力机理，进一步提出节点的设计方法。具体工作和成果可概括如下：

（1）普通钢管混凝土叠合柱装配式节点的主要破坏模式包括端板屈曲、柱混凝土出现大量裂缝并发生局部剥落、螺栓被拉坏以及内钢管壁鼓曲撕裂，说明外部普通混凝土无法有效抑制内钢管的鼓曲，呈现较为明显的柱壁破坏形式。

（2）建立了 UHPC 包覆钢管混凝土柱装配式节点的精细化有限元模型，明确了有限元分析模型中的本构关系、复杂的接触关系等，通过与试验结果的对比，证明了建立的有限元末端具有良好的准确性。

（3）基于有限元模型进行参数分析，表明钢梁强度、UHPC 厚度、端板厚度以及钢管厚度等参数显著影响节点的力学性能。

（4）基于力学平衡模型，考虑了螺栓拉力在 UHPC 中的传力路径，确定了螺栓受拉承载力和受压区高度计算方法，建立了节点的受弯承载力计算公式。

（5）基于螺栓拉力和受压区压力在管外混凝土中的传力路径，提出了外伸端板节点中叠合柱管外混凝土的抗压刚度和抗拉刚度计算方法。

第9章 装配式UHPC叠合钢管混凝土框架结构抗震性能与易损性分析

9.1 引言

为了进一步获悉装配式 UHPC 包覆钢管混凝土框架的抗震性能，首先使用 OpenSees 软件建立了前文介绍的节点有限元分析模型，与试验结果进行对比验证模型合理性。随后建立装配式 UHPC 包覆钢管混凝土框架的弹塑性分析模型，进行非线性时程分析，以最大层间位移角和残余层间位移角作为性能指标，评估此类框架的抗震性能。进一步开展 IDA 分析，探讨不同烈度地震下结构的损伤概率，分析结构的易损性。

9.2 节点弹塑性分析模型

9.2.1 本构模型

1. 混凝土本构模型

混凝土本构选取 OpenSees 中自带的 Concrete02 材料，其在 Concrete01 材料的基础上考虑了混凝土的受拉性能，以及材料的强度及刚度的退化，相较于 Concrete01 其在计算中可能更难收敛，但可以通过准确的建模参数和科学的方法来解决收敛问题。其也要比 Concrete01 有着更为准确的计算结果，还有一种 Concrete03 考虑了混凝土非线性拉伸强化段的影响，更贴合实际，但计算缓慢，对计算机性能要求过高，且计算中难以收敛，因此选取 Concrete02 作为核心混凝土的本构模型。对于外部 UHPC，则采用 OpenSees 中的 ECC01 本构模型进行模拟。

2. 钢材本构模型

钢材采用的是 OpenSees 中的 Steel02 模型，其相对于 Steel01 两折线模型更为准确，是考虑了钢材应变硬化的修正后的 Giuffre-Menegotto-Pinto 提出的应力应变关系，Steel03 在 Steel02 基础上附加考虑了刚度退化问题，收敛性差且计算缓慢，故本文选取 Steel02 本构模型。

9.2.2　半刚性节点域模型

采用刚性杆和零长度单元构成的节点域模型来模拟节点受力性能，包括节点转动能力和节点域剪切能力，如图 9-2-1 所示。采用两个零长度弹簧单元分别模拟节点的弯矩-转角和剪力-剪切角关系，其中零长度弹簧采用 Uniaxial Material Hysteretic 本构模型。

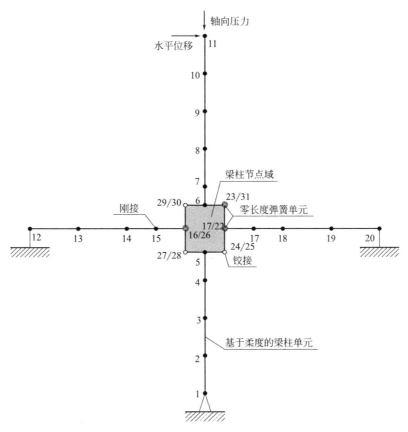

图 9-2-1　典型节点 OpenSees 有限元模型

1. 节点弯矩-转角模型

为了在半刚性节点域模型中反映节点的转动能力，需要在 Uniaxial Material Hysteretic 中定义特征点，特征点取自于节点的弯矩-转角关系曲线。根据节点受弯承载力和初始刚度模型，将正负位移下的各三个特征点对应的弯矩和曲率输入到对应模型的该本构关系中。采用常用的三线性模型来确定节点的弯矩-转角关系：

$$M = \begin{cases} K_i \cdot \theta & 0 \leqslant \theta \leqslant \theta_e \\ M_e + K_e \cdot (\theta - \theta_e) & \theta_e < \theta \leqslant \theta_p \\ M_p + K_p \cdot (\theta - \theta_p) & \theta > \theta_p \end{cases} \tag{9-2-1}$$

式中，K_i 为计算所得初始刚度；M_p 为计算所得受弯承载力；$\theta_e = 0.6 M_p / K_i$；θ_p 为

计算转角，$\theta_p = \theta_e + 1.6M_p/K_i$；$K_e = K_i/4$；$K_p$ 为硬化刚度，取为 K_i 的 4%。

2. 节点域剪力-剪切关系

节点域的剪切能力通过节点的剪力-剪切变形关系曲线来体现。清华大学钱炜武（2017）提出了钢管混凝土叠合柱-钢梁连接节点在平面连接中节点剪力-剪切变形的恢复力模型，示意图如图 9-2-2 所示。

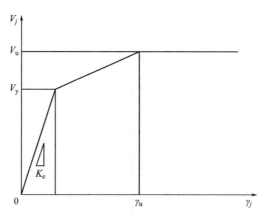

图 9-2-2　剪力-剪切变形骨架曲线

K_e 为初始抗剪刚度，可以由管外混凝土（$K_{c,out}$）、管内混凝土（$K_{c,core}$）及钢管（K_{st}）的等效抗剪刚度叠加得到，K_e 可由式（9-2-2）进行计算。

$$K_e = K_{c,core} + K_{c,out} + K_{s,t} \qquad (9-2-2)$$
$$= 0.1G_{c,core}A_{c,pcore} + (0.04\xi_p + 0.11)G_{c,out}b_jh_j + G_{s,t}A_{es,v}$$

式中，$G_{c,core}$、$G_{c,out}$ 和 $G_{s,t}$ 分别为管内、外混凝土及内钢管的剪切模量，$A_{c,pcore}$ 和 $A_{es,v}$ 分别为核心混凝土抗剪面积和钢管壁弹性阶段的有效受剪面积，b_j 和 h_j 分别是核心区管外混凝土抗剪截面宽度和高度，ξ_p 是叠合柱内部钢管混凝土截面的约束效应系数。

V_u 为极限抗剪承载力，可以通过式（9-2-3）进行计算。

$$V_u = V_{c,core,u} + V_{c,out,u} + V_{s,t,u} + V_{s,w,u}$$
$$= (0.14\xi_p + 0.94)(0.408 - 0.096h/D)(1 + 0.08n_{pcfst})f_{c,pcore}A_{c,pcore}$$
$$+ (1.91 - 1.74h/B)(1.20 + 0.61n_{prc})f_{t,pont}b_jh_j + \frac{0.9f_{y,ps}A_{s,v}}{\sqrt{3}} \quad (9-2-3)$$
$$+ \frac{f_{y,ph}A_{s,h}z}{s} + (0.82 - 0.37h/B)\frac{f_{y,pw}A_{s,w}}{\sqrt{3}}$$

式中，$f_{y,ps}$ 和 $A_{s,v}$ 分别为核心区钢管壁的屈服强度和抗剪面积；$f_{c,pcore}$ 和 $A_{c,pcore}$ 分别为核心区管内混凝土轴心抗压强度和抗剪面积；D 为钢管外径；B 为叠合柱截面宽度；h 为节点核心区的高度；n_{pcfst} 和 n_{prc} 分别为内部钢管混凝土和外围钢筋混凝土的轴压比；$f_{t,pout}$ 为管外混凝土的抗拉强度；$f_{y,ph}$ 和 $f_{y,pw}$ 分别为箍筋屈服强度和钢梁腹板屈服强度；$A_{s,h}$ 和 $A_{s,w}$ 分别为同一方向箍筋各肢的总截面积和钢梁腹板抗剪面积；s 和 z 分别为核心区箍筋间距等效力偶臂。

V_y 为核心区的屈服剪力，其值与 V_u 成 0.7 倍的比例关系，即：

$$V_y = 0.7V_u \tag{9-2-4}$$

核心区的极限剪切应变 γ_u 由式（9-2-5）进行计算。

$$\gamma_u = (7.68 + 1.53n_p)\sin(2\theta_p)(k_{tc}+1)(1300+12.5f_c'+800\xi_p^{0.2}) \cdot 10^{-6} \tag{9-2-5}$$

式中，n_p 为核心区轴压比，当轴压比大于 0.5 时，取 0.5。θ_p 是管内混凝土核心区斜对角线和水平线的夹角，f_c' 为管内混凝土的圆柱体抗压强度，ξ_p 为核心区钢管对管内混凝土的约束效应系数。

9.3　钢管混凝土叠合柱装配式节点模型验证

基于建立的钢管混凝土叠合柱装配式节点模型，计算得到试件 GL-1 的荷载-位移滞回曲线和骨架曲线，与试验结果进行对比，见图 9-3-1。

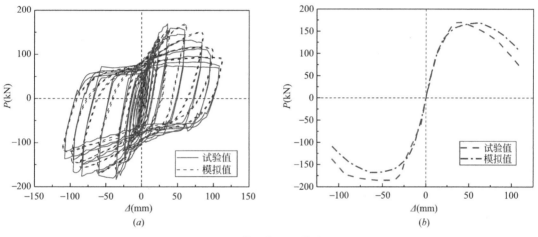

图 9-3-1　模拟与试验曲线对比
(*a*) 滞回曲线；(*b*) 骨架曲线

将试验和模拟结果对比可得知，滞回曲线和骨架曲线拟合良好，验证了模型的准确性，证明所使用的 OpenSees 建模方法比较合理，各参数的选择有据可依，因此这种建模方法可以用于建立采用装配式节点的框架，对框架进行非线性时程分析和地震易损性分析。

9.4　装配式 UHPC 包覆钢管混凝土框架结构弹塑性分析模型

9.4.1　结构信息

图 9-4-1 中给出了模型中采用的 10 层 3 跨框架结构的立面布置图。结构 1～2 层的层高为 4.5m，3～10 层的层高为 3m，总高度为 33m。假定结构的 1～2 层设计功能为商场，3～10 层的设计功能为办公楼。

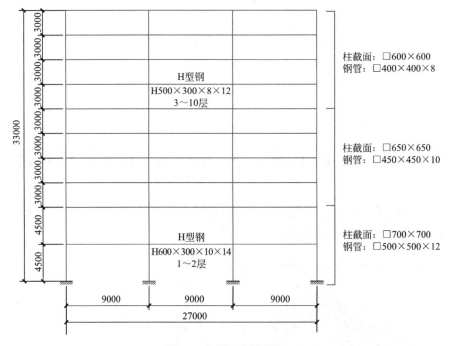

图 9-4-1 原型框架详图

框架柱采用钢管混凝土叠合柱，并且对不同层高的柱进行了变柱截面处理，最底层的柱尺寸通过估算各层重力荷载代表值，计算出底层柱的轴力，再按照《建筑抗震设计标准》GB/T 50011—2010 中抗震等级为二级所规定的轴压比限值来确定柱的大致尺寸。

对于梁柱装配式连接节点，设计时以端板弯曲的破坏模式为主，节点的弯矩承载力设计为钢梁全截面塑性承载力的 0.8 倍，合理确定外覆 UHPC 的厚度，最终确定的框架柱尺寸见表 9-4-1。其中 H 型钢梁采用 Q345 钢材，钢梁翼缘间填充 C30 混凝土，外部 UHPC 采用 UC140。

框架柱尺寸表　　　　　　　　　　　　　表 9-4-1

构件	层数	尺寸(mm)		构件	尺寸
框架柱	1～2	□700×700(总)	□500×12(内)	框架梁	H600×300×10×14
	3～6	□650×650(总)	□450×10(内)		H500×300×8×12
	7～10	□600×600(总)	□400×8(内)		

9.4.2　标准结构计算模型

为了确保结构模型所受荷载作用的合理性，根据各层设计功能，楼面及屋面活荷载取值参考了《建筑结构荷载规范》GB 50009—2012 中的相关规定。并根据框架设计中楼板、墙、梁、幕墙等自重的经验取值，规定结构所受恒荷载和活荷载按表 9-4-2 进行取值。

框架承受荷载取值 表 9-4-2

层数	楼面恒荷载(kN/m²)	楼面活荷载(kN/m²)	内墙(kN/m²)	次梁(kN/m²)	玻璃幕墙(kN/m²)
1~2	4.5	3.5			
3~9	4.0	2.0	0.5	0.35	1.1
10	4.0	0.5			

框架的节点、单元、截面均采用与上述相同的建模方法，在此处不再赘述。

9.5 结构非线性时程分析

对框架进行非线性时程分析需要选择合适的地震波，因为地震频谱特性对于有着不同自振周期的不同结构的地震响应有着比较强列的影响差异，偶然性比较大，因此需要选择合适的在一定数量以上的地震波对结构进行非线性时程分析。地震动的三要素为地震动强度、频谱特性以及地震动持时，采用对地震波加速度进行调幅来进行框架的非线性时程分析。

假定结构处于 8 度区 2 类场地。从美国规范《Quantification of Building Seismic Performance Factors》FEMA P695（2009）中推荐的 22 组（44 条）天然地震波中选取了 16 条地震动对两框架进行非线性时程分析，如表 9-5-1 所示。

选取的地震动信息 表 9-5-1

编号	名称	台站	震级	PGA(g)
DZ 1	Chi-Chi,Taiwan,1999	CHY101(CWB)	7.6	0.473
DZ 2	Chi-Chi,Taiwan,1999	TCU045(CWB)	7.6	0.507
DZ 3	Imperial Valley,1979	El Centro Array#11(USGS)	6.5	0.364
DZ 4	Superstition Hills,1979	El Centro Imp. Co(CDMG)	6.5	0.258
DZ 5	Friuli,Italy,1976	Tolmezzo	6.5	0.351
DZ 6	Hector Mine,1999	Hector(SCSN)	7.1	0.266
DZ 7	Kobe,Japan,1995	Shin-Osaka(CUE)	6.9	0.243
DZ 8	Kobe,Japan,1995	Nishi-Akashi(CUE)	6.9	0.503
DZ 9	Kocaeli,Turkey,1999	Duzce(ERD)	7.5	0.15
DZ 10	Kocaeli,Turkey,1999	Arcelik(KOERI)	7.5	0.219
DZ 11	Landers,1992	Coolwater(SCE)	7.3	0.284
DZ 12	Loma,Prieta,1989	Capitola(CDMG)	6.9	0.529
DZ 13	Loma,Prieta,1989	Gilroy Array#3(CDMG)	6.9	0.555
DZ 14	Manjil,1990	Abbar(BHRC)	7.4	0.515
DZ 15	Northridge,1994	Canyon Country-WLC(USC)	6.7	0.482
DZ 16	Northridge,1994	Beverly Hills-Mulhol(USC)	6.7	0.516

按照我国标准《建筑抗震设计标准》GB/T 50011—2010 中的规定，结构应满足"三水准两阶段"的设计思想。取结构在多遇地震、设防地震及罕遇地震下的最大层间位移角作为评价指标，并根据规范将评价目标设置为 1/250（0.4%）、1/100（1%）及 1/50（2%）。并将框架所处地区定位为 8 度区Ⅱ类场地，对所选地震波进行调幅，使得其分别对应该地区该场地的多遇地震（70gal）、设防地震（100gal）及罕遇地震（200gal）水平。

9.5.1　层间位移角分析

框架在不同等级地震作用下 1~10 层的最大层间位移角（$ISDA_{max}$）如图 9-5-1 所示。图中还给出了在 16 条地震波下的各层最大层间位移角的平均值（μ）及平均值±标准差（$\mu\pm\sigma$），这是为了防止地震动的偶然性造成个别地震波下的响应过小或过大，以免对结构造成错误的认知，确保分析的科学性。

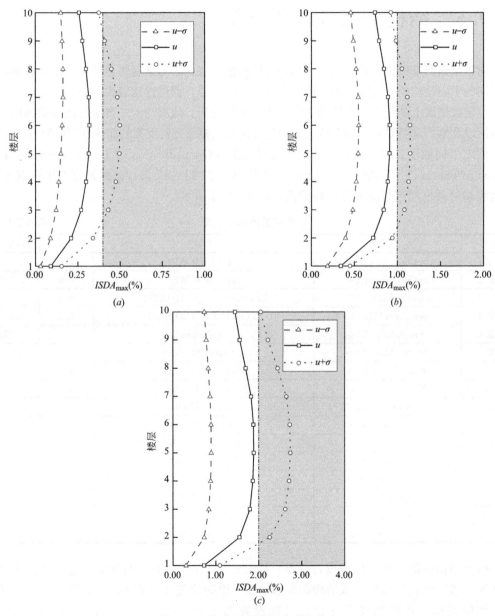

图 9-5-1　框架最大层间位移角分布

（a）小震；（b）中震；（c）大震

1. 多遇地震作用下 $ISDA_{max}$ 分布

由图 9-5-2（a）中可以看出，在多遇地震作用下，框架在各地震波作用下的结构最大层间位移角基本呈现中间 3～8 层较大，顶部两层和底部两层较小，而底部两层的层间位移角最小。这可能是由于底部的框架梁及框架柱的尺寸最大，节点的受弯承载力和初始刚度也要大于其余节点。

框架在地震动 DZ12 的作用下的最大层间位移角明显要比结构在其他地震动下的最大层间位移角要大，除了第一层，其余各层的最大层间位移角均大于规范值 0.4%，其中第五层的层间位移角最大，达到了 0.76%，这可能是由于该地震动的特征周期与结构自振周期相近，导致了结构的动力响应远大于其他地震动下的动力响应。除此之外，结构在地震动 DZ16 及 DZ3 下中间楼层的最大层间位移角也超过了规范限值，其中 DZ16 地震动下 3～10 层的位移角介于 0.44%～0.55% 之间。结构在 DZ3 地震动下 4～8 层的层间位移角也达到 0.43%～0.48% 之间。除此之外，框架在其余地震动下的结构响应均在规范限定的范围内，可以看出，框架的整体抗震能力良好，基本可以保证在地震作用下的最大层间位移角处于规定限值内。

框架在多遇地震作用下层间位移角的平均值（μ）的各层最大层间位移角除 1～2 层外基本介于 0.28%～0.35% 之间，在安全的范围内。平均值＋标准差（$\mu+\sigma$）各层的最大层间位移角介于 0.18%～0.47% 间，在 3～8 层的最大层间位移角略高于 0.4%，最高达到 0.47%；因此可以得出，框架在地震作用下的动力响应能够控制在合理范围内，表现出良好的抗震性能。

2. 设防地震作用下 $ISDA_{max}$ 分布

由图 9-5-2（b）可以看出，框架在中震作用下各层层间位移角分布趋势与小震下的相似，都呈现出中间层＞上层＞底层的分布情况。框架在地震动 DZ16、DZ3、DZ11 及 DZ12 的作用下最大层间位移角均出现了超限的情况。然而。在设防地震作用下层间位移角的平均值（μ）除第一层外均介于 0.72%～0.91% 之间，$\mu+\sigma$ 在 3～8 层稍大于规范限值，介于 1.08%～1.16% 之间。

3. 罕遇地震作用下 $ISDA_{max}$ 分布

框架在罕遇地震作用下各层最大层间位移角的分布与小震和中震作用下的分布类似，如图 9-5-2（c）所示，框架在少数地震动作用下的层间位移角超过规范限值，但是框架的位移角平均值 μ 除 1 层外介于 1.48%～1.91% 之间，$\mu+\sigma$ 在 2～9 层超限，其值介于 2.2%～2.8% 之间。可以看出，框架在大震作用下也有着比较优良的地震抵御能力，基本可以保证"大震不倒"的设计准则。

通过分析框架在 16 条地震动下的结构动力响应，即最大层间位移角的分布情况及数值大小，可以发现框架在不同地震等级下的 $ISDA_{max}$ 平均值 μ 都处于规范限值之内，$\mu+\sigma$ 在中间楼层的 $ISDA_{max}$ 均会略大于规范限值。总体来说，可以满足我国《建筑抗震设计标准》GB/T 50011—2010 中的抗震设防要求。

9.5.2 残余层间位移角分析

框架在不同水准地震下的各层的最大残余层间位移角（$RISDA_{max}$）如图 9-5-2 所示。与对最大层间位移角的分析一样，图中还给出了各层最大残余层间位移角的平均值（μ）及平均值＋标准差（$\mu+\sigma$）。

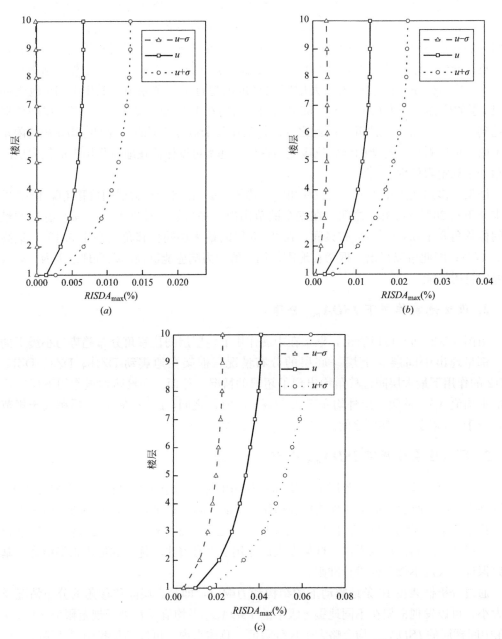

图 9-5-2　框架最大残余层间位移角分布

（a）小震；（b）中震；（c）大震

从图 9-5-2（a）可以看出，框架在小震作用下的最大残余层间位移角分布基本呈现由高层到低层逐渐减小的趋势，在各地震动下的 $RISDA_{max}$ 均不超过 0.025%。

从图 9-5-2（b）中可以看出，框架在中震作用各条地震动下的 $RISDA_{max}$ 相较于小震都有增大的趋势，但大部分地震动下的 $RISDA_{max}$ 还均处于 0.03% 以内，仅在少数地震动的作用下，出现楼层 $RISDA_{max}$ 大于 0.02% 的情况，最大残余层间位移角平均值 μ 基本介于 0.01%～0.014% 之间。发现框架在设防地震下的 $RISDA_{max}$ 仍然处于很小的水平，对于长期遭受地震的建筑物来说表现出了优良的抵抗地震的能力，也利于建筑物的修复。

由图 9-5-2（c）可知，框架在大震各条地震动作用下的 $RISDA_{max}$ 均在 0.09% 以内，分布规律同小震及中震作用下的一致。最大的残余层间位移角平均值 μ 基本介于 0.02%～0.04% 之间。

根据 McCormick 等（2008）的研究，残余变形如果过大，会严重干扰结构的受力，影响结构抗震能力，认为结构的残余层间位移角大于 0.5% 时，结构丧失震后可恢复能力。综上所述，设计的装配式 UHPC 包覆钢管混凝土框架最大残余位移角均值均小于 0.5%，说明这种框架不仅能够良好地抵抗各地震等级作用下的地震动，使得结构满足"三水准两阶段"的抗震设防要求，也能长期抵抗地震作用，并且能避免余震对结构产生较大的损伤，便于震后的修复。

9.6　结构易损性分析

结构的地震作用后的受损伤程度被称为地震易损性。结构地震易损性分析可以预测出结构在不同水平的地震作用下（即多遇地震、设防地震及罕遇地震）发生各等级破坏的指标。

一般采用增量动力分析法（incremental dynamic analysis，简称 IDA）进行地震易损性分析。其大致原理就是将地震波进行调幅，计算得到结构在每种情况下的动力响应指标数值，即选择适合的地震强度指标（IM）对框架进行多条地震动下的非线性时程分析，得到结构需求指标（DM），得到 IM 与 DM 的关系曲线。再通过数理统计等方法进行分析，得到结构的 IM-DM 曲线簇，最终得到结构的易损性曲线。易损性曲线的确定是基于我国的《建筑抗震设计标准》GB/T 50011—2010。选定结构周期对应的阻尼比为 5% 的反应谱加速度 S_a（T_1，5%）作为地震动强度指标 DM，选取结构最大层间位移角 θ_{max} 作为结构需求指标 IM，规范中规定的对应本文中采取的 IM 最大层间位移角所对应的各级破坏指标分别为 0.4%、1%、2% 及 7%。

结合我国《建筑抗震设计标准》GB/T 50011—2010 中提出的"三水准两阶段"的抗震设计思路与美国规范《Quantification of Building Seismic Performance Factors》FEMA P695（2009）中的四级地震灾害水准，将结构的损伤程度根据结构需求指标 θ_{max} 定义了五个等级，即基本完好：$\theta_{max}<0.4\%$；轻微破坏：$0.2\%\leqslant\theta_{max}<0.4\%$；中等破坏：$0.4\leqslant\theta_{max}<1\%$；严重破坏：$1\%\leqslant\theta_{max}<2\%$；倒塌破坏：$\theta_{max}>2\%$。

为得到结构在不同水平地震作用下达到各损伤程度的超越概率，使用基于地震动强度的易损性概率函数得到结构的对数线性回归函数后，绘制出框架的易损性曲线，得出结构在大、中、小震作用下的失效概率，从而科学地评估结构的抗震性能。

9.6.1 地震动调幅

地震波的选取对于结构的响应来说非常重要。框架高 33m，属于高层建筑，根据 Luco 和 Cornell（2000）的研究，应该选取 10～20 条地震波来对结构的各项抗震性能进行分析评价。基于选取的 16 条地震波对框架进行地震易损性分析。

易损性分析需要对选定的各条地震波进行调幅，调幅的方法也会影响计算效率和准确程度。一般调幅方法主要有三种，分别为等步长法、变步长法及"折半取中"法，选取变步长法和折中法相结合进行计算，结合过程中的计算结果合理地调整调幅步长，以提高计算效率，若步长取得过大，可以在中间取中进行补充计算，以此保证计算精度。

9.6.2 结构概率地震易损性分析

使用 IDA 法对框架进行非线性时程分析得到框架的 IDA 曲线，如图 9-6-1 所示。对地震动进行分析并使每条地震波下最大层间位移角 $\theta_{\max}$ 达到 10%，即将结构视为倒塌，得到结构的 IDA 曲线。

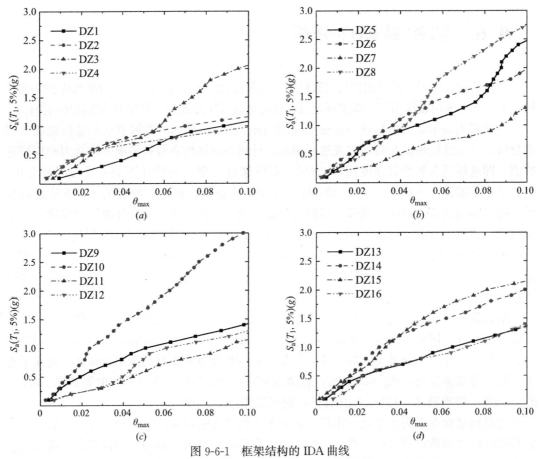

图 9-6-1　框架结构的 IDA 曲线
(*a*) DZ1～DZ4；(*b*) DZ5～DZ8；(*c*) DZ9～DZ12；(*d*) DZ13～DZ16

由于最大层间位移角 $\theta_{\max}$ 为结构的需求指标，结合结构性能水平，将结构的损伤状态对应的限值分别定义为 0.4%、1%、2% 和 7%。将数据代入易损性概率函数中，可以得到框架的易损性曲线，如图 9-6-2 所示。

根据图 9-6-3 能够看出框架在不同等级地震作用（分别对应 70、200 及 400gal）下处于不同损伤状态的超越概率，其中 70、200 及 400gal 对应 S_a（T_1，5%）的取值为 0.07、0.2 及 0.4。可以推断出框架在多遇、设防和罕遇三种地震水平作用下达到轻微破坏、中等破坏、严重破坏及倒塌破坏的失效概率，可以看出框架在小震作用下只会出现轻微破坏的情况，出现轻微破坏的概率为 23.2%，在中震作用下发生轻微和中等破坏的概率分别为 100% 以及 22.4%；在大震作用下，框架发生轻微和中等破坏的概率均为 100%，发生严重破坏的概率也增加至 31.5%。

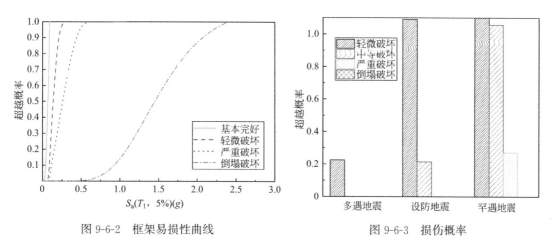

图 9-6-2　框架易损性曲线　　　　　　　　　图 9-6-3　损伤概率

9.6.3　倒塌概率地震易损性分析

结构倒塌点应定义为 IDA 曲线中结构最大层间位移角 $\theta_{\max}$ 到达 10% 或曲线中的切线斜率降低至初始斜率的 20% 时所对应的地震动强度指标的中位值，两者取其较小者。基于计算得到的 IDA 曲线，可以确定 16 条地震动作用下框架 DM-IM 曲线簇的倒塌点。根据各条地震动下的倒塌点及其对应的地震动强度指标，运用数学方法将其进行分析统计，可得出结构的典型地震动倒塌失效概率点。将这些散点进行拟合，最终可得到框架的倒塌易损性拟合曲线，见图 9-6-4。

对框架进行结构的抗倒塌能力评估。结构的抗倒塌能力主要采用抗倒塌储备系数 R_{cm}（Collapse margin ratio）来评价，其可以按式（9-6-1）进行计算。

$$R_{cm} = \frac{S_a(T_1)_{50\%}}{S_a(T_1)_{RE}} \tag{9-6-1}$$

其中，S_a（T_1）$_{50\%}$ 表示结构在防止倒塌水平损伤状态下，超越概率达到 50% 时对应的地震动强度 S_a（T_1），可由结构倒塌易损性曲线得到；S_a（T_1）$_{RE}$ 表示结构自振周期在罕遇地震水平下对应的反应谱加速度。

根据图 9-6-4 可以得到，结构的 S_a（T_1）$_{50\%}$ 为 1.4g，根据《建筑抗震设计标准》GB/

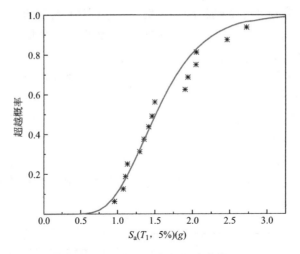

图 9-6-4　倒塌易损性拟合曲线

T 50011—2010，框架结构自身周期对应的 S_a $(T_1)_{大震}$ 为 $0.324g$，可以得到 R_{cm1} 为 4.32，这能够说明框架有着良好的抗倒塌能力，能够符合抗震设计要求。

　　为了能够考虑到不同地震动反应谱的峰值变化的差异，因此对系数 R_{cm} 进行修正，这里引入地震动反应谱形状系数 F_{ss}，修正后的结构抗震抗倒塌储备系数 $R_{cm,r}$ 为 F_{ss} 与 R_{cm} 的乘积：

$$R_{cm,r} = F_{ss} \times R_{cm} \tag{9-6-2}$$

　　根据美国规范《Quantification of Building Seismic Performance Factors》FEMA P695（2009）可以确定 F_{ss} 的取值，这就需要确定出结构的位移延性系数，其计算公式为：

$$\mu_c = \frac{\Delta_u}{\Delta_y} \tag{9-6-3}$$

　　其中，Δ_u 为结构的最大顶层位移，可以取为结构 Pushover 曲线中基底剪力降低至最大剪力的 80% 所对应的结构顶层位移；Δ_y 可以通过式（9-6-4）进行计算。

$$\Delta_y = C_0 \frac{V_{max}}{W} \cdot \frac{g}{4\pi^2} [\max(T, T_1)]^2 \tag{9-6-4}$$

　　其中，C_0 为结构的等效自由度修正系数，取 1.50；W 为结构的重力荷载代表值；V_{max} 为结构的最大基底剪力；T 和 T_1 分别为计算和模拟得到的结构自振周期，T 可以通过下式进行计算：

$$T = \eta C_u C_t h^n \tag{9-6-5}$$

　　式中，η 为半刚性结构放大系数，取 1.10；h 为结构高度；C_u 为计算周期上限系数；C_t 和 n 为结构近似周期相关系数，分别取 0.028 与 0.8，因此得到计算周期 T 为 $1.325s$。

　　图 9-6-5 所示是框架的 Pushover 曲线，得到 Δ_u 为 2765mm，最大基底剪力 V_{max} 为 1773kN。将值带入式（9-6-3）和式（9-6-4），得到 Δ_y 为 101.11mm，因此得到结构的位移延性系数，基于规范《Quantification of Building Seismic Performance Factors》FEMA P695（2009）结构的 F_{ss} 的取值均为 1.26。取结构在罕遇地震作用下倒塌损伤失效概率为 10%、20% 和 30% 的可接受抗倒塌储备系数 $R_{cm,r10\%}$、$R_{cm,r20\%}$、$R_{cm,r30\%}$ 作为参照，将求得

的 $R_{cm,r}$ 和其进行对比，结果详见表 9-6-1。

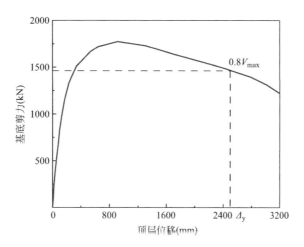

图 9-6-5　框架 Pushover 曲线

调整后抗倒塌储备系数与可接受抗倒塌储备系数对比　　　　　　　　　　表 **9-6-1**

$S_a(T_1)_{50\%}(g)$	$S_a(T_1)_{大震}(g)$	R_{cm}	$R_{cm,r}$	$R_{cm,r10\%}$	$R_{cm,r20\%}$	$R_{cm,r30\%}$
1.4	0.324	4.32	5.44	3.44	2.24	1.86

通过表 9-6-1 可以看出，结构的 $R_{cm,r}$ 与可接受的抗倒塌系数相比较，还有很大的富余度。说明此类装配式 UHPC 包覆钢管混凝土框架具有优良的抗倒塌能力，安全可靠性高。

9.7　本章小结

建立了装配式 UHPC 包覆钢管混凝土框架结构的弹塑性分析模型，并对其抗震性能和易损性进行分析，具体内容和结论总结如下：

（1）建立了各节点的 OpenSees 有限元分析模型，考虑了本构关系模型、纤维截面模型以及半刚性节点域模型，在节点域模型中考虑了节点转动能力和剪切能力。通过对荷载-位移滞回曲线和骨架曲线进行对比，发现模拟结果与试验结果拟合良好，证明了模型和建模方法具有一定的合理性。

（2）对装配式 UHPC 包覆钢管混凝土框架结构进行时程分析，此类框架在多遇、设防和罕遇地震下的层间位移角均满足规范限值要求，同时在不同烈度地震下的残余层间位移角均小于 0.5%，说明框架结构具有良好的抗震性能和震后可修复性。能够抵抗长期的地震作用和余震的影响，也表现出良好的可修复性。

（3）通过统计结构的典型地震动倒塌失效概率点，得到了框架的倒塌易损性拟合曲线。能够对框架的安全性能提供准确预测，为实际工程提供参考。

（4）通过计算修正后的结构抗倒塌系数 $R_{cm,r}$，与结构在罕遇地震作用下的可接受抗倒塌储备系数 $R_{cm,r10\%}$、$R_{cm,r20\%}$ 和 $R_{cm,r30\%}$ 进行对比，发现框架的抗倒塌能力较强，具有良好的安全性和可靠性。

参考文献

［1］ Abouzied A，Masmoudi R. Structural performance of new fully and partially concrete-filled rectangular FRP-tube beams［J］. Construction and Building Materials. 2015，101（1）：652-660.

［2］ ACI 318M. Building code requirements for structural concrete and commentary［S］. USA：American Concrete Institute，2011.

［3］ Adam F，Walia D，Hartmann H，Schnemann P，Großmann J. A novel modular TLP-Design for Offshore wind turbines using ultra high performance concrete［J］. ACMSM25. 2020，37：257-268.

［4］ AISC. Specification for structural steel buildings［S］. American Institute of steel construction（AISC），Chicago，USA，2010.

［5］ Alkaysi M，El-Tawil S，Liu Z，Hansen W. Effects of silica powder and cement type on durability of ultra high performance concrete（UHPC）［J］. Cement and Concrete Composites. 2016，66：47-56.

［6］ Alsalman A，Dang C N，Martí-Vargas J R，Hale W M. Mixture-proportioning o-f economical UHPC mixtures［J］. Journal of Building Engineering. 2020，27：100970.

［7］ An Y F，Han L H，Roeder C. Performance of concrete-encased CFST box stub columns under axial compression. Structures，2015，3：211-226.

［8］ An Y F，Han L H. Behaviour of concrete-encased CFST columns under combined compression and bending［J］. Journal of Constructional Steel Research，2014，101：314-330.

［9］ ATC-24. Guidelines for cyclic seismic testing of components of steel structures［S］. Redwood City（CA）：Applied Technology Council；1992.

［10］ Attard M M，Setunge S. Stress-strain relationship of cofined and unconfined concrete［J］. ACI Materials journal，1996，93（5）：432-442.

［11］ Chang W，Zheng W Z. Effects of key parameters on fluidity and compressive strength of ultra-high performance concrete［J］. Structural Concrete. 2020，21（2）：747-760.

［12］ Chen H Y，Liao F Y，Yang Y X，et al. Behavior of ultra-high-performance concrete（UHPC）encased concrete-filled steel tubular（CFST）stub columns under axial compression［J］. Journal of Constructional Steel Research，2023，202：107795.

［13］ Chen J Y，Wang F C，Han L H，et al. Flexural performance of concrete-encased CFST box members［J］. Structures. 2020，27：2034-2047.

［14］ Chen S，Zhang R，Jia L J，et al. Structural behavior of UHPC filled steel tube columns under axial loading［J］. Thin-Walled Structures. 2018，130：550-563.

［15］ Cheng C T，Chan C F，Chung L L. Seismic behavior of steel beams and CFT column moment-resisting connections with floor slabs［J］. Journal of Constructional Steel Research，2007：63（11）：1479-93.

［16］ Cusson D，Paultre P. Stress-strain model for confined high-strength concrete［J］. Journal of Structural Engineering. 1995，121（3）：468.

［17］ Dai J G，Huang B T，Shah S P. Recent advances in strain-hardening uhpc with synthetic fibers［J］. Compos. Sci. 2021，5（10）：283.

［18］ Dehghanpour H，Subasi S，Guntepe S，et al. Investigation of fracture mechanics，physical and dynamic properties of UHPCs containing PVA，glass and steel fibers［J］. Construction and Building

Materials，2022，328：127079.

[19] Edwin R S，Schepper M D，Gruyaert E，et al. Effect of secondary copper slag as cementitious material in ultra-high performance mortar [J]. Construction and Building Materials. 2016，119：31-44.

[20] Eurocode 3. Design of steel structures-part 1-8：design of joints [S]. Brussels，European Committee for Standardization，2005.

[21] Eurocode 4 (EC4) . Design of composite steel and concrete structures-Part 1-1：General rules and rules for buildings [S]. EN 1994-1-1：2004，Brussels，CEN，2004.

[22] FEMA. Quantification of building seismic performance factors [S]. Washington D. C. Applied Technology Council for the Federal Emergency Management Agency，2009.

[23] Gao X，Shen S，Chen G，et al. Experimental and numerical study on axial compressive behaviors of reinforced UHPC-CFST composite columns [J]. Engineering Structures，2023，278：115315.

[24] Ghasemi S，Zohrevand P，Mirmiran A，et al. A super lightweight UHPC-HSS deck panel for movable bridges [J]. Engineering Structures. 2016，113：186-193.

[25] Habert G，Arribe D，Dehove T，et al. Reducing environmental impact by increasing the strength of concrete：Quantification of the improvement to concrete bridges [J]. Clean. Prod. 2012，35：250-262.

[26] Han L H，An Y F. Performance of concrete-encased CFST stub columns under axial compression. Journal of Constructional Steel Research，2014；93：62-76.

[27] Han L H，Liao F Y，Tao Z，et al. Performance of concrete filled steel tube reinforced concrete columns subjected to cyclic bending [J]. Journal of Constructional Steel Research，2009，65 (8-9)：1607-1616.

[28] Han L H，Yao G H，Zhao X L. Tests and calculations for hollow structural steel (HSS) stub columns filled with self-consolidating concrete (SCC) [J]. Journal of Constructional Steel Research，2005，61 (9)：1241-1269.

[29] Hoang A L，Fehling E，Kjn T D，et al. Simplified stress-strain model for circular steel tube confined UHPC and UHPFRC columns [J]. Steel and Composite Structures. 2018，29 (0)：000-000.

[30] Hoang A L，Fehling E. Assessment of stress-strain model for UHPC confined by steel tube stub columns [J]. Structural Engineering and Mechanics. 2017，63 (3)：371-384.

[31] Hou C C，Han L H，Wang F C. Study on the impact behaviour of concrete-encased CFST box members [J]. Engineering Structures，2019，198：109536.

[32] Huang W，Kazemi-Kamyab H，Sun W，et al. Effect of cement substitution by limestone on the hydration and microstructural development of ultra-high performance co-ncrete (UHPC) [J]. Cement and Concrete Composites，2017，77：86-101.

[33] Ke X，Wei H，Yang L，et al. Analysis and calculation method for concrete-encased CFST columns under eccentric compression [J]. Journal of Constructional Steel Research，2023，206：107927.

[34] Kim Y J，Oh S H，Moon TS. Seismic behavior and retrofit of steel moment connections considering slab effects [J]. Engineering Structures，2004，26 (13)：1993-2005.

[35] Kon L N，Koh K T，Ook K M，et al. Uncovering the role of micro silica in hydration of ultra-high performance concrete (UHPC) [J]. Cement and Concrete Research. 2018，104：68-79.

[36] Légeron F，Paultre P. Uniaxial confinement model for normal-and high-strength concrete columns [J]. Journal of Structural Engineering，2003，129 (2)：241-252.

[37] Li J Q，Wu Z M，Shi C J，et al. Durability of ultra-high performance concrete-A review [J]. Construction and Building Materials. 2020，255：119296.

[38] Li P P, Cao B S, Ren Z G, et al. Comparative study on axially-loaded round-cornered square high-strength steel tube confined UHPC columns [J]. Case Studies in Construction Materials. 2024, 20: e02903.

[39] Li Y, Pimienta P, Pinoteau N, et al. Effect of aggregate size and inclusion of polypropylene and steel fibers on explosive spalling and pore pressure in ultrahigh-performance concrete (UHPC) at elevated temperature [J]. Cem. Concr. Compos. 2019, 99: 62-71.

[40] Liao F Y, Han L H, Tao Z. Behaviour of composite joints with concrete encased CFST columns under cyclic loading: Experiments [J]. Engineering Structures. 2014, 59: 745-764.

[41] Lin S D, Li L. Surface modification on dispersion and enhancement of PVA fibers in fiber-reinforced cementitious composites [J]. Science and Engineering of Composite Materials, 2017, 24: 901-907.

[42] Liu Z C, El-Tawil S, Hansen W, et al. Effect of slag cement on the properties of ultra-high performance concrete [J]. Construction and Building Materials. 2018, 190: 830-837.

[43] Luco N, Cornell C A. Effects of connection fractures on SMRF seismic drift demands [J]. Journal of Structural Engineering, 2000, 126 (1): 127-136.

[44] Ma D Y, Han L H, Li W. Seismic performance of concrete-encased CFST piersanalysis [J]. Journal of Bridge Engineering, 2017, 23 (1): 04017119.

[45] Mander J B, Priestley M J N, Park R. Theoretical stress-strain model for confined concrete [J]. Journal of Structural Engineering, 1988, 114 (8): 1804-1826.

[46] McCormick J, Aburano H, Ikenaga M, et al. Permissible residual drift deformation levels for building structures considering both safety and human elements: Proceedings of the 14th World Conference On Earthquake Engineering [C], Beijing, China, 2008.

[47] Meng W, Du J, Khayat K H, et al. New development of ultra-high-performance concrete (UHPC) [J]. Compos. Part B Engineering. 2021, 224: 109220.

[48] Meng W, Valipour M, Khayat K H. Optimization and performance of cost-effective ultra high performance concrete [J]. Materials and Structures, 2017, 50 (1): 2-9.

[49] Mishra O, Singh S P. An overview of microstructural and material properties of ultra-high-performance concrete [J]. Sustain. Cem. Mater. 2019, 8 (2): 97-143.

[50] Mo Z Y, Wang R, Gao X J. Hydration and mechanical properties of UHPC matri-x containing limestone and different levels of metakaolin [J]. Construction and Building Materials. 2020, 256: 119454.

[51] Mohammad M, Ozgur E. CO2-full factorial optimization of an ultra-high performance concrete mix design [J]. European Journal of Environmental and Civil Engineering. 2018, 22 (4): 450-463.

[52] Mosavinejad S H G, Langaroudi MAM, Barandoust J, et al. Electrical and microstructural analysis of UHPC containing short PVA fibers [J]. Construction and Building Materials, 2020, 235: 117448.

[53] Mueller U, Williams Portal N, Chozas V, et al. Reactive powder concrete for façade elements-a sustainable approach [J]. Facade Design and Engineering, 2016, 4 (1-2): 53-66.

[54] Nematollahi B, et al. A review on ultra high performance "ductile" concrete (UHPdC) technology [J]. Structure and Civil Engineering. 2012, 2 (3): 1003-1018.

[55] Noushini A, Samali B, Vessalas K. Effect of polyvinyl alcohol (PVA) fibre on dynamic and material properties of fibre reinforced concrete [J]. Construction and Building Materials, 2013, 49: 374-383.

[56] Pakravan H R, Ozbakkaloglu T. Synthetic fibers for cementitious composites: a critical and in-depth

review of recent advances [J]. Construction and Building Materials, 2019, 207: 491-518.

[57] Park S H, Kim D J, Ryu G S, et al. Tensile behavior of ultra high performance hybrid fiber reinforced concrete [J]. Cement and Concrete Composites. 2012, 34 (2): 172-184.

[58] Paschalis S A, Lampropoulos A P, Ouraniat. Experimental and numerical study of the performance of ultra high performance fiber reinforced concrete for the flexural strengthening of full scale reinforced concrete members [J]. Construction and Building Materials, 2018, 186: 351-366.

[59] Peng Y Z, Zhang J, Liu J Y, et al. Properties and microstructure of reactive powder concrete having a high content of phosphorous slag powder and silica fume [J]. Construction and Building Materials. 2015, 101 (1): 482-487.

[60] Prem P R, Murthy A R, Ramesh G, et al. Flexural behaviour of damaged RC beams strengthened with ultra high performance concrete [J]. Indian Concrete Journal, 2015, 89 (1): 60-68.

[61] Pyo S, El-Tawil S, Naaman A. E. Direct tensile behavior of ultra high performance fiber reinforced concrete (UHP-FRC) at high strain rates [J]. Cement and Concrete Research, 2016, 88: 144-156.

[62] Rehacek S V, Simunek I, Citek D, et al. UHPC and FRC in Severe Environmental Conditions [J]. Key Engineering Materials. 2016, 711: 412-419.

[63] Safdar M, Matsumoto T, Kakuma K. Flexural behavior of reinforced concrete beams repaired with ultra-high performance fiber reinforced concrete (UHPFRC) [J]. Composite Structures, 2016, 157: 448-460.

[64] Schmidt M, Fehling E. Ultra-high-performance concrete: research, development and application in Europe [J]. Am. Concr. Institute, ACI Spec. Publ. 2005, 1-2: 51-78.

[65] Sharma R, Jang J G. Bansal P P. A comprehensive review on effects of mineral admixtures and fibers on engineering properties of ultra-high-performance concrete [J]. Journal of Building Engineering, 2022, 45: 103314.

[66] Shen P L, Lu L N, He Y J, et al. The effect of curing regimes on the mechanical properties, nano-mechanical properties and microstructure of ultra-high performance concrete [J]. Cement and Concrete Research, 2019, 118: 1-13.

[67] Shin H O, Min K H, Mitchell D. Confinement of ultra-high-performance fiber reinforced concrete columns-ScienceDirect [J]. Composite Structures. 2017, 176: 124-142.

[68] Simões D S L, Simões R D, Cruz P J S. Experimental behaviour of end-plate beam-to-column composite joints under monotonical loading [J]. Engineering Structures, 2001; 23 (11): 1383-409.

[69] Soner G, Alperen Ç. Metin A. Axial capacity and ductility of circular UHPC-filled steel tube columns [J]. Magazine of Concrete Research. 2013, 65 (15): 898-905.

[70] Sujay H M, Nair N A, Rao H S, et al. Experimental study on durability characteristics of composite fiber reinforced high-performance concrete incorporating nanosilica and ultra fine fly ash [J]. Construction and Building Materials. 2020, 262: 120738.

[71] Tang H Y, Qin J Y, Liu Y, et al. Axial compression behaviour of circular and square UHPC-filled stainless steel tube columns [J]. Journal of Constructional Steel Research 2023, 211: 108111.

[72] Tang H Y, Zou X, Liu Y. Eccentric compression performance of UHPC-filled square stainless steel tube stub columns [J]. . Journal of Constructional Steel Research. 2024, 215: 108515.

[73] Tao Z, Han L H, Wang Z B. Experimental behaviour of stiffened concrete-filled thin-walledhollow steel structural (HSS) stub columns [J]. Journal of Constructional Steel Research, 2005, 61 (7): 962-983.

[74] Tayeh B A, Abu Bakar B H, Megat Johari M A, et al. Utilization of ultra-high performance fibre concrete (UHPFC) for rehabilitation a review [J]. Procedia Engineering. 2013, 54: 525-538.

[75] Tian H W, Zhou Z, Wei Y, et al. Behavior of FRP-confined ultra-high performance concrete under eccentric compression [J]. Composite Structures. 2020, 256: 113040.

[76] Toutlemonde F, Delort M. The newly enforced French standard for UHPFRC specification , performance, production and conformity [J]. Ultra-High Performance Concrete and High Performance Construction Materials, Proceedings of the 4th International Symposium on Ultra-High Performance Concrete and High Performance Materials. 2016: 9-11.

·[77] Voo Y L, Foster S, Pek L G. Ultra-high performance concrete-technology for present and future. Proceedings of the high tech concrete: where technology and engineering meet [C]. Maastricht, The Netherlands. 2017: 12-14.

[78] Wang D, Shi C, Wu Z, et al. A review on ultra high performance concrete: Part II. Hydration, microstructure and properties [J]. Construction and Building Materials. 2015, 96: 368-377.

[79] Wang J F, Han L H, Uy B. Behaviour of flush end plate joints to concrete-filled steel tubular columns [J]. Journal of Constructional Steel Research, 2009, 65 (4): 925-939.

[80] Wang J F, Wang J X, Wang H T. Seismic behavior of blind bolted CFST frames with semi-rigid connections [J]. Structures, 2017, 9: 91-104.

[81] Wei H, Fan Z C, Shen P L, et al. Experimental and numerical study on the compressive behavior of micro-expansive ultra-high-performance concrete-filled steel tube columns [J]. Construction and Building Materials. 2020, 254: 119150.

[82] Wille K, Naaman A E. Pullout behavior of high-strength steel fibers embedded in ultra-high-performance concrete [J]. ACI Materials Journal. 2012, 109 (4): 479.

[83] Wu Z M, Shi C J, He W, et al. Effects of steel fiber content and shape on mechanical properties of ultra high performance concrete [J]. Construction and Building Materials, 2016, 103: 8-14.

[84] Yalçınkaya C, Çopuroglu O. Hydration heat, strength and microstructure characteristics of UHPC containing blast furnace slag [J]. Building Engineering. 2021, 34: 101915.

[85] Yan Y X, Xu L H, Li B, et al. Axial behavior of ultra-high performance concrete (UHPC) filled stocky steel tubes with square sections [J]. Journal of Constructional Steel Research. 2019, 158: 417-428.

[86] Yang J, Fang Z. Research on stress-strain relation of ultra high performance concrete [J]. Concrete, 2008, 7: 11-15.

[87] Yang R, Yu R, Shui Z, et al. Low carbon design of an ultra-high performance concrete (UHPC) incorporating phosphorous slag [J]. Journal of Cleaner Production. 2019, 240: 118157.

[88] Yang X, Pedram Zohrevand, Amir Mirmiran. Behavior of ultra-highperformance concrete confined by Steel [J]. Journal of Materials in Civil Engineering. 2016, 28 (10): 04016113.

[89] Yang Y F, Han L H. Experiments on rectangular concrete-filled steel tubes loaded axially on a partially stressed cross-sectional area [J]. Journal of Constructional Steel Research, 2009, 65 (8-9): 1617-1630.

[90] Yao J, Ge Y L, Ruan W Q, et al. Effects of PVA fiber on shrinkage deformation and mechanical properties of ultra-high performance concrete [J]. Construction and Building Materials, 2024, 417: 135399.

[91] Yoo D Y, Kang S T, Yoon Y S. Enhancing the flexural performance of ultra-high performance concrete using long steel fibers [J]. Composite Structures. 2016, 147: 220-230.

[92] Zhang Y F, Zhao J H, Cai C S. Seismic behavior of ring beam joints between concrete-filled twin steel tubes columns and reinforced concrete beams [J]. Engineering Structures, 2012; 39 (6): 1-10.

[93] Zhang Z，Shao X D，Li W G，et al. Axial tensile behavior test of ultra high performance concrete [J]. China Journal of Highway and Transport. 2015，28（8）：50-58.

[94] Zohrevand P，Mirmiran A. Cyclic behavior of hybrid columns made of ultra-high performance concrete and fiber reinforced polymers [J]. Journal of Composites for Construction. 2012，16（1）：91-99.

[95] 艾金华，何倍，张翼，等 . 超低温作用下 UHPC 受弯力学行为及其本构关系 [J]. 建筑材料学报，2024，24（1）：23-29.

[96] 安钰丰 . 方形钢管混凝土叠合压弯构件力学性能和设计方法研究 [D]. 北京：清华大学博士学位论文，2015.

[97] 包延红，徐蕾，孙建刚 . 火灾下钢管混凝土叠合柱-RC 梁平面框架内力重分布 [J]. 兰州理工大学学报，2019，45（3）：139-146.

[98] 包延红 . 钢管混凝土叠合柱平面框架结构耐火性能研究 [D]. 兰州：兰州理工大学博士学位论文，2018.

[99] 陈宝春，李聪，黄伟，等 . 超高性能混凝土收缩综述 [J]. 交通运输工程学报，2018，18（1）：13-28.

[100] 陈宝春，李莉，罗霞，等 . 超高强钢管混凝土研究综述 [J]. 交通运输工程学报，2020，20（5）：1-21.

[101] 陈宝春，林毅焌，杨简，等 . 超高性能纤维增强混凝土中纤维作用综述 [J]. 福州大学学报（自然科学版），2020，48（1）：58-68.

[102] 陈庆熠 . RU-NC 组合短柱轴压力学性能研究 [D]. 福州：福州大学硕士学位论文，2019.

[103] 程文瀼，高仲学，苏毅，等 . 钢骨混凝土柱框架节点的试验研究 [J]. 建筑结构学报，2002，23（2）：36-40.

[104] 邓宗才，孙彤，张亚宁 . CFRP-钢复合管约束 UHPC 轴压短柱试验研究 [J]. 哈尔滨工程大学学报，2020，41（11）：1695-1702.

[105] 邓宗才，肖锐，申臣良 . 超细水泥活性粉末混凝土的配合比设计 [J]. 建筑材料学报，2014，17（4）：659-665.

[106] 邓宗才，姚军锁 . 高强钢筋约束超高性能混凝土柱轴心受压本构模型研究 [J]. 工程力学，2020，37（5）：120-128.

[107] 邓宗才，姚军锁 . 高强箍筋约束超高性能混凝土柱轴压性能 [J]. 复合材料学报，2020，37（10）：2590-2601.

[108] 范天佑 . 断裂动力学原理与应用 [M]. 北京：北京理工大学出版社，2006.

[109] 范业庶 . 钢管混凝土核心柱与预应力混凝土梁节点低周反复荷载试验研究 [D]. 广西：广西大学硕士学位论文，2002.

[110] 方志，郑辉，杨剑，等 . 超高性能混凝土结构的设计方法 [J]. 建筑科学与工程学报，2017，34（5）：59-67.

[111] 福建省工程建设地方标准 . DBJ/T 13-51-2010 钢管混凝土结构技术规程 [S]. 福州，2010.

[112] 高绪明 . 钢纤维对超高性能混凝土性能影响的研究 [D]. 长沙：湖南大学硕士学位论文，2013.

[113] 杲晓龙，王俊颜，郭君渊，等 . 循环荷载作用下超高性能混凝土的轴拉力学性能及本构关系模型 [J]. 复合材料学报，2021，38（11）：3925-3938.

[114] 管品武，涂雅筝，张普，等 . 超高性能混凝土单轴拉压本构关系研究 [J]. 复合材料学报，2019，36（2）：1295-1305.

[115] 郭晓宇，亢景付，朱劲松 . 超高性能混凝土单轴受压本构关系 [J]. 东南大学学报（自然科学版），2017，47（2）：369-376.

[116] 韩林海 . 钢管混凝土结构——理论与实践（第 2 版）[M]. 北京：科学出版社，2007.

[117] 韩林海. 钢管混凝土结构—理论与实践（第三版）[M]. 北京：科学出版社，2016.

[118] 侯昌贵. 超高性能混凝土（UHPC）矩形梁抗弯性能试验与理论研究 [D]. 长沙：湖南大学硕士学位论文，2021.

[119] 胡昌明，韩林海. 圆形钢管混凝土叠合构件抗冲击性能试验研究 [J]. 土木工程学报. 2016，49 (10)：11-17.

[120] 胡昌明. 横向撞击荷载作用下钢管混凝土叠合构件的工作机理研究 [D]. 北京：清华大学博士学位论文，2018.

[121] 胡志涵. 装配式钢管混凝土叠合柱节点抗震性能及框架地震易损性分析 [D]. 合肥：合肥工业大学硕士学位论文，2021.

[122] 胡子明，郭磊，王静峰，等. 装配式钢管混凝土叠合柱单边螺栓连接节点设计方法及其框架抗震性能 [J/OL]. 工业建筑，1-12 [2024-02-28].

[123] 黄政宇，李操旺，刘永强. 聚乙烯纤维对超高性能混凝土性能的影响 [J]. 材料导报，2014，28 (20)：111-115.

[124] 黄政宇，李仕根. 含粗骨料超高性能混凝土力学性能研究 [J]. 湖南大学学报（自然科学版），2018，45 (3)：47-54.

[125] 黄智辉，程丽荣，钱稼茹，等. 钢管高强混凝土叠合柱核芯区抗剪试验研究与有限元分析 [J]. 工业建筑，2001，31 (7)：50-53.

[126] 姜涛. 半刚性钢管混凝土组合框架节点的抗震性能及设计方法 [D]. 合肥：合肥工业大学硕士学位论文，2012.

[127] 康洪震，钱稼茹. 钢管混凝土叠合柱轴压强度试验研究 [J]. 建筑结构，2006，36 (S1)：913-916.

[128] 李聪，陈宝春，韦建刚. 粗集料 UHPC 收缩与力学性能 [J]. 交通运输工程学报，2019，19 (5)：11-20.

[129] 李聪，黄伟，陈宝春. 粉煤灰超高性能混凝土收缩与抗压强度相关性研究 [J]. 福州大学学报（自然科学版），2019，47 (2)：251-257.

[130] 李惠，吴波，张洪涛，等. 钢管高强混凝土叠合节点中核心部分的静力承载力研究 [J]. 哈尔滨建筑大学学报，1998，31 (2)：1-6.

[131] 李明伦，王庆贺，任庆新，等. 方中空夹层钢管混凝土叠合构件抗弯性能研究 [J]. 沈阳建筑大学学报（自然科学版）.2022，38 (5)：804-812.

[132] 李晓龙，何盛东，林玉婷，等. 加入纤维前后混凝土的劈裂抗拉性能研究 [J]. 高科技纤维与应用，2022，47 (6)：49-54.

[133] 李永进. 新型钢-混凝土叠合结构应用的若干关键问题研究. 北京：清华大学博士后研究报告，2011.

[134] 廖飞宇，赵剑，龚国阜，等. 钢管混凝土叠合柱-混凝土梁节点滞回性能的有限元分析 [J]. 建筑钢结构进展. 2019，21 (5)：1-12.

[135] 林拥军，程文瀼，李洁. 配有圆钢管的钢骨混凝土短柱轴心受压正截面受压承载力的试验研究 [J]. 四川建筑科学研究，2003，29 (4)：11-16.

[136] 林拥军，程文瀼，徐明，等. 配有圆钢管的钢骨混凝土柱轴压比限值的试验研究 [J]. 土木工程学报，2001，34 (6)：23-28.

[137] 林拥军，冯远，官庆，等. 配有圆钢管的钢骨混凝土柱的设计方法 [J]. 建筑结构，2004，34 (1)：13-26.

[138] 凌育洪，廖昊鹏，胥竞航，等. 新型叠合柱-混凝土梁中节点受力性能研究 [J]. 华南理工大学学报（自然科学版），2022，5 (11)：82-94.

[139] 刘建忠，韩方玉，周华新，等．超高性能混凝土拉伸力学行为的研究进展［J］．材料导报，2017，31（23）：24-32.

[140] 刘洁，王正中．钢管高强混凝土增强的钢筋混凝土轴压短柱承载力研究［J］．西北农业科技大学学报（自然科学版），2005，33（12）：130-134.

[141] 刘康宁，尹天一，余睿，等．超高性能混凝土颗粒紧密堆积理论优化探索［J］．建筑材料学报，2023，26（7）：739-745.

[142] 刘丽英．新型钢管混凝土叠合柱轴压力学性能研究［D］．福州：福州大学硕士学位论文，2013.

[143] 卢秋如，徐礼华，池寅，等．钢管约束超高性能混凝土受压本构模型［J］．硅酸盐学报，2020，48（8）：1201-1211.

[144] 雒敏，蔺鹏臻，杨子江．UHPC 单轴受压力学性能及本构关系研究［J］．桥梁建设，2020，50（5）：62-67.

[145] 马亚峰．活性粉末混凝土（RPC200）单轴受压本构关系研究［D］．北京：北京交通大学硕士学位论文，2006.

[146] 钱稼茹，程丽荣，周栋梁．普通箍筋约束混凝土柱的中心受压性能［J］．清华大学学报，2002，42（10）：1369-1373.

[147] 钱炜武，李威，韩林海，等．带楼板钢管混凝土叠合柱-钢梁节点抗震性能数值分析［J］．工程力学，2016，33（S1）：95-100.

[148] 钱炜武，李威，韩林海，等．往复荷载作用下钢管混凝土叠合柱-钢梁连接节点力学性能研究［J］．土木工程学报，2017，50（7）：27-38.

[149] 钱炜武．钢管混凝土叠合柱-钢梁连接节点抗震性能研究［D］．北京：清华大学博士学位论文，2017.

[150] 任庆新，魏秋宇，丁纪楠．圆中空钢管混凝土叠合构件纯弯性能研究［J］．沈阳建筑大学学报（自然科学版）．2021，37（3）：437-444.

[151] 沈聚敏，王传志，江见鲸．钢筋混凝土有限元与板壳极限分析［M］．北京：清华大学出版社，1993.

[152] 田稳苓，赵志方，赵国藩，等．新老混凝土的粘结机理和测试方法研究综述［J］．河北理工学院学报，1998，20（1）：84-94.

[153] 万朝均，尹亚柳，王小茜，等．超高性能混凝土的制备［J］．硅酸盐通报，2015，34（12）：3676-3681.

[154] 王犇．钢管混凝土叠合柱偏心受压试验研究及承载力计算分析［D］．太原：太原理工大学硕士学位论文，2011.

[155] 王刚，钱稼茹．林立岩．钢管混凝土叠合构件受弯性能分析［J］．工业建筑．2006（2）：68-71.

[156] 王琨，查志远，刘宏潮，等．预应力型钢混凝土梁-钢管混凝土叠合柱框架中节点受剪性能分析［J］．工程力学，2020，37（8）：89-101.

[157] 王琨，智海祥，曹大富，等．预应力型钢混凝土梁-钢管混凝土叠合柱框架节点抗震性能试验研究［J］．建筑结构学报，2018，39（12）：29-38.

[158] 王溥麟．碳纤维布加固钢管混凝土叠合构件纯弯性能研究［D］．沈阳：沈阳建筑大学硕士学位论文，2020.

[159] 王尚伟，朱海堂，王博，等．混凝土配合比优化设计的紧密堆积理论综述［J］．材料导报，2021，35（3）：3085-3091.

[160] 王淑楠．超高性能混凝土弹塑性损伤本构关系研究［D］．武汉：武汉大学博士学位论文，2022.

[161] 王震，王景全，刘桐旭，等．圆钢管 UHPC 短柱轴压承载力与变形能力计算模型［J］．中南大学学报（自然科学版），2019，50（2）：428-436.

[162] 韦建刚，罗霞，陈宝春，等 . 圆高强钢管 UHPC 梁抗弯性能研究 [J]. 工程力学，2021，38（1）：183-194.

[163] 韦建刚，罗霞，欧智菁，等 . 圆高强钢管超高性能混凝土短柱轴压性能试验研究 [J]. 建筑结构学报，2020，41（11）：16-28.

[164] 吴庆雄，许志坤，袁辉辉，等 . 外包 UHPC 钢管混凝土叠合短柱偏压性能研究 [J/OL]. 工程力学，2024：1-14.

[165] 徐海滨，邓宗才 . 新型 UHPC 应力-应变关系研究 [J]. 混凝土，2015（6）：66-68，79.

[166] 徐明，陈忠范，程文瀼，等 . 劲性混凝土柱的试验及应用研究 [J]. 东南大学学报，1998，28（2）：63-69.

[167] 徐明，苏丽莉，程文瀼，等 . 钢骨混凝土柱与钢筋混凝土梁组合框架节点的试验研究 [J]. 建筑结构，2003，33（7）：36-42.

[168] 许金泉 . 界面力学 [M]. 北京：科学出版社，2006.

[169] 颜建煌 . UHPC 预制管混凝土组合柱极限承载力研究 [D]. 福州：福建工程学院硕士学位论文，2022.

[170] 杨简，李洋，陈宝春，等 . UHPC 直拉试验方法与本构关系研究 [J/OL]. 材料导报，2024，38（6）：159-167.

[171] 余睿，范定强，水中和，等 . 基于颗粒最紧密堆积理论的超高性能混凝土配合比设计 [J]. 硅酸盐学报，2020，48（8）：1145-1154.

[172] 张超瑞 . 钢管高强混凝土叠合柱受剪性能试验研究 [D]. 西安：西安建筑科技大学硕士学位论文，2017.

[173] 张伟杰 . 考虑初应力影响的钢管混凝土叠合柱在长期荷载作用下的力学性能研究 [D]. 福州：福建农林大学硕士学位论文，2016.

[174] 中国工程建设标准化协会 . T/CECS 188-2019 钢管混凝土叠合柱结构技术规程 [S]. 北京：中国建筑工业出版社，2020.

[175] 中国建筑材料联合会协会标准 . T/CBMF 185-2022T/CCPA 35-2022 超高性能混凝土结构设计规程 [S]. 北京：中国标准出版社，2022.

[176] 中华人民共和国国家标准 . GB 50017—2017 钢结构设计规范 [S]. 北京：中国计划出版社，2017.

[177] 中华人民共和国国家标准 . GB/T 228—2002 金属材料室温拉伸试验方法 [S]. 北京：中国标准出版社，2002.

[178] 中华人民共和国国家标准 . GB/T 50081—2019 混凝土物理力学性能试验方法标准 [S]. 北京：中国建筑工业出版社，2019.

[179] 中华人民共和国国家标准 . GB 50010—2010 混凝土结构设计规范 [S]. 北京：中国建筑工业出版社，2010.

[180] 中华人民共和国国家标准 . GB 50152—2012 混凝土结构试验方法标准 [S]. 北京：中国建筑工业出版社，2012.

[181] 中华人民共和国国家标准 . GB/T 31387—2015 活性粉末混凝土 [S]. 北京：中国标准出版社，2015.

[182] 中华人民共和国国家标准 . GB 50009—2012 建筑结构荷载规范 [S]. 北京：中国标准出版社，2012.

[183] 中华人民共和国国家标准 . GB 50011—2010 建筑抗震设计规范 [S]. 北京：中国标准出版社，2010.

[184] 周腾，裴炳志，黄政宇，等 . 钢纤维掺量对 UHPC 轴拉性能的影响 [J]. 中外公路，2022，42（5）：120-124.

［185］周颖，于海燕，钱江，等．钢管混凝土叠合柱节点环梁试验研究［J］．建筑结构学报，2015，36（2）：69-78.

［186］周宗仁．配有圆钢管的钢骨混凝土柱轴心受压试验研究［D］．南京：东南大学硕士学位论文，2001.